典藏版

菜根谭 全评

刘丽云 编著

群言出版社
QUNYAN PRESS

·北京·

图书在版编目(CIP) 数据

菜根谭全评 / 刘丽云编著 . -- 北京 ： 群言出版社 ，
2016. 10
 ISBN 978-7-5193-0203-0

Ⅰ . ①菜… Ⅱ . ①刘… Ⅲ . ①个人－修养－中国－明
代②《菜根谭》－译文③《菜根谭》－注释 Ⅳ . ① B825

中国版本图书馆 CIP 数据核字（2016）第 222586 号

责任编辑：李　越
封面设计：小徐书装

出版发行：群言出版社
社　　址：北京市东城区东厂胡同北巷 1 号（100006）
网　　址：www.qypublish.com
自营网店：https://qycbs.tmall.com（天猫旗舰店）
　　　　　http://qycbs.shop.kongfz.com（孔夫子旧书网）
　　　　　http://www.qypublish.com（群言出版社官网）
电子信箱：qunyancbs@126.com
联系电话：010-65267783　65263836
经　　销：全国新华书店
法律顾问：北京大驰君泰律师事务所

印　　刷：北京佳创奇点彩色印刷有限公司
版　　次：2016年 10 月第 1 版　2016年 10 月第 1 次印刷
开　　本：710mm×1000mm　1/16
印　　张：20
字　　数：260千字
书　　号：ISBN 978-7-5193-0203-0
定　　价：35.00 元

前言

《菜根谭》是明代还初道人洪应明所著，是一部论述修养、人生、处世、出世的语录集。成书于明代万历年间，四百多年来，广为流传，历久不衰，人们对其评价颇高。

古人云："心安茅屋稳，性定菜根香。"又谓："咬得菜根香，寻出孔颜乐。"又谓："咬得菜根，百事可做。"洪应明一时有感而发，便以此立意，定"心安茅屋稳，性定菜根香"为主旨，化大俗为大雅，变腐朽为神奇，清雅超逸，在洞察世情之余，点化人世间的万事，写下了几百年传世不衰的菜根箴言。

《菜根谭》不囿于一家之见，而融儒、释、道三家思想于一炉，以儒家的入世思想为经，佛家的出世思想与道家的清静无为思想为纬，从提高人的素质和品位入手，提出了一套完整的做人处世、修身养性的方法体系。其语言精炼、文辞隽永、含义深邃、易懂好记。它是囊括五千年中国处世智慧的奇书，揭示出人生之真谛，振聋发聩，堪为人类"心灵之药石"。

因为《菜根谭》中的这种智慧，使其有别于那些消极避世、空疏玄谈的劝诫箴言书；也正是因为不同时代、不同国别、不同阶层的人都能从中嚼出一番滋味来，所以本书能够流传于海内外，经久不衰。

为了能够使《菜根谭》更好地启迪人生、造福社会，我们精心编著了这本《菜根谭全评》。本书以明刻本为底本，并在原文的基础上，加了精细的注释译文，阐述其微言大义，便于读者阅读和理解；还以现代人的视角，在对原著箴言进行经典解读的同时联系当下，意在扬弃封建糟粕，赋予时代新义，为读者处理社会问题提供有益的借鉴。

记得培根曾说过："历史使人明智，诗歌使人智慧，演算使人精密，哲理使人深刻，道德使人高尚，逻辑修辞使人善辩。"而说这本《菜根谭》集万家之所长，一点也不夸大其词。博大、淡泊、宽容、谋略于《菜根谭全评》中无处不在，对于人的正心修身、养性育德，具有不可思议的潜移默化的力量。

本书文辞优美，对仗工整，含义深远，耐人寻味，既保留了原著的精华，又彰显了《菜根谭》的现代价值和文化魅力。它是一部有益于人们陶冶情操、磨炼意志、奋发向上的经典读物。无论是在阅读中还是合上书本后，我们都会在不知不觉中放松下来，开阔心胸，放慢脚步，在实现人生价值的同时享受生活。

编著者

2016 年 6 月

目　录

第二章　方圆并用，柳暗花明

对于欲念，不要因为一点眼前的利益就想占为己有，一旦放纵自己就会堕入万丈深渊；关于道义方面的事，不要因为畏惧困难而退缩，一旦退缩就会离真理越来越远，如隔千山万水。为人处世，不可至方，也不可至圆，只有把方和圆的智慧结合起来，做到该方就方，该圆就圆，刚柔并济，才可做到古人所说的"中和"。

第三章　宽心从容，和气消冰

人只有在宁静中心绪才会像秋水般清澈，才能发现人性的真正本源；只有在闲暇中气度才像万里晴空一般舒畅悠闲，才能发现人性的真正灵魂；只有在淡泊明志中内心才会像平静无波的湖水一般谦静平和，才能获得人生的真正乐趣。

菜根谭 全评

第四章　心存忧患，居安思危

　　一个人如果没有忧患意识，总是想当然地认为自己很出色，那么他被人超过只是迟早的事。一个国家如果没有忧患意识，不懂得在竞争中求生存，就会落后挨打。因此，小到一个人，大到一个国家，都要心存忧患，居安思危。

第五章　言行有度，立德修身

如果说一句话会伤害人间的祥和之气，做一件事会造成子孙后代的祸患，那么这些言行就要引以为戒。高尚美好的品德是事业的基础，就像盖房一样，如果没有坚实的地基，就不可能修建坚固而耐用的房屋。善良的心地是子孙后代的根本，就像栽花种树一样，如果没有牢固的根基，就不可能有繁花似锦、枝叶茂盛的景象。

第六章　清心寡欲，知足常乐

影响一个人快乐的，有时并不是物质的贫乏与丰裕，而是一个人的心境如何。欲望太多，拥有再多也仍然无法满足，相反，如果能丢掉无止境的欲望，就会珍视自己所有的东西，并从中获得快乐。所以快乐与否的决定权就在于你自己，贪心人心里永远没有知足的时候，自然也不会觉得自己快乐。

第七章 不计得失，去留无意

无论是宠爱或者屈辱，都不会在意，人生之荣辱，就如庭院前的花朵盛开和衰落那样平常；无论是晋升还是贬职，都不去在意，人生的去留，就如天上的浮云飘来和飘去那样随意。

菜根谭 全评

第八章　主宰自己，收放自如

白居易有诗云："不如放身心，冥然任天造。"晁补之有诗云："不如收身心，凝然归寂定。"放任往往使人狂放自大，过度收敛心又会归入枯寂。只有善于把持自己身心的人，控制的开关在自己手中，才能掌握一切事物的重点，达到收放自如的境界。

第一章　淡泊明志，坦荡为人

　　要想成为一个君子，与其精明圆滑，不妨朴实笃厚；与其事事谨小慎微、曲意迎合，不如坦坦荡荡、不拘小节。而一个有道德懂修养的君子，就应该像青天白日一样坦荡荡做人，没有什么不可告人。而他的才华和能力更应该像珍珠美玉深藏不露，不会让人轻易发现。

宁受一时寂寞，不取万古凄凉

【原典再现】

栖守道德①者，寂寞一时；依阿②权势者，凄凉万古。达人③观物外之物，思身后之身④，宁受一时之寂寞，毋取万古之凄凉。

【重点注释】

①道德：指人类所应遵守的法理与规范。

②依阿：胸无定见，曲意逢迎，随声附和，阿谀攀附。

③达人：指心胸豁达、智慧无穷、眼光远大、通达知命的人。

④身后之身：指死后的名誉。

【白话翻译】

一个坚守道德准则的人，也许会遭受短暂的寂寞；而那些以攀附权贵为人生目标的人，终究会孤独一生。有远见的人能够通过现象认清事物的本质，能够看到不远处的未来，所以他们宁可忍受暂时的寂寞，也不会趋炎附势，而遭受永久的凄凉。

【深度解读】

耐得住寂寞，守得住繁华

记得，王国维在《人间词话》里说，古今之成大事业、大学问者，必经过三种境界："昨夜西风凋碧树。独上高楼，望尽天涯路"，此第一境界也；"衣带渐宽终不悔，为伊消得人憔悴"，此第二境界也；"众里寻他千百度，蓦然回首，那人却在灯火阑珊处"，此第三境界也。可见，成功者都是孤独而执着的。耐得住寂寞，是一个人思想灵魂修养的体现，是难能可贵的一种风范。

电视剧《新三国》中司马懿说得好："我挥剑只有一次，而磨剑用了几十年。"司马懿跟随君王南征北战，纵横天下，功勋累累。历史记载，他先后辅佐过曹操、曹丕、曹睿三位君主，虽位极人臣，荣显三代，但曹家对他十分不放心，历有防范。原来，曹氏用他只是倚借其才干治军理政，用他对抗外部的强大敌人诸葛亮等人而已，并没有将他真正视为自己人，对他处处设防。

在这样的背景下，司马懿位高权不重，偶尔权重一时复又被夺。如果换了常人，应该是相当苦闷。但司马懿的心量非一般人能比。他以小火慢烹的高超技法，默默忍耐，明哲保身。国家用人之际，就是他人生的巅峰，他总是勇效犬马之劳。一旦大功告成，则主动请辞，绝不贪恋权位；每当受到猜忌，事业处于低谷，他就以佯病为常事，深居简出，在寂寞中修炼。

终于，在坚守寂寞几十年如一日之后，他趁着曹爽大意出城的空当，先下手为强，赢得了天下。试想，如果司马懿失去了在寂寞中几十年的忍耐，恐怕早就成了刀下鬼了。

人生中，寂寞是难以摆脱的，它如同喜怒哀乐一样，时刻伴随着我们。人生可以不甘寂寞，却必须学会耐得住寂寞。人的一生中，那种轰轰烈烈、热烈精彩的场面只是一瞬间的事情。工作、学习、生活，对于漫漫人生来讲，微不足道，人生的大部分时间需要你一个人慢慢地熬着。

司马迁受宫刑后，潜心努力十九年，方有传世佳作《史记》；李时珍历时四十年的辛苦著作，才造就了医学圣经《本草纲目》；诺贝尔多次死里逃生，废寝忘食数年，终于研制成功 TNT 炸药；爱迪生失败了无数次，才发明了电灯泡；英国生物学家达尔文研究进化论，花了二十二年时间，才写出《物种起源》一书，等等。

当初又有多少人认识他们，多少人笑话他们，在其他人眼里或许不可

能的事但是在他们自己眼里就可能，这期间又有多少外界的诱惑、评论、讽刺，而他们不就是能克制自己的心，耐得住寂寞而不受外界的影响，才成功的吗？

其实，生命中所有的灿烂终究都是要用寂寞去偿还的。没有寂寞的人生，只能是肤浅的人生、平庸的人生。想要抵挡寂寞，不如去享受寂寞，享受心灵空旷的刹那，享受漫无边际的漂流，享受寂寞如黑夜般弥漫的感觉。

要知道，只有耐得住寂寞，才守得住繁华。但凡成功之人，往往都要经历一段没人支持、没人帮助的黑暗岁月，而这段时光，恰恰是沉淀自我的关键阶段。犹如黎明前的黑暗，挨过去，天也就亮了。

坦坦荡荡真君子

【原典再现】

涉世浅，点染①亦浅；历事深，机械②亦深。故君子与其练达③，不若朴鲁④；与其曲谨⑤，不若疏狂。君子之心事，天青日白，不可使人不知；君子之才华，玉韫珠藏，不可使人易知。

【重点注释】

①点染：这里是指一个人沾上不良社会习气，有玷污之意。

②机械：原指巧妙器物，这里比喻人的城府。

③练达：指阅历多而通晓人情世故。

④朴鲁：朴实、粗鲁，指憨厚，老实。

⑤曲谨：拘泥小节、谨慎求全。

【白话翻译】

初出茅庐的人，尽管没什么阅历，但是也没什么不良嗜好；而那些早已混迹江湖的，却有着极深的城府，满脑子阴谋诡计。所以，要想成为一个君子，与其精明圆滑，不妨朴实笃厚；与其事事谨小慎微、曲意迎合，不如坦坦荡荡、不拘小节。而一个有道德懂修养的君子，就应该像青天白日一样坦荡荡做人，没有什么不可告人的事。而他的才华和能力更应该像珍珠美玉深藏不露，不会让人轻易发现。

【深度解读】

简简单单做人，坦坦荡荡生活

人生何其烦，做人要简单。简单，是一种精神，一种高贵，一种令人心仪的气质，简单做人，简单做事，简单生活，耐得住寂寞，人生就会有深厚的积淀。耐得住寂寞，邂逅真正的自己，是人生最大的惊喜。很多时候，生活就是一种体谅，一种理解，多学会体谅别人，理解别人，就是一种宽宏大度的胸怀。

人活一世，有荣有辱，恰如日月，总有阴晴圆缺，这是人生的寻常际遇，不足为怪。古人说，君子坦荡荡，小人长戚戚。对此我们应荣宠亦淡然，毁辱亦坦然，豁达大度，　所有一切我们都应该用平常心微笑面对。这样一来，我们必能享受渔夫"富贵银千树，风流玉一蓑"的风趣。

坦荡者，可以宠辱不惊，坐观窗外叶枯叶荣，静品天外云卷云舒；可以站在高处俯瞰，享受登高远眺的悠然；可以看淡人间一切得失、恩怨。他们正直、诚实、清廉、无畏，不愧天地神明的优秀品质，让无数人敬仰。

晋国老臣祁奚是一个襟怀坦荡之人。当年祁奚年事已高，将要还政于君。悼公问何人可以接替他，祁奚推荐了解狐。

悼公吃惊地问："解狐不是你的仇人吗？你为何要推举他呢？"

祁奚道："您问的是谁能接替我的职务，没有问谁是我的仇人。"

悼公又问谁可以担当都尉，祁奚推荐了祁午。

悼公听后又是一惊，说："如果我没有记错的话，祁午不是您的儿子吗？"

祁奚道："您是问谁可以担任这项职务，没有问他是不是我的儿子。"

后来事实证明，祁奚推荐的这两个人都很称职。如果祁奚没有坦荡的胸怀，恐怕很难做到这一点吧。

被祁奚推荐的解狐为人耿直，公私分明，他和当时晋国一个势力强大的大夫赵简子关系很好。后来，赵简子领地的国相职位空缺了，他就让解狐帮着推荐一个人，让他感到意外的是，解狐竟然推荐了夺走自己妻子的荆伯柳，因为他觉得只有荆伯柳可以胜任。

果然，荆伯柳把赵简子的领地治理得井井有条。

"君子坦荡荡，小人长戚戚"是自古以来人们所熟知的一句名言。许多人常常将此写成条幅，悬于室中，以激励自己。孔子认为，作为君子，应当有宽广的胸怀，可以容忍别人，容纳各种事件，不计个人利害得失。

唐朝大臣陆元方准备卖掉位于东都洛阳的一处不动产，找到买家后，就在买家将要付款买单的时刻，陆元方说："这个宅院虽然很好，但没有出水的地方。"结果，买房人不买了。陆元方的家人对此议论纷纷，但他却说："如果不说实话，就是欺骗人家。"

北宋大臣范仲淹的"先天下之忧而忧，后天下之乐而乐"的担当之言迄今仍回荡在关心国事天下事中的国人心中。他不仅是个忧国忧民之人，更是一个襟怀坦荡、敢于直言的忠臣。北宋张舜民在《画墁录》中还记载了一则故事。

范仲淹在修史时将以前一个官员的丑行写了进去。夜里，他梦见这个人前来威胁："如果不改掉我的事，我就杀了你的儿子。"范仲淹当然不为所动。没想到几天后，患病的大儿子果然死了。当晚范仲淹又梦见了这个人说："你要再不改，我就杀了你的二儿子。"几天后范仲淹的二儿子果真生了病。家人都十分着急，恳求范仲淹修改书稿，他却坚持不改，并说："我写书要实话实说，就算孩子死了，我也不能违反事实。"不久，范仲淹的二儿子病好了。范仲淹坦荡的正气和坚持，让世人着实佩服。

如果一个人处世无愧于心，无愧于天地，那必是坦坦荡荡的真君子。在生活中，我们遇事不要只求练达，应特别注重抱朴守拙的忠厚作风。太讲究练达和圆通，就会失去本性，变成一个老奸巨猾不受人欢迎的人，如此反而不如保持一切都不加修饰的纯朴面目。练达、曲谨、朴鲁、疏狂都是相对的。在一味追求金钱权力并为此尔虞我诈、你死我活的情况下，多些真情，多些真诚，多些朴实，多些洒脱是很可贵的。

污泥不染，知巧不用

【原典再现】

势利①纷华②，不近者为洁，近之而不染者为尤洁；智械机巧③，不知者为高，知之而不用者为尤高。

【重点注释】

① 势利：指权势和利欲。

② 纷华：指繁华的景色。

③ 智械机巧：运用心计权谋。

【白话翻译】

面对人世间的金钱和权力，能够主动远离，不去接近权势名利是志向高洁的，然而身在其中，却不为所动，这样的人品格更为高尚；面对名利场的各种权谋手段，不知者可谓身心高洁，而那些懂得其中厉害却不以这种手段达到目的的人，更加高尚可贵。

菜根谭 全评

洁身自好，不染泥垢

一提到莲花，人们会自然地联想到莲叶上滚动的露珠，也许还会想到宋代文人周敦颐的《爱莲说》，对"莲之出淤泥而不染"的高尚品格肃然起敬。

在生活中，有的人遇到有利可图的事，就削尖脑袋往里钻，贪一点便宜；而在有钱有权有势的人周围，天天都有趋炎附势者聚集一堂，由于都是怀着一个"贪"字有求而来，所以以利益为驱动的组合不可能有人间真情，世态炎凉是不足为奇的。

"富贵不能淫"。权势名利是现实生活中必然遇到的，有人格、有原则的人才可能出淤泥而不染；也正为了保持自己的人格，人们才耻于机巧权谋的运用，而视权势如浮云。

战国时期，楚国三闾大夫屈原，因不与同朝贪官同流合污，被人陷害遭到流放。他常常一边走，一边吟唱着楚国的诗歌，心中牵挂着国家大事。

有一天，屈原来到湘江边。一个渔夫见到他后惊讶地问："你不就是屈大夫吗？为何落到这般地步？"

屈原叹息道："整个世道都像这泛滥的江水一样浑浊，而我却像山泉一样清澈见底。"

渔夫故意说："世道浑浊，你为什么不搅动泥沙，推波助澜？何苦洁身自好，遭此下场。"

屈原说："我听说一个人洗头后戴帽，先要弹去帽上的灰尘；洗澡后穿衣，先要抖直衣服。我怎么能使自己洁净的身躯被脏物污染呢。"

渔夫听这番话后，对屈原正直和高尚的品格十分敬佩，于是唱着歌，划着船离开了。

"路漫漫其修远兮，吾将上下而求索"，虽然在屈原跌宕起伏的仕途之中，一直遭受了不公正的待遇，但是他并没有因此而与世俗小人、奸佞官宦之族同流合污，并且最终因为忧世忧国忧民，也因为他的主张没有得到采纳，百姓备尝艰辛自己却无能为力，而终怀忧愤魂断汨罗。

如果每个人都能如屈原一般独善其身，洁身自好，不同流合污，我们的民风也会日渐淳朴。有的时候，不要小看一己之力，更不要以善小而不为，因为一小点积极的力量会传染带动身边更多的力量。

明朝时，嘉兴知府杨继宗清廉自守，深得民心。一次，一名太监经过这里，向他索要贿赂，他打开府库，说："钱都在这儿，随你来拿，不过你要给我领取库金的官府印券。"太监怏怏走了，回京后，在明英宗面前中伤他。英宗问道："你说的莫非是不私一钱的太守杨继宗吗？"太监听后，再也不敢说杨继宗的坏话了。

"身是菩提树，心如明镜台。时时勤拂拭，莫使有尘埃。"因此，即使身在污浊的环境，也要拭去尘埃，保持心境的澄净，而不应就此沦落。

出淤泥而不染，应成为处世的准则。它是对心灵的契约，对人格的坚守。洁身自好的生命，定能在历史的长卷上留下一抹清香。所以，我们立身处世该如莲花，不染泥垢，清丽脱俗。

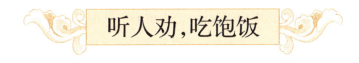

听人劝，吃饱饭

【原典再现】

耳中常闻逆耳^①之言，心中常有拂心^②之事，才是进德修行的砥石^③。若言言悦耳，事事快心，便把此生埋在鸩毒^④中矣。

【重点注释】

①逆耳：刺耳，使人听了不高兴的话。

②拂心：不顺心。

③砥石：指磨刀石。粗石叫砺，细石叫砥。

④鸩毒：鸩，是一种有毒的鸟，其羽毛有剧毒，泡入酒中可制成毒药，成为古时候所谓的鸩酒。

【白话翻译】

一个人的耳朵如果能常听进些不中听的"坏"话，心里总想些不顺心的事，这正是修身养性、磨炼自己的好方法。反之，如果总是听"甜言蜜语"，遇到的事件件称心，那就等于把自己的一生葬送在剧毒之中了。

【深度解读】

忠言逆耳利于行

在我们身边，为什么有人虚怀若谷，有人刚愎自用？为什么有人知错必改，也有人执迷不悟，一意孤行？如果你能自己解开心中的那个结，学会劝说和听劝，不仅能让你赢得朋友，还会让你今后的路越走越宽。否则，宽严皆误，不仅让自己，也让家人、朋友都背上沉重的心理负担。

俗话说"听人劝，吃饱饭"。一个人虚心听取别人的意见，接受他人的批评指正，能促使自己更加全面地认识事物，从而获益匪浅。这是妇孺皆知的道理。然而，并不是每个人都能虚怀若谷，正所谓"忠言逆耳""良药苦口"。

在中国古代的历史舞台上，演绎了一幕幕由于不纳忠言而惨遭失败的悲剧。商纣王不听比干劝告，沉迷酒色，导致国破家亡；隋炀帝不纳忠言，仅十几年就把隋朝弄得天怒人怨，最后民变四起，自己被杀，隋朝也瞬间灭亡；蔡桓公讳疾忌医，不听神医扁鹊的劝告，当病入膏肓时，只有一死。这些历史故事告诉我们：统治者狂妄自大、不听忠言的结果是国破身亡；个人疑心过重，不纳良言的结果是命丧黄泉。

只要善于听取别人的劝告，就一定可以把自己的小日子过好，否则一定没好日子过，甚至还会因此丢了性命。

比如汉朝的刘邦，比他能耐大的人多了去了，可他就能当上皇帝。那个大吼着秦腔"王侯将相，宁有种乎"的陈胜怎么就不行？都说早起的鸟儿有虫吃，怎么这次却是后起的刘邦占了那个王侯的窝呢？

当刘邦大军冲进关中时，虽然对美女、财宝垂涎三尺，但还是听了萧何的劝告，全部封存等待项羽；当刘邦面对项羽的"鸿门宴"不知所措时，没有逞匹夫之勇，对张良的建议言听计从；尤其是刘邦面临项羽大军压境需要韩信的帮助，韩信却趁火打劫要求封王，他正要站起身大骂韩信使者时，张良的一脚顿时让他清醒过来，答应了韩信的要求，解了燃眉之急。刘邦知道自己文不如萧何、张良，武不如韩信、项羽，但他善于听从周围人的劝告，结果最后当了皇帝。

而刘邦的对手——项羽，有背景，有能力，武艺超群，人脉很广。另外，项羽还有一个足智多谋的叔叔——范增，韩信当时也只是他麾下的一个小兵。但项羽不听劝，一意孤行，活活气死了自己的叔叔，赶跑了后来的大将韩信，自己成了孤家寡人，最终丢了性命。

劝善也好，劝告也好，都是正直的忠言。忠言没有华丽的辞藻，没有情绪的渲染，没有奉承的用心，忠言听上去不太舒服，还可能刺耳，甚至伤害人表面的自尊。其实忠言是逆耳之言，更是肺腑之言，拯救之言。忠言能提醒我们关注即将来临的危险，从善恶不辨中觉醒起来，从歧路与危险中逃离开来。

历史的经验证明"宁可信其有，不可信其无"才是智慧的选择，对逆耳的忠言熟视无睹、置若罔闻，就是自暴自弃，就是不珍惜自己的生命。只有与忠言为伴，生命才能走得更远、更美好。

 独坐观心，享受平淡

【原典再现】

疾风怒雨，禽鸟戚戚[1]；霁日光风，草木欣欣。可见天地不可一日无和气，人心不可一日无喜神[2]。酡肥[3]辛甘非真味，真味只是淡；神奇卓异非至人[4]，至人只是常。天地寂然不协，而气机[5]无息稍停；日月昼夜奔驰，而贞明[6]万古不易。故君子闲时要有吃紧的心思，忙处要有悠闲的趣味。夜深人静，独坐观心[7]，始觉妄穷而真[8]独露，每于此中得大机趣[9]；既觉真现妄难逃，又于此中得大惭忸。

【重点注释】

①戚戚：忧愁而惶惶不安。

②喜神：欣喜乐观。

③酡肥：酡，美酒。肥，美食、肉肥美。

④至人：道德修养都达到完美无缺的人，即最高境界。

⑤气机：机，活动。气机指大自然的活动，就是天地运转。

⑥贞明：光明，光辉。

⑦观心：佛家语，指观察自己内心所映现的一切。

⑧真：真境脱离妄见所达到的涅槃境界。

⑨机趣：机，极细致。趣，可作境地解。即隐微的境地。

【白话翻译】

狂风暴雨中，飞禽走兽都会感到惶惶不安；而风和日丽的天气，花草树木也充满生机、欣欣向荣。由此可见，天地间不可以一天没有祥和之气，而人们心中也不可以一天没有愉快喜悦的心情。美酒佳肴、大鱼大肉都不是真正的美味，真正的美味只是那些清茶淡饭；标奇立异、超凡绝俗的人，怎能算是真正的伟人，真正的伟人只是那些平凡无奇的人。天地看似寂静不动，实则每时每刻都在运行；太阳、月亮昼夜不停地运转，但它的光辉万古不变。所以君子在清闲时要有紧迫感，在忙碌时要有悠闲的情趣。夜深人静之时，一个人独自静坐反省自己，就会觉得私心杂念都消失了，每当这个时候才从中领悟生命的真谛；可是继而杂念依然涌现，于是心灵会感觉惭愧不安，到最后才幡然悔悟而有改过向善的意念出现。

【深度解读】

守住从容，享受淡定

在这个忙碌的世界，生活的焦虑、工作的压力、家庭的担忧，常常让人们感到苦恼和烦闷，那么，怎样做才能幸福呢？这是任何一个人都渴望弄明白的问题。

其实，生活原本淡然，浮躁的是我们自己而已。请迈开因思谋金钱而驻足的脚步，抚平因渴求名誉而躁动的心灵，安慰因攫取地位而难眠的灵魂吧！能够从平淡中寻到精彩的人，一定是个幸福快乐的人。

我们切记要做到无欲无争，纵使有百般诱惑，心亦要波澜不惊，面对祸福要处之泰然，把生活调节得有滋有味。只要淡定地面对生活，从容去爱，不生气不抱怨，耐得住人生的寂寞，活在当下，就能成为一位幸福的人。

淡定与从容是一种智慧。佛祖拈花的手指，打动了无数人的心，只有迦叶使者，绽开会心的一笑，笑得那么自然、那么恰到好处，让人领悟到什么是真正的大彻大悟、超凡脱俗。佛法所说的四大皆空，其实并不是真的不存在，它只是告诉人们一个道理，要学会放下，活在当下。

大才子苏东坡原来是翰林大学士，但因为政治原因，朋友都避得远远的。当他历经人生万般劫难后，终于领悟到生活的真正味觉是"淡"。他

说："莫听穿林打叶声，何妨吟啸且徐行。竹杖芒鞋轻胜马，谁怕？一蓑烟雨任平生。"所有的味觉都品过了，你才知道淡的精彩，你才知道一碗白稀饭、一块豆腐好像没有味道，可是这个味觉是生命中最深的味觉。

三国时，街亭失守后，魏将司马懿乘势引大军十五万向诸葛亮所在的西城蜂拥而来。当时，诸葛亮身边没有大将，只有一班文官，所带领的五千军队，也有一半运粮草去了，只剩两千五百名士兵在城里。

众人听到司马懿带兵前来的消息都大惊失色。诸葛亮登城楼观望后，淡定地对众人说："大家不要惊慌，我略用计策，便可叫司马懿退兵。"接着，诸葛亮下令把所有的旌旗都藏起来，士兵原地不动，不准私自外出以及大声喧哗。又叫士兵把四个城门打开，每个城门之上派二十名士兵扮成百姓模样，洒水扫街。诸葛亮自己披上鹤氅，戴上高高的纶巾，领着两个小书童，带上一张琴，到城上望敌楼前凭栏坐下，燃起香，然后慢慢弹起琴来。

司马懿的先头部队到达城下，见了这种气势，都不敢轻易入城，便急忙返回报告司马懿。司马懿不相信，下令三军停下，自己飞马前去观看。离城不远，他果然看见诸葛亮端坐在城楼上，笑容可掬地弹琴。司马懿看后，疑惑不已，便来到中军，令后军充作前军、前军作后军撤退了。

眼见敌军撤退，诸葛亮的士兵问："司马懿乃魏之名将，今统十五万精兵到此，见了丞相，便速退去，何也？"诸葛亮说："兵法云，知己知彼，方可百战不殆。如果是司马昭和曹操的话，我是不敢用此计的。"

诸葛亮的淡定值得我们学习。淡定，会让你像鱼在大海里一样，自由地欣赏世界的美妙；淡定，能让你得意时不张狂，失意的时候也不消沉；淡定，能让你从内心找回曾经简单的自我，让你保持一种平和的人生姿态，坦然面对这个变幻莫测的世界，尽人事，安天命，顺其自然地生活。

生活中，我们总有太多的抱怨，太多的不平衡，太多的不满足，犹如一个被宠坏的孩子，总是向生活不断索取着。越是拥有，越是担心失去。生活中的很多东西一旦失去，便不容我们找寻。

毫无疑问，有些欲望你可以抑制，有些争执你可以让步，有些人你可以疏远，有些东西你可以不要，有些批评和表扬你可以不屑……只要淡定地面对生活，不生气不抱怨，活在当下，就能成为一位幸福的人。

得意早回头，拂心莫停手

【原典再现】

恩里①由来生害，故快意时，须早回头；败后或反成功，故拂心②处，莫便放手。藜口苋肠③者，多冰清玉洁；衮衣玉食④者，甘婢膝奴颜。盖志以澹泊明，而节从肥甘⑤丧也。

【重点注释】

①恩里：恩惠，蒙受好处。

②拂心：意指不如意或不顺心。

③藜口苋肠：藜，植物名，藜科，一年生草本，黄绿色新叶及嫩苗可吃。苋，植物名，苋科，一年生草本，茎叶可供食用。此处指粗茶淡饭。

④衮衣玉食：指权贵。衮衣是古代帝王所穿的龙服，此处比喻华服。玉食是形容山珍海味等美食。衮衣玉食是华服美食的意思。

⑤肥甘：美味的东西，比喻物质享受。

【白话翻译】

在受到恩惠时往往会招来祸害，所以在得意的时候要早点回头；遇到失败挫折或许反而有助于成功，所以在不顺心的时候，不要轻易放弃追求。能享受粗茶淡饭的人，大多具有冰清玉洁的品格；而追求锦衣玉食的人，往往甘心卑躬屈膝。所以，人的高尚志向可从淡泊名利中表现出来，而人的节操也可以从贪图奢侈享受中丧失殆尽。

【深度解读】

得意时早回头，失败时别灰心

大家一定看过《狮子和蚊子》的寓言，讲的是狮子与蚊子间的一场大战。按能力来说，蚊子与狮子无法比拟，但在实战中蚊子却胜利了。因为狮子捕不到它，它却在狮子的眼睛上、耳朵上叮得都是"包"，使狮子有力使不上，最后把自己抓得头破血流，只得认输。

蚊子有了战胜狮子的辉煌战绩，的确风光，于是他得意忘形了，吹着得胜的喇叭到处炫耀，最后一不小心，撞到蜘蛛网上，成了蜘蛛的美餐。

这里虽然讲的是动物，实则讲的是人的行为。当你被上司提拔或嘉奖的时候，常常会自鸣得意吗？如果是，那你就要好好学一番涵养功夫，把你那因升迁而引起的过度兴奋压下去才好。

做人贵在以超然之心看待自己的得与失，要做到得意时早回头，失败时别灰心，这是人们根据长期生活积累而得到的经验之谈。尤其是第一句话，其政治含义很深。在封建社会，有"功成身退"的说法，因为"功高震主者身危，名满天下者不赏"，"弓满则折，月满则缺"，"凡名利之地退一步便安稳，只管向前便危险"。都说明了"知足常乐，终生不辱，知止常止，终身不耻"。

虽然踌躇满志、春风得意是人人都向往的人生境界。但得意者绝对不能忘形，对自己的言行举止、姿态形象一定要有清醒的认识，要时不时地回头看看自己的尾巴是夹在裆下，还是翘到了天上？一旦露出失态的尾巴，就很可能被别人抓住，到那时可能连"落水狗"的命运都不如。

春秋时，燕将乐毅出兵攻打齐国，最后齐国仅剩吕城和即墨没有失陷，后来吕城失守，只有即墨了，齐军已到垂死的边缘，齐国名将田单振臂一呼："国家就要灭亡了，我们怎还会有家呢？"士兵人人有誓死报国的决心，结果一战收复全部失地。如果燕军在打到即墨城下时主动示弱后撤，齐军怎会有视死如归的豪情呢？

很多时候，我们对事对人太过苛求，太过追求完美，殊不知，正是由于你太过苛求完美，到最后连你应该得到的都会失去。万物皆不完美，人生总有缺憾。把对的推向极端，它就成了错的。

范蠡即行逃走，临逃走时写了一封信给越国的宰相文仲，信上说："狡兔尽，走狗烹；飞鸟尽，良弓藏。勾践颈项特别长，而嘴像鹰嘴，这种人只可共患难不可共享乐，你最好尽快离开他。"

文仲看完信后大大地不以为然，不相信世上会有这种冷血动物，但他不久就相信了，可已经迟了。勾践亲自送一把剑（吴国宰相伍子胥自杀的那把剑）给文仲，质问他说："你有七个灭人国家的方法，我只用了三个就把吴国灭掉，还剩下四个方法，你预备用来对付谁？"文仲除了自杀外别无选择。

文仲不见好就收，还想继续独掌越国大权，结果因为贪心，没有早回头而丢了性命。

谁能保证每一朵鲜花都会长开不败？谁能保证每一条道路都会通向天堂？谁能保证总是顺风顺水不会身陷逆境？不妨对自己宽容一点，对生活释怀一点，见好就收。

凡事都别太贪了，世界上永远都有拿不完的金银财宝，但再多的钱财也买不来长生不老。当你坐拥金山银山却要生命将逝，才明白什么对你是最重要的时候，一切皆为时已晚。所以，无论做什么，都要懂得适度，知道见好就收。

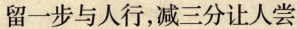

留一步与人行,减三分让人尝

【原典再现】

面前的田地①,要放得宽,使人无不平之叹②;身后的惠泽③,要流得久,使人有不匮之恩。径路窄处,留一步与人行;滋味浓的,减三分让人尝。此是涉世一极安乐法。

【重点注释】

①田地:指心田、心胸。

②不平之叹:对事情有不平之感时所发出的怨言。

③惠泽:恩泽、德泽。

【白话翻译】

一个人为人处事要心胸开阔,与人为善,才不会招身边的人怨恨;死后留给世人和子孙的恩泽,要流传长远,才会赢得后人无尽的怀念。在狭窄的道路上行走,要留一点余地给别人;在享受美味可口的食物时,要留一些和大家一起分享。这就是一个人待人处世取得快乐的最好方法。

【深度解读】

退一步海阔天空,让几分心平气和

俗话说得好:"退一步海阔天空,让几分心平气和。"这就是说人与人之间需要宽容。宽容是一种美德,它能使一个人得到尊重。宽容是一种良药，它能挽救一个人的灵魂。宽容就像一盏明灯，能在黑暗中放射着万丈光芒，照亮每一个心灵。

古时某人在朝为官，一天突然接到老家书信。拆开一看，原来是家人与邻居发生争执，起因是隔开两家院子的墙塌了，重新砌墙时都想多占些地皮而寸土不让。家人于是写信来请他出面说话，以便让邻居退缩。

不久，官员的家人收到了盼望已久的回信，里面却只有一首打油诗："千里捎书为打墙，让他三尺又何妨。万里长城今尚在，不见当年秦始皇。"家人于是明白了其中的道理，主动往后退三尺，邻居一见也不甘落后，也往后退三尺，于是中间出现了一条六尺宽的胡同，可供村民行走。村人后来将胡同命名为"仁义胡同"。

不得不说，宽容的人能够理解人之难，补人之短，扬人之长，谅人之过，从而产生强烈的凝聚力和亲和力；反之，只会嫉人之才，鄙人之能，讽人之缺，责人之误，会使人厌之、惧之、避之。

汉朝发生了"诸吕之乱"，最终还是被平定了。在平乱中，太尉周勃功勋卓著，顷刻间成为朝廷内外的大红人，而作为主谋者之一的右丞相陈平，此时却黯然失色。

文帝即位，陈平十分知趣，知道自己作为老臣应该让位于周勃，于是称病不朝。文帝对陈平的德才是非常了解的，听说陈平称病不朝，便把陈平找来，问个明白。陈平说："过去在高皇帝时，周勃的功劳比不上臣，现在在平定诸吕中，臣的功劳不如周勃。所以，臣愿把相位让给周勃。"

举贤让能国自安，文帝觉得陈平所言也有道理，于是让周勃当了右丞相。对陈平，文帝也不愿舍弃，便让他当左丞相。文帝以为这样就把矛盾解决了，但矛盾没有就此解决。

有一天，文帝找来右丞相周勃问道："天下一年要判多少案子？"周勃面露愧色，连说不知。文帝又问，"天下的钱粮收入、开支，一年有多少？"周勃很尴尬，脸上、背上冷汗直冒。

文帝又问左丞相陈平。陈平却说："各有主事者，陛下要问判决狱案，应该找廷尉；要问钱粮，应该找治粟内史。"

文帝不高兴地问："如果都找主事的，那还要丞相做什么？"

陈平说："丞相，就是管住臣下。陛下如果不知他如何控制臣下，那就该拿他问罪。丞相之职，上辅佐天子掌管全局，下管万事，对外镇抚周边各邦，对内凝聚百姓之心，使各级官吏各司其职，各得其所。"

文帝听了，觉得很有道理，连连称善。

至此，周勃知道自己的确不如陈平，于是，他也主动称病辞职，让陈平独自为相。

如果当初陈平不后退一步，踌躇满志的周勃此时会心服口服地让位给陈平吗？真可谓"退一步海阔天空"啊！

有一位哲人曾这样说过："一个人的价值和力量，不是在他财产、地位或外在关系，而是在他本身之内，在他自己的品格中。"所以，以宽容之德孕育人生，人生才有价值；以宽容之情浇灌生活，生活才有意义。

让我们学会宽容，互谅互让，凡事退让一步，让生活中多一分和谐与幸福，少一分烦恼与仇恨吧。

 摆脱俗情，便入名流

【原典再现】

作人无甚高远事业，摆脱得俗情①，便入名流；为学无甚增益功夫，减除得物累②，便超圣境③。

【重点注释】

①俗情：世俗之人追逐利欲的意念。

②物累：心为外物所困，也就是心中对物的欲望。

③圣境：至高境界。

【白话翻译】

做人不需要成就什么伟大的事业，只要能够摆脱世俗的功名利禄，就可跻身于名流；做学问也没有什么特别的诀窍，只要能排除干扰，宁静心情的杂念，就可超凡入圣。

【深度解读】

做个脱俗的人

生活总会让人品尝到其中的五味，就把它当成生活的馈赠，坦坦然然、从从容容、不卑不亢、勇敢地笑对人生。淡泊不是看破红尘，不是对人间一切事物的否定，更不是思想麻木、无所作为的得过且过。拥有平常心的人才能体会到淡泊是一种享受。

我们总是博弈于红尘，背负许多忧伤与烦恼，但，那不是幡动，也不是风动，而是心动所致，其实都是自找的。迎击人生的风雨，实力很重要，平静也很重要。有实力做后盾，因此内心平静，那不算平静。没有实力，内心仍然平静，那才是真平静。而这种平静，却源于人的宠辱不惊、物我两忘的境界，也就是平常心。

在今天物欲横流、处处充满诱惑和陷阱的社会中，能保持一颗平常心并非易事。只有将心融入世界，用平常心去感受生命，才能找到生命的真谛，才能做一个脱俗的人。

人的一生要面对的事情实在太多，我们常感叹最近又有多少不如意、不顺心。是的，面对工作的困扰，家庭的琐碎之事，人情世故，朋友间的矛盾等，对任何事保持一颗平常心，不带任何私心和奢求，往往就会迎刃而解，矛盾和心结自然就打开了。

平常心应该是一种常态，是具备一定修养才可以经常持有的，因为它属于一种维系终身的"处世哲学"。幸福就在平常心中，幸福的关键在于有一颗善于感受幸福的心。

有人问禅师："禅师，你可有什么与众不同的地方吗？"

禅师回答："我感觉饿的时候就吃饭，感觉疲倦的时候就睡觉。"

"这算什么与众不同的地方，每个人都是这样的，有什么区别？"

禅师答："当然是不一样的！"

"为什么不一样呢？"

禅师答："他们吃饭时总是想着别的事情，不专心吃饭；他们睡觉时也总做梦，睡不安稳。而我吃饭就是吃饭，什么也不想；我睡觉的时候从来不做梦，所以睡得安稳。这就是我与众不同的地方。世人很难做到一心一用，他们在利害得失中穿梭，因而迷失了自己，丧失了'平常心'。要知道，只有将心灵融入世界，用心去感受生命，才能找到生命的真谛。"

可见，我们只有心无杂念，将功名利禄看穿，将胜负成败看透，将毁誉得失看破，才能获得禅宗所说的"平常心"，才能有幸福感。反之，没有平常而淡定的心，就不会体味到生活的真谛，就不会品味到人生的美妙与幸福；不珍惜平常的人，也就不会创造出惊天动地的伟业与荣耀。

在这繁杂的社会环境中，我们会经历许多的事。得也好，失也好，成也罢，败也罢，关键是在得与失、成功与失败面前能审时度势，坚守自己的信仰，始终保持一颗平常心。在平常心态下，我们便有了广阔空间，就能走出困境与险境。

 交友带侠气，做人存素心

【原典再现】

交友带三分侠①气，做人要存一点素心②。宠利③毋居人前，德业毋落人后，受享毋逾分外，修为毋减分中。处世让一步为高，退步即进步的张本；待人宽一分是福，利人实利己的根基。

【重点注释】

①侠：指拔刀相助的侠义精神。

②素心：心地朴素之意。素，本指未经染色的纯白细绢，这里指赤子之心。

③宠利：荣誉、金钱和财富。

【白话翻译】

交朋友就要抱着拔刀相助的侠义精神，为人处世要保留一颗朴素善良的赤子之心。面对个人的名利，不要抢在别人前面，而积德修身的事情则不能落在人后。享受应得的利益不要超过自己的本分，修身养性时则不要放弃自己应该遵守的标准。为人处世懂得谦让容忍才是高明的做法，因为退往往是更好的进；待人接物宽容大度才是福，因为方便别人就是为方便自己奠定了的基础。

【深度解读】

利人方能利己

天底下的人都不傻，如果你让他获利了，他会记你的情；如果你损害了他的利益，他也会记在心里，关键时刻，给你使绊子。那些天天想着算计他人利益的人，路总是越走越窄。所以，不要计较眼前的利益，留一分利给他人，自己才会得到更多。

马云曾经表示，做任何生意，必须想到三个"Win"：第一个"Win"是客户首先要赢；第二个"Win"，是合作伙伴一定要赢；第三个"Win"是你要赢。三个赢，你少中间任何一个赢，这个生意没法做下去。可见，让利他人，不仅仅是做生意的手腕，更是一种境界。若想把生意做大做得长久，就要学会利他。

当然，很多人只顾眼前利益，与人交往的时候想着别人给了自己什么，而很少想到自己能为别人提供什么，这种想法是错误的。因为交往是互惠

的，所以我们在人际交往中必须注意，让别人觉得与我们的交往值得。只有积极"投资"，才能换来丰厚的回报。

晚清的胡雪岩是家喻户晓的人物，他成功有很多原因，但他肯给予别人帮助的精神也确实令人尊敬。

有一次，一名商人在生意中惨败，需要大笔资金周转，他主动上门，开出低价想让胡雪岩收购自己的产业。经调查属实后，胡雪岩立刻急调了大量现银，给出正常的市场价来收购对方的产业。

那个商人惊喜而又疑惑，实在搞不明白胡雪岩为何有便宜不占，坚持按市场价来购买。

胡雪岩笑着说："我只是代为保管你的这些抵押资产，等你挺过这个难关后，随时都可以来赎回属于你的东西。"商人万分感激，二话不说，签完协议之后，对胡雪岩表示自己的敬意后便含泪离开了。

商人走后，胡雪岩的手下们也纷纷表示不解。胡雪岩喝了口茶，讲了一段自己的遭遇："在我年轻的时候，我只是店里的小伙计，经常帮着东家四处催债。一次，正赶往另一户债主家中的我遇上了大雨，路边的一位陌生人也被雨淋湿。正好那天我随身带了伞，便帮人家打伞。后来，每到下雨时，我便常常帮一些陌生人打伞。时间一长，那条路上认识我的人也就多了。有时，我自己忘了带伞也不怕，因为会有很多我帮过的人也来为我打伞。只要你肯为别人付出，别人才愿为你付出。刚才那位商人的产业可能是儿辈人慢慢积攒下来的，我要是占了他便宜，人家可能一辈子都翻不了身了。这不是投资，而是救人，到头来交了朋友，还对得起自己的良心。谁都有困难的时候，能帮点就帮点吧。"

众人听后，都对胡雪岩非常佩服。后来，商人前来赎回了自己的产业，胡雪岩因此也多了一位生意场上忠实的合作伙伴。

当别人落难时，我们不要袖手旁观、无动于衷。要知道，一个人只顾眼前的利益，只顾自身的利益，不懂得双赢和共同发展，那么他得到的终将是短暂的欢愉。所以，做人不能自私自利，只为自己活着。如果对外是铁公鸡一毛不拔，对自己也同样苛刻，这样就被人看不起，很难有真正的朋友。我们要抱着感恩之心做人，秉持利他之心做事。

矜则无功，悔可减过

【原典再现】

盖世功劳，当不得一个矜①字；弥天罪过，当不得一个悔字。完名美节②，不宜独任，分些与人，可以远害全身③；辱行污名，不宜全推，引些归己，可以韬光④养德⑤。事事留个有余不尽的意思，便造物⑥不能忌我，鬼神不能损我。若业必求满，功必求盈者，不生内变，必招外忧。

【重点注释】

①矜：自负、骄傲。

②美节：完美的名声和高尚的节操。

③远害全身：远离祸害，保全性命。

④韬光：韬，本义是剑鞘，引申为掩藏。韬光是掩盖光泽，喻掩饰自己的才华。

⑤养德：修养品德。

⑥造物：指创造天地万物的神，通称造物主。造物亦称造化。

【白话翻译】

一个人即使有盖世的丰功伟绩，也承受不了一个骄矜的"矜"字所起的抵消作用；一个人即使犯下了滔天大罪，只要能做到一个懊悔的"悔"

字，也能赎回以前的罪过。面对扑面而来的荣誉、名气等，不要独自占有，必须和大家一起分享，只有如此，才不会因为他人的嫉恨而招来灾害，从而保全性命；而面对各种不堪的耻辱和坏名声，也不要完全推到他人身上，自己应该主动承担几分，只有如此，才能收敛锋芒，修养品德。如果做任何事都留有几分余地，那样即使是全能的造物主也不会忌恨我，鬼神也不能对我有所伤害。如果在事业上过度好强，功业追求绝对的完美，那么即使不为此而发生内乱，也必然为此而招致外患。

【深度解读】

懂得分享，才能持续地享有

在生活中，很多人会这样抱怨："我的世界为何如此无趣？为什么我只能待在一个角落孤芳自赏？"我想说的是，如果你不会忧他人之忧，乐他人之乐，你就永远也尝不到生活的酸甜苦辣。我们要懂得分享，才能持续地享有。

白居易曾经说过："乐人之乐，人亦乐其乐；忧人之忧，人亦忧其忧。"说的正是分享的道理。要想从别人身上得到什么，首先要向他付出什么。要想让别人分担自己的忧愁，首先学会帮别人分忧。

古代思想家、教育家孟子曾这样问梁惠王："独乐乐，与人乐乐，孰乐？"梁惠王毫不犹豫地回答："不若与人。"就是说，只有懂得与人分享，美好、精彩的生活才会不请自来。

在明朝，帝王朱棣曾经六派郑和下西洋，访问了三十多个在西太平洋和印度洋的国家和地区，给他们带去了中国先进的科学技术与不同的民族文化，并同他们建立了友好的外交关系，从而得到了他们的尊重和认可。那些国家都把明朝视为天朝，每年按时进贡，结果明朝变得越来越富裕了。

朱棣运用成功的外交手段，让周边的国家分享了明朝的强大与繁荣，使朱棣成了当时世界上最有名的君主。正是因为朱棣懂得分享，才能为明朝的繁荣打下了坚实的基础。

分享能够提升人生的情趣与境界，赢得人们的尊敬。"竹林七贤"徜徉在山水之间，既分享彼此的志趣，又升华了各自的情谊；苏轼与王安石虽然政见不同，却喜欢互相探讨诗词，分享两人的文学见解，因而他们的友情坚如磐石；居里夫妇毫不吝啬财富和科研成果，慷慨地与世人同享，因此成了我们毕生爱戴尊敬的对象……因为分享，人与人之间的隔阂渐渐消失；因为分享，他们收获了双倍的幸福，得到了世人的尊敬。

如果没有了分享，我们这个世界是多么的暗淡无光。"独学而无友，则孤陋而寡闻"，如果没有了分享，没有了交流，我们会困在思想的陋室，我们思想的河流很快就会干涸，再也不会激起智慧的浪花。

如果没有了分享，我们会陷入情感的沙漠，一个人的宴会是孤独的，一个人的旅途是凄惶的。没有人和你一起笑、一起哭，也没了相互鼓励、相互支持。没有了分享，人就难诉衷肠。

有这样一句名言：把你的痛苦与别人分担，你的痛苦会减少一半；把你的快乐与别人分享，你的快乐会增加一倍。分享快乐不会使自己损失什么，却能让这个世界充满温情。与别人分享快乐是一种美德，因为快乐能够传染。

如果自己是一团火，就点亮别人；如果自己是一盆水，就洗净别人；如果自己是一粒种子，就长出更大的稻穗；如果自己是一弯月，就给夜行人送去清辉。分享本身就是一种快乐，请不要那么吝啬。

生命因分享而充实，因分享而充满激情，因分享而多姿多彩，这个世界因为有了分享才变得如此美丽。让我们懂得分享，让我们试着分享，让我们充分发挥分享的魔力，让分享这个神奇的词语在生活中熠熠生辉！

诚心和气,胜于观心

【原典再现】

家庭有个真佛①,日用有种真道②,人能诚心和气,愉色婉言,使父母兄弟间,形骸两释③,意气交流④,胜于调息观心⑤万倍矣!好动者,云电风灯;嗜寂者,死灰槁木。须定云止水中,有鸢飞鱼跃气象,才是有道的心体。

【重点注释】

①真佛:真正的佛,这里指信仰。

②真道:真正的道理。道,真理。

③形骸两释:形骸,有形的肉体,躯壳。指人我之间没有身体外形的对立,即人与人之间和睦相处。

④意气交流:彼此的意态和气概互相了解,互相影响。

⑤观心:观察自己种种行为,也就是反省自己。

【白话翻译】

每个家庭都应该有一个真正的信仰,每个人在生活中也应该有自己遵循的原则。人际交往中若能够心平气和,坦诚相见,彼此以愉快的态度和温和的言辞相待,那么与父母兄弟的感情就会融洽,没有隔阂,意气相投,这比起坐禅调息、观心内省还要强上千万倍。生性好动的人就像云中的闪电,瞬时就会无影无踪,又像风中的残灯一样忽明忽暗;而一个好静的人则像熄灭的灰烬,又像毫无生机的枯木。可见过分的变幻和清静,都不是合乎理想的人生。人就应该像在静止的云中飞翔的鸢鸟，不动的水中跳跃的鱼儿，用这种心态来观察万事万物，才算是达到了真正符合有道的理想境界。

【深度解读】

真心实意，坦诚相待

世界之大，包罗万象，有些人整天套着面具，不愿意把真实的自己展示给众人。其实，人不是"装"出来的，是实实在在做出来的，做人千万不要太虚伪做作。

老子曾说过一段至理名言，大意是：自以为有先见之明，那不过是玩弄道的虚华，而实际正是愚蠢之至。所以男子汉，选择厚重而不选择轻薄，选择朴实而不选择虚华，不要后者而要前者。

但做人要真诚，不要虚伪，不要做作。毫无疑问，真诚是一项做人的原则，我们每个人都希望交到真诚的朋友。真诚是相互的，只有真诚地对待朋友，才能在彼此之间确立稳固的关系。人和人之间只有真诚，才能让生活变得和谐、美丽。

真诚是人类最重要的美德，也是人与人沟通和交流的重要原则，它是基础，也是关键。比如，一个人有天赋、才能、眼光、魄力，都算不上是伟大，必须加上真诚，才能称其伟大。真诚源自对人性的真切了解，并由此产生一种面对自己、面对他人的诚实和坦然。面对所有的压力和痛苦，只有用真诚的心去面对，才能得到化解和回报。

古人讲："君子坦荡荡，小人长戚戚。"心胸坦诚、襟怀坦荡的人总能博得别人的好感与尊敬。坦诚之心诚可贵，如果人与人相互之间丧失了坦诚，缺失了互信，总是用怀疑的眼光去看人看事，那么就丧失了共同相处和合作的基础，久而久之还会产生摩擦和隔阂。

以坦诚待人是值得信赖的心灵之桥，通过这座桥，人们打开了心灵的

大门。坦诚之心不可无，因为坦诚，才更真实。

一个坦诚、问心无愧的人生就是一个有价值的人生。有一颗坦诚之心，言而有信，说到做到，老老实实做事，诚心诚意待人。一个人只要真诚，总是能打动人心的，即使人家一时不了解，日后也会了解。

 洁自污中出，明从晦中生

【原典再现】

攻人之恶，毋太严，要思其堪受；教人以善，毋过高，当使其可从。粪虫①至秽②，变为蝉而饮露于秋风；腐草无光，化为萤③而耀采于夏月。因知洁常自污出，明每从晦生也。

【重点注释】

①粪虫：粪，指粪土或尘土。粪虫是尘芥中所生的蛆虫。

②秽：脏臭的东西。

③化为萤：腐草能化为萤火虫是传统说法。

【白话翻译】

批评别人的缺点时，不要太严厉，要考虑对方是否能够承受；教诲别人行善时，也不要要求太高，要考虑别人是否能够做到，不要使其感到太为难。粪土中的幼虫是最脏的，可是它一旦蜕变成蝉后，却在秋风中吸饮洁净的露水为生；腐败的草本身不发光，可是它孕育出的萤火虫却在夏夜里闪烁着荧光。由此可见，洁净的东西出自污秽之中，而光明在黑暗中孕育。

【深度解读】

出身卑微的人也能成功

对于每个人来说，出身微浅不是有作为的决定条件，不能因此自艾自怨，而要想方设法去改变命运的安排。有的时候，先天的环境可能难以改变，但自我形象却可以通过后天的努力而变化。

古语说，"将相本无种，男儿当自强"。可见一个人不必为了环境不好而苦恼，关键是要自强、自尊、自爱、自律，才有可能实现自我。人在清苦的环境中，最容易激发斗志，古今中外很多伟人，都是从他们青少年时代的艰苦环境中奋斗成功的。

提到石勒，他的出身确实卑微，他是个羯族人，出生在山西武乡一代。出生不久，就遇到了晋末的"八王之乱"，在二十岁时候被卖到一个大户人家当奴隶。可是就是这么一个名不见经传的小人物，谁也没有想到，他后来横扫整个中国北方，成为一个叱咤风云的人物。

石勒的起家也和寻常人不同，他选择了当流寇。《晋书·石季龙载记上》记载，以他为首，招募了王阳、夔安、支雄、冀保、吴宇、刘应、桃豹、元明等十八个人，这十八个人天天到处抢劫骚扰，破坏生产。

为了继续生存，他们这十多人加入了汲桑的军队，后来汲桑在永嘉十年（公元307年）自己称王，以石勒为部将，就这样，石勒才真正意义上开始了他征服北方的不平凡路。

在汲桑称王的这几年里面，石勒一直都是汲桑的主力军队，石勒的作战能力才开始慢慢地凸现出来。但是好景不长，天下毕竟是晋朝司马氏家族的，汲桑的统治范围只有几个郡县。在公元307年八月初一，汲桑就被打败了。

石勒和汲桑没有了去处，只好向西投奔到刚刚开始反抗晋王朝的刘渊那里。石勒的到来，使得这个军队的实力大增。随着战争不断地胜利，他自己实力也不断扩大，攻下来的这些地方军队大多投降石勒。所以，石勒有了自己的军队，更难能可贵的是，在攻打荥阳期间，他获得了一

个名叫张宾的人，有了这个人的加入，可谓如虎添翼，石勒的战斗力更强了。

公元 310 年，刘渊去世，他的儿子刘聪继位称帝，此时的石勒已经拥有足够强的兵力与刘聪对抗了。石勒在刘聪称帝的十年里，攻克洛阳，杀死晋愍帝司马邺，继而又转战河南，攻陷江陵一代，从而使得自己的地盘不断扩大。最终，在公元 220 年，石勒在襄国（今河北邢台）称王，建立后赵。

纵观石勒一生，出身卑微，仅仅是奴隶出身，但是很有谋略，很有智慧，更有胆识，正是由于这样，他最终能建立后赵，灭掉前赵，统一北方，当上皇帝。

可见，环境的清洁与污秽是相对的，清洁中未必没有腐物，污秽中未必不出有益的东西。所处环境对人的成长的制约也是相对的。

即使是出身再卑微的小人物，也有生存下去的权利，也可以心怀梦想，通过自己的努力取得成功。出身卑微从来不是放弃努力的借口，也并没有低人一等。要知道，出身无法选择，命运我们也无法预见，可能努力了未必能得到自己想要的结果，但是只要努力，就一定是在往前走，就有实现梦想的机会。

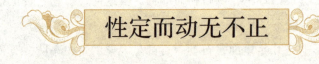

性定而动无不正

【原典再现】

矜高倨傲，无非客气①，降服得客气下，而后正气伸；情俗意识，尽属妄心②，消杀得妄心尽，而后真心③现。饱后思味，则浓淡之境都消；色后思淫，则男女之见尽绝。故人常以事后之悔悟，破临事之痴迷④，则性定⑤而动无不正。

【重点注释】

①客气：言行虚矫，不是出于至诚。

②妄心：妄，虚幻不实。指人的本性被幻象所蒙蔽。

③真心：指真实不变的心。

④痴迷：迷，心中只想一事一物。痴迷是指见到事物的一面，而不能对事物做全面的明智的判断，却又全身心投入。

⑤性定：性，本然之性，即真心。定，安定，不动摇。性定即本性安定不动。

【白话翻译】

心高气傲自以为是，无非是因为自身言行虚浮，只有克服自身的这个缺点，才会拥有光明正大、刚直无邪的浩然正气；同样，七情六欲都是由于虚幻无常的妄心所致，只要能够消除它，真正的善良本性就会显现出来。吃饱喝足之后再品尝美味佳肴，食物的甘美是体会不出来的；房事满足之后再来想性欲的情趣，一定无法激起男欢女爱的念头。所以人们如果常常用事后的悔悟，来作为其他事情开端的参考，那么，就可以避免一切错误而保持自己纯真的本性，在行动上就有了正确原则，而不至于出格。

【深度解读】

消除欲望，显出本我

俗话说，世无净土，皆因心无净土。意思是人若认为世界处处是尘埃，是因为心灵沾满了尘埃，而心灵上的灰尘，会让人看不到生活的光亮美好，更无法照出幸福的本来面目。所以，一个人只有常常拭去心灵的尘埃，才能宁静自己的心灵。

人之初，性本善，其实每一个人的心灵都可以像水晶一样清澈透明。只是漫漫红尘中，有太多诱惑令我们心旌荡漾，不能自已。金钱、美人、权力、荣誉……为了这些，人们你争我夺，刀来枪往，有的人残了，有的人疯

了，有的人病了。人们前赴后继，乐此不疲，却从没有想到停下来歇一歇。

在生活中，人多一份贪欲，就多一份痛苦和烦恼。贪欲如同一根链条，若自己无法摒弃，便会被其束缚；贪欲又如同一个火把，若自己无法熄灭它，便会引火烧身。贪心就像吃咸菜一样，吃得越多越渴。

人若贪心，就会在心理上永无宁日，无法享受生活中从容的乐趣；人若贪心，就不能坚持公道，无法读懂生活中的真谛；人若贪心，就会利令智昏、见利忘义，无法体会天伦之乐，甚至连性命都可能丢失。

欲望就像魔鬼，一点一滴吞噬着人们善良的心灵。欲望就像铁锁，整日整日地将人们囚禁于内，不得解脱。人要有正气为主心骨，因为正气乃天地之气，也就是孟子所说的浩然之气。我们的身体如同小宇宙和小天地，在身体中支配我们的主人就是正气，这种正气光明正大，绝不为利害所迷失。人如果真能不受妄心所左右，那正气和真心自然会出现，显出本性，显出一个本我。

禅诗有云：春有百花秋有月，夏有凉风冬有雪；若无闲事挂心头，便是人间好时节。的确，境由心生，只有内心归于平静才可感受到人生的美好，心灵一旦被物欲所牵，就等于被蛛网所系，一生不得挣脱，而克制欲望、保持淡泊之心则可让人趋于平静。我们应该明白这样一个道理：功名利禄、荣华富贵均是身外之物，不可没有，亦不可强求。如此，你的内心就可以获得释然。

 无过是功，无怨是德

【原典再现】

居轩冕①之中，不可无山林②的气味；处林泉之下，须要怀廊庙③的经纶④。外世不必邀功，无过便是功；与人不求感德，无怨便是德。忧勤⑤是美德，太苦则无以适性怡情⑥；澹泊是高风，太枯则无以济人利物。

【重点注释】

①轩冕：古制大夫以上的官吏，每当出门时都要穿礼服坐马车，马车就是轩，礼服就是冕。比喻高官，或者是显贵之人。

②山林：泛称田园风光或闲居山野之间。与林泉都是比喻隐退。

③廊庙：比喻在朝从政做官。

④经纶：以治丝之事比喻政治。

⑤忧勤：绞尽脑汁用足体力去做事。

⑥适性怡情：使心情愉快，精神爽朗。

【白话翻译】

身居要职享受厚禄的高官，要像隐士般看淡名利；而隐居山林的人，应该胸怀治理天下的大志。人生在世不必千方百计去追名逐利，只要做到不犯错误就是最大的功劳；施舍恩惠给别人不图人家知恩图报，只要别人不怨恨自己，就是最好的回报。勤劳多思是一种美德，但如果过于执着把自己弄得太辛苦，就失去了它带来的乐趣；淡泊寡欲本来是一种高尚的情操，但如果过分逃避社会，就无法对他人他事有所帮助了。

【深度解读】

淡泊名利，宁静从容

人生在世，无论贫富贵贱，穷达逆顺，都免不了要和名利打交道。对待名利，人们有不同的态度：一种是追名逐利，一种是淡泊名利。古往今来，众多的学问家都是淡泊名利的佼佼者，他们把主要精力放在对理想、事业的追求上。

淡泊是对人生的一种坦然，坦然面对生命中的得失；淡泊是对人生的一种豁然，豁然对待人生中的进退。淡泊是对生命的一种珍惜，珍惜眼前，从不好高骛远。淡泊可以使你真正地享受人生，在努力中体验欢乐，在淡泊中充实自己。

淡泊是一种心胸的超脱，是一种宠辱不惊的淡然与豁达，是一种历经

尘世间诸多磨难和变迁后的成熟与从容，也是大彻大悟的宁静心态。有道是："非宁静无以致远，非淡泊无以明志。"生活中的我们，只有懂得宁静从容，以静养心，才能达到人生至高的境界。

陶渊明生于公元365年，是我国最早的田园诗人。他生活的时代，朝代更迭，社会动荡，百姓生活非常困苦。

公元405年秋天，陶渊明为了养家糊口，来到离家乡不远的彭泽当县令。这年冬天，他的上司派一名官员来视察，这位官员是一个粗俗而又傲慢的人，一到彭泽县的地界，就派人叫县令来拜见他。

陶渊明虽然瞧不起这种假借上司名义发号施令的人，但身不由己，只得马上动身。不料县吏拦住他说："参见这位官员要十分注意小节，衣服要穿得整齐，态度要谦恭，不然，他会在上司面前说你的坏话。"

一向正直清高的陶渊明再也忍不住了，他长叹一声说："我宁肯饿死，也不能因为五斗米的官饷，向这样差劲的人折腰。"于是，他马上写了一封辞职信，离开了只当了八十多天的县令职位，从此再也没有做过官。

从官场退隐后，陶渊明在自己的家乡开荒种田，过起了自给自足的田园生活。在田园生活中，他找到了自己的归宿，写下了许多优美的田园诗歌。

官场中少了一位官僚，文坛上多了一位文学家。陶渊明淡泊名利，"不为五斗米折腰"的故事至今被人们津津乐道。

"山不在高，有仙则名。水不在深，有龙则灵。斯是陋室，惟吾德馨。"一间陋室，青苔漫上，草色青葱。没有丝竹管弦的喧闹，没有迎来送往的烦扰，没有官府公文的操劳，寻找一片属于自己的宁静。交朋识友，皆是高洁之士，抚琴研经，岁月无声静好。

被贬和州后，使刘禹锡远离了红尘喧嚣，远离了名利场所。他寄情山水，静守陋室，与自然交谈，与心灵对话。在生活中跌入低谷，在艺术上攀上高峰，真正进入了宠辱不惊、去留无意的淡泊境界。

《大学》中说道："定而后能静，静而后能安，安而后能虑，虑而后能得。"在欲望的边缘坚守一颗淡定的心，在困难与挫折面前矢志不渝，才能不断迈向新的成功。不得不说，人生中有很多东西是多余的，只要得到你该要的、该有的就足够了，剩下的那些，就让它们在心里淡淡地忘掉。即使你一生中什么也没有抓住，只要抓住了幸福，你依旧是天底下最富有的人。

第二章　方圆并用，柳暗花明

　　对于欲念，不要因为一点眼前的利益就想占为己有，一旦放纵自己就会堕入万丈深渊；关于道义方面的事，不要因为畏惧困难而退缩，一旦退缩就会离真理越来越远，如隔千山万水。为人处世，不可至方，也不可至圆，只有把方和圆的智慧结合起来，做到该方就方，该圆就圆，刚柔并济，才可做到古人所说的"中和"。

原其初心,观其末路

【原典再现】

事穷势蹙①之人,当原其初心;功成行满②之士,要观其末路。富贵家宜宽厚,而反忌刻③,是富贵而贫贱其行矣,如何能享?聪明人宜敛藏④,而反炫耀,是聪明而愚懵⑤其病矣,如何不败?居卑而后知登高之为危,处晦而后知向明之太露,守静而后知好动之过劳,养默而后知多言之为躁。

【重点注释】

①势蹙:势态紧迫,意指穷途末路。

②功成行满:事业有所成就,一切都如意圆满。

③忌刻:忌,猜忌、嫉妒。刻,刻薄、寡恩。

④敛藏:敛,收、聚、敛束。敛藏就是深藏不露。

⑤懵:心神恍惚,对事物缺乏正确的判断,不明事理。

【白话翻译】

对于在事业上失败而心灰意冷的人,要帮助他恢复奋发上进的信心;对于事业成功感到万事顺利的人,要看他在以后的道路上能否保持下去。有钱人应该待人宽仁,如果一味挑剔苛刻,那么即使是处在富贵之中,其行为和贫贱无知的人是没有两样的,又怎么能够长久享受富贵的生活?聪明有才华的人也要学会低调,如果到处炫耀,那么他就跟愚蠢无知的人没有什么两样,他的事业哪有不失败的道理?站在低处的地方,才能体会到攀登高处的危险；处在昏暗的地方，才知道当初的光亮会刺眼睛；持有宁静的心情，才知道四处奔波的辛苦；保持沉默的心性，才知道过多的言语会带来烦躁不安。

【深度解读】

低调做人

生活中，我们经常可以看到一些爱摆"身架"的人，哪怕只是当了芝麻大的一个小官，也要把官腔打得十足，无论干什么事情都是装腔作势，表现出一副威风、了不起的样子。殊不知，他们"身架"摆得越大，在别人的心目中其"身价"就越低。

其实，人生的真谛，不在高山大川，巍巍峰顶，而在舒云流水，曲径通幽。放慢脚步，放低姿态，让心灵在低调的人生节奏中低吟浅唱，闲庭信步，最终通向成功。可见，做人就应该低调一些。

何谓"低调"？低调是一种谦虚谨慎的态度，不张扬，隐藏自己的能力不显示出来。是自己选取较低的标准、要求、观点和看法，去面对和处理他人或所发生的事件。低调做人就是用平和的心态来看待世间的一切。低调做人，更容易被人接受。一个人应该和周围的环境相适应，适者生存。

古人云："木秀于林，风必摧之；人高于众，众必非之。"所以，不如低调一点，"夹起尾巴做人"，这样更能增加你的亲和力，为你赢得更多的朋友。这是一个人成就大事最起码的前提。

昔日越王勾践若抱住身份不放，无卧薪尝胆的低姿态，那么就没有"三千越甲可吞吴"的壮举；三国的刘备若无"三顾茅庐"的求贤之举和平时礼贤下士的谦恭姿态，而是以"皇叔"的身份高高在上，就不会有三国争雄的故事；在世界上名声赫赫、几千年都受人尊敬的儒家创始人孔子说出了"三人行，必有我师焉"的名句。所以，身份和地位越高的人，越要把自己的"身架"放下，只有这样才能赢得追随者的敬重和信赖。

　　毫无疑问，低调是一种做人的智慧，是一种处世的哲学。低调不是软弱、怯懦，不是忍受、退缩；低调应该是一种基于自信的宽容博大，一种基于智慧的积极进取，就像饱满的稻穗谦虚地低下头来，是一种成熟的标志。低调做人，就是用平和的心态来看待世间的一切，在卑微时安贫乐道，豁达大度；在显赫时持盈若亏，不骄不狂，隐藏锋芒。

　　老子说过："强梁者不得其死。"这句话直接道出了好胜者必败的道理。有时候，适当表现自己的无能，"让"别人一下，或许会给自己带来更多的好处。

　　三国时，曹植出尽了风头，深受曹操的喜爱。在太子争夺战中，曹丕也曾经恐慌过，生怕输给曹植，他向自己的老师贾诩讨教。贾诩说："您只要兢兢业业，不违背做儿子的礼数就可以了，不必去想那些虚名。"曹丕接受了贾诩的建议。

　　有一次，曹操亲征，曹植再一次展示了自己的才华，作了一篇歌功颂德的文章来讨父亲欢心。曹丕却没有这样做，而是伏地而泣，跪拜不起，一句话也不说。

　　曹操看到曹丕这样，连忙问他："怎么了？"曹丕哽咽着说："父王年事已高，还要挂帅亲征，做儿子的心里又担忧又难过，所以说不出话来。"

　　曹操听后，非常感动。最终，曹丕被立为太子，而曹植则因为风头过盛、才能过显丢了前途。

　　可见，风头过盛只能成为众人围攻的靶子，往往会招来大家的攻击，而低调为人，往往可以积蓄力量，厚积薄发，取得最后的成功。

　　古人亦有云："地低成海，人低成王。"所以，一个人不管取得了多大的成就，都要以豁达谦卑的心态低调做人；也不管他的出身多么卑微，都要以卓然而立的姿态高调处世，借以激发潜能，提升人生。唯有低调的人，才能够在纷繁的世态中拥有一份从容，一份淡定，并以一种平和乐观的心态面对风云莫测的人生，从而成就一番辉煌的事业。

放得道德，才可入圣

【原典再现】

放得功名富贵之心下，便可脱凡①；放得道德仁义之心下，才可入圣②。利欲未尽害心，意见③乃害心之蟊贼④；声色⑤未必障道，聪明乃障道之藩屏⑥。人情⑦反复，世路崎岖。行不去处，须知退一步之法；行得去处，务加让三分之功。

【重点注释】

①脱凡：脱，脱俗，即超越尘世外的意思。

②入圣：进入光明伟大的境界。

③意见：本是意思和见解之意，此处为偏见、邪念。

④蟊贼：蟊，害虫名，专吃禾苗。这里比喻贪财的人。

⑤声色：指沉湎于享乐的颓废生活。

⑥藩屏：原指保卫国家的重臣，此处指屏障、藩篱。

⑦人情：指人的情绪、欲望。

【白话翻译】

一个人如果能够丢开功名富贵的思想，就可以做个超凡脱俗的人；如果能摆脱仁义道德等教条的束缚，就可以进入超凡绝俗的圣贤境界。名利欲望未必会伤害自己的本性，刚愎自用、自以为是的偏见才是残害心灵的毒虫；淫乐美色未必会妨碍人的品德，自作聪明、目中无人才是修悟道德的最大障碍。人情冷暖反复无常，人生之路崎岖不平。当你遇到走不通的

地方，要学会退一步的道理；在走得过去的地方，也一定要给予人家三分的便利。

【深度解读】

刚愎自用要不得

刚愎自用，就是自认为了不起，看不起别人，听不进不同意见，固执任性，独断专行。有这种性格缺陷的人，大多事业不幸，难以取得了不起的成就。

凡是刚愎自用的人都非常自负，傲气十足、目中无人、一厢情愿、唯我独尊，认为自己是穷尽了真理的人。刚愎自用使人越来越不知道天高地厚，离真理越来越远，离身败名裂越来越近。

在秦末农民战争中，刘邦和项羽是两支反秦武装的领袖，他们是战友，也是同盟军。

公元前206年，刘邦攻下咸阳后，接受张良等人的劝告，与当地的百姓"约法三章"，由此收买了当地百姓的民心。同年，项羽在经过巨鹿的浴血苦战消灭秦军主力后，率诸侯兵西抵函谷关。一看关门紧闭，又听说沛公已定关中，当即大怒，命黥布等人攻破函谷关，大军蜂拥而上，进驻鸿门。

被项羽奉为亚父的范增此时已看出了刘邦的野心，于是劝势力强大的项羽于次日清晨消灭刘邦的势力。在这一紧要关头，项羽的叔父项伯连夜将实情告诉张良。项伯和张良原是好朋友，所以劝张良赶紧脱离刘邦，不要一起送死。张良认为做人不能不讲义气，反而拉着项伯一起见沛公。刘邦立刻与项伯结成亲家，并听从项伯的建议，于次日清晨到鸿门向项羽请罪。

第二天早晨，刘邦早早赶到鸿门，向项羽面谢，一番话语让项羽顿时犹豫不决，最后只得设宴接待刘邦。在宴席上，范增好几次用眼睛示意项羽攻击沛公，项羽却毫无反应，结果错失了杀刘邦的绝佳机会。后来，刘邦便利用项羽刚愎自用、优柔寡断、多疑的性格弱点，对他进行反间计，用一系列的计谋让他身边的忠臣良将一个个弃他而去，并最终落得了"乌江自刎"的下场。

在楚汉相争的初期和中期，刘邦实际上处于十分不利的地位，然而，刘邦最终取得了胜利。这与刘邦善于听信忠言，能够使用人才，为了大事可以不惜一切代价有关，也与项羽的刚愎自用不无关系。

总之，一个刚愎自用的人就好像用铜墙铁壁铸成的思想，任何人的谈话都听不进。他们为人做事，居高临下，颐指气使，势必让人产生压抑感，顿生排斥心理，避而远之。不过，只要克服了自己性格上的多种毛病，那么，他一定会变成一个充满活力的人，一个有生命激情的人，一个有事业广阔前途的人。

留正气还天地，遗清白在乾坤

【原典再现】

待小人[1]，不难于严，而难于不恶；待君子，不难于恭，而难于有礼。宁守浑噩[2]而黜[3]聪明，留些正气还天地；宁谢纷华而甘澹泊，遗个清白在乾坤[4]。降魔[5]者，先降自心，心伏，则群魔退听[6]；驭横[7]者，先驭此气[8]，气平，则外横不侵。

【重点注释】

①小人：泛指一般无知的人，此处含品行不端的坏人的意思。

②浑噩：同浑浑噩噩，指人类天真朴实的本性。浑浑，深大的样子。噩噩，严肃的样子。

③黜：摒除。

④乾坤：象征天地、阴阳等。

⑤降魔：降，降服。魔，本意是鬼，此处指障碍修行。

⑥退听：指听本心的命令。又当不起作用解。

⑦驭横：意指那些外来纷乱的事物。

⑧气：此处指情绪。

【白话翻译】

对待心术不正的小人，要做到对他们严厉苛刻并不难，难的是不憎恶他们；对待品德高尚的君子，要做到对他们恭敬并不难，难的是遵守适当的礼节。人宁可保持纯朴、无机诈的本性而摒除后天的聪明才智，以便保留一点浩然正气还给大自然；人宁可抛弃俗世的荣华富贵而过着清虚恬静的生活，也要在世间留个清白的声名。要想降伏恶魔，必须首先降伏自己内心的邪念，只有做到了，那么恶魔自然会消除；要想驾驭住悖礼违纪的事情，必须首先驾驭自己的浮躁之气，只有控制住自己的浮躁，那些外来的纷乱事物就自然不会侵入。

【深度解读】

两袖清风，一身正气

古往今来，凡为官清廉、不贪钱财者，常以"两袖清风"自誉。说起它的由来，还有一段有趣的故事呢。

于谦是我国明代的爱国英雄，少年入仕，为官多年，但他一向主张"名节重于泰山，利欲轻于鸿毛"，平时衣食似平民，出行坐骡车，自己的俸禄多用来接济穷人，曾开仓赈济灾民几十万。

于谦一生为官清廉，为后人称颂。他曾经在河南、山西做官。当时，地方官员每年轮流到京城接受考查。一些贪官为了保住自己头上的"乌纱帽"，用搜刮老百姓得来的钱财向京城的上司送礼、行贿。这一年轮到于谦进京了，他把自己管区百姓的疾苦、要求和治理方法记下来，便准备动身了。

手下人拦住他说："大人，您什么东西都不带怎么行呢？"

于谦装作不懂地说："我应该带的都带齐了，还带什么呀！"

手下人说："您进京不送礼，什么事情也办不成啊！"

于谦说："你看，我一年只有这些俸禄，家里还有父母妻儿，哪里有金银去巴结上司啊！"

手下人着急地说："没有金银可以带些地方特产呢！"

"地方特产都是老百姓的血汗，我怎么能拿它去讨好上司？你看，这里就是我要带的东西。"于谦说着，提起了自己的两只袍袖。

手下人仔细看了看，不解地问："您带的是什么？"

于谦说完哈哈大笑，道："两袖清风！"

于谦的清廉是出了名的。有一次，在于谦六十岁寿辰的时候，当天家门口聚集了很多送寿礼的人。于谦叮嘱管家，无论何人送礼一概不收。皇上因为于谦忠心报国，派人送了一只玉猫金座钟。谁知管家按照于谦的叮嘱把送礼的太监拒之门外。

太监不悦，就写了"劳苦功高德望重，日夜辛劳劲不松。今日皇上把礼送，拒礼门外情不通"的"条子"叫管家送给于谦。于谦见了，在"条子"下面添了四句："为国办事心应忠，做官最怕常贪功。辛劳本是分内事，拒礼为开廉洁风。"

太监无话可说，只好回去向皇上复命去了。

于谦的一生就如同他《石灰吟》的诗一样，坦坦荡荡，清清白白——"千锤百炼出深山，烈火焚烧若等闲。粉身碎骨浑不怕，要留清白在人间！"这正是他坦荡高洁、刚直不阿的人生真实写照。

如果说人生是一棵大树，才能是其果实，功业是其枝干花叶，那么道德修养就是它的根本。如果你想让自己的人生枝繁叶荣、花香果硕，就应加强道德修养，留正气还天地，遗清白在乾坤。

严出入，谨交游

【原典再现】

教弟子①如养闺女，最要严出入，谨交游。若一接近匪人②，是清净田中下一不净的种子，便终身难植嘉禾③矣！

【重点注释】

①弟子：同子弟。

②匪人：泛指行为不正的人。

③嘉禾：长得特别茂盛的稻谷。

【白话翻译】

教育学生就好像养女儿一样，最重要的是严格管理她的生活起居，与人交往要谨慎。一旦结交了品行不端的人，就好像在肥沃的土地中种下了一颗坏种子，这样永远也长不出好的庄稼了。

【深度解读】

近朱者赤，近墨者黑

孔子说过："无友不如己者。"在人格的形成过程中，朋友的影响是深刻的。所谓"近朱者赤，近墨者黑"，与什么样的朋友来往久了，就不免会受其影响。与有品德的人相交，自己也会品德高尚，与小人交往，自己的名声也会毁掉。所以交友一定要慎重，要精心选择，莫毁了自己的名声。

欧阳修是北宋著名的文学家、政治家。他在颍州当长官的时候，手下有一个名叫吕公著的年轻人。有一次，欧阳修的好友范仲淹路过这里，便到他家中拜访，欧阳修邀请吕公著一同待客。席间，范仲淹对吕公著说："你能在欧阳修身边做事真是太好了，你应该多向他请教作文写诗的技巧。"此后，在欧阳修的言传身教下，吕公著的写作技巧提高得很快。

这个事例很好地说明了"近朱者赤"的道理。所以，要想对自己的品德修养、事业前途有帮助，就要慎交益友，切勿结交损友。

深谙中国传统文化的纪晓岚，对孔子的教诲自然是非常清楚的。在纪晓岚的仕宦生涯中，他与刘墉关系最为密切。这不但因为他是刘墉之父刘统勋的门生，更主要的是两人皆正色立朝，又皆至耄耋之年，以廉洁自持，被嘉庆帝称为"国之二大老"。

在现实生活中，和谁在一起的确很重要，甚至能改一个人的成长轨迹，决定一个人的人生成败。人生最大的运气不是天上掉馅饼砸到你，不是捡了钱，也不是中了大奖，而是有人把你带入更高的平台。

和什么样的人在一起，就会有什么样的人生。和勤奋的人在一起，就不会懒惰；和积极的人在一起，就不会消沉；与智者同行，就会不同凡响；与高人为伍，就能登上人生巅峰。要知道，你的出身如何并不重要，重要的是你和谁在一起！

胡雪岩十二三岁的时候，为了养家糊口，在亲戚的介绍下进入一家钱庄做学徒。在钱庄里，他擦桌、扫地、倒夜壶等，这是每天的家常便饭。可是，谁也想不到，这个天天倒夜壶的小孩日后竟然能发达起来。

有一天，胡雪岩认识了一个穷书生叫王有龄。当时，王有龄已经捐了浙江盐运使，但无钱进京。通过交往，胡雪岩发现王有龄这人是个做官的料，日后定能飞黄腾达。于是，他决定赌一把——他把收账得来的五百两银子借给了王有龄。

有了银子，王有龄即刻启程，途经天津时，遇到故交侍郎何桂清。在何桂清的举荐下，王有龄到了浙江巡抚门下，当上了粮台总办。王有龄这边发达了，胡雪岩那边却因为私用账款被炒了鱿鱼。

王有龄发迹不忘旧恩，立即拿出钱来，资助丢了工作的胡雪岩，于是胡雪岩开了一家名为阜康的钱庄。之后，随着王有龄的步步高升，胡雪岩的生意也越做越大，除钱庄外，还开起了许多店铺。

俗话说，朝中有人好办事。胡雪岩小小年纪，就能把眼光放远，为自己的未来打下人脉基础，不得不令人赞叹、佩服。假如胡雪岩没有认识王有龄，也许他就很难发迹了。

古时孟母三迁，正是由于深谙"近朱者赤，近墨者黑"的道理。如今，我们应该学会明辨是非，尽量做到"交益友而不交损友"。通过与益友的交往，不断提高修养，增长才干，做一个德才兼备的人。

 彼富我仁,彼爵我义

【原典再现】

欲路①上事，毋乐其便而姑为染指②，一染指便深入万仞；理路③上事，毋惮其难而稍为退步，一退步便远隔千山。念头浓④者，自待厚，待人亦厚，处处皆浓；念头淡者，自待薄，待人亦薄，事事皆淡。故君子居常嗜好，不可太浓艳⑤，亦不宜太枯寂⑥。彼富我仁，彼爵我义⑦，君子故不为君相所牢笼；人定胜天，志一动气⑧，君子亦不受造物之陶铸⑨。立身不高一步立，如尘里振衣，泥中濯足⑩，如何超达？处世不退一步处，如飞蛾投烛，羝羊触藩，如何安乐？

【重点注释】

①欲路：泛指欲念、情欲、欲望。

②染指：比喻巧取不应得的利益。

③理路：泛指义理、真理、道理。

④念头浓：念头，想法、动机。这里指热情。

⑤浓艳：此处指奢侈讲究。

⑥枯寂：寂寞到极点。此处指吝啬。

⑦我义：意指高尚情操和正义之感。

⑧志一动气：一，专一或集中。动，统御、控制、发动。气，情绪、气质。

⑨陶铸：范土曰陶，镕金曰铸。变通造作使之成为一定形式之义。

⑩泥中濯足：在泥巴里洗脚，比喻做事白费力气。

【白话翻译】

对于欲念方面的事，不要因为一点眼前的利益就想占为己有，一旦放纵自己就会堕入万丈深渊；关于道义方面的事，不要因为畏惧困难而退缩，因为一旦退缩就会离真理越来越远，如隔千山万水。热情的人，不但能够善待自己，而且对待别人也讲究丰足，因此他凡事都讲究气派豪华；而冷漠淡薄的人，不仅自己过得清苦，同时也处处苛求别人，因此凡事都表现得冷漠无情。可见，一个真正有修养的人，在日常生活及为人处世方面，既不可过分热情奢侈，也不可过度冷漠吝啬。别人富有我坚守仁德，别人有爵禄我坚守正义，所以一个有守有为的君子绝不会为统治者的高官厚禄所收买。人定胜天，意念可转变受到蒙蔽的气质，所以一个有才德的君子绝不会向命运低头。立身如果不能站在更高的境界，就如同在灰尘中抖衣服，在泥水中洗脚一样，怎么能够做到超凡脱俗呢？处世如果不退一步考虑，就像飞蛾扑火、公羊用角去抵撞篱笆一样，怎么会有安乐的生活呢？

【深度解读】

不向命运低头

关于"命运"二字，不同的人总有不同的理解。很多成功人士喜欢说他们的"运气"好，而不大舒畅的朋友就总是抱怨自己的"命"不济，抱怨命运不公，抱怨社会不公平等。其实，人生在世，不可能一帆风顺，种

种失败与无奈都需要我们把封闭的心灵之门敞开，勇敢地面对、旷达地处理并感谢生活给予我们的一切美好和不幸。

是成为笑傲天穹的精灵，还是成为陆地上平庸的小丑，一切的一切都由自己决定。毕竟，上帝只决定了我们的外貌，但命运却由我们自己掌控。只要我们在心中确立自己的目标，并不懈追求，一定会冲破生命中的困难之茧，化蛹成蝶。

其实，我们都在怀疑自己：我行吗？我们总是不相信自己，总把自己的命运交给时间，却未曾想过去主宰自己的命运。有些时候就该试一试，在面对命运对你发起挑战时，不管成功与否，不妨对自己说，试一试，再试一试。

许多人的弱点在于只想享受成功的鲜花和掌声，却不能忍受失败背后的痛楚和折磨。只有战胜自己的这种弱点，才能够在失败中成功吸取教训，才能够在不懈的坚持中找到成功的影子。西兰帕曾经说过："所有胜利的第一条件，是要战胜自己。"

明朝万历年间，袁了凡出生在一个江南小镇，由于家境清贫，只得学医谋生。有一次，他在慈云寺遇到精通算命之术的孔先生。孔先生说他本是读书做官的命，第二年就可以考上秀才，劝他读书。袁了凡把孔先生请回家，先以家人的八字请他算，果然灵验如神。然后又以自己的八字请他详批终身。孔先生一点也不含糊，算了袁了凡的一生功名，还算出他五十三岁那年八月十四日丑时死在家中，没有子孙。

后来，三场考试的名次，果然与孔先生的推算一样，一一得到应验。因此，袁了凡深信人生的一切都是命中注定，丝毫不可勉强。直到后来他因事到南京栖霞山中，遇到高僧云谷禅师，禅师给他详细解说了"命运由自己掌握，幸福由自己创造"的道理。袁了凡在禅师点化下幡然醒悟。

从此，袁了凡每天从思想上、语言上、行为上检查自己的过错，把自己做的好事和坏事都填写在"功过格"中，时刻不忘在收获自己人生的幸福时给予一切生命以幸福。经过十几年的行善积德，改过自新，他终于克服了不良习气，重塑了高尚人格。袁了凡不仅取得了功名，还生了两个儿子，活了七十四岁。

在六十九岁那年，他把自己的亲身经历和改造命运的心得写成家训，用来教育儿子怎样做人。他把这本家训取名为《了凡四训》，激励了一代又一代渴望改变命运的人。袁了凡先生改变命运的故事告诉我们一个道理：要改变命运，就必须先战胜自我，不向命运低头，这样才能拥有全新的人生。

不得不说，每个人都有自己的梦想，不过，在朝着梦想不断努力的过程中，困难和挫折是不可避免的。在困难面前，我们是那么渺小，它挡住了我们的去路，让我们的前方一片茫然。此时此刻，我们要勇敢地去面对困难，不向命运低头。

在美国，有一位穷困潦倒的年轻人，身上全部的钱加起来都不够买一件像样的西服。虽然陷入了极端的困境中，但他仍没有放弃自己心中的梦想，他想做演员，拍电影，当明星。

当时，好莱坞共有五百家电影公司，他逐一数过，并且不止一遍。后来，他又根据自己认真划定的路线与排列好的名单顺序，带着自己写好的量身定做的剧本逐一拜访。但第一遍下来，这五百家电影公司没有一家愿意聘用他。

虽然被拒绝了，但这位年轻人没有灰心，从最后一家被拒绝的电影公司出来之后，他又从第一家开始，继续他的第二轮拜访与自我推荐。结果，在第二轮的拜访中，五百家电影公司依然拒绝了他。

一般人在这种情况下，都会选择放弃，但他不同，他要为自己心中的梦想坚持下去。接着，他又开始第三轮拜访，不幸的是结果仍与第二轮相同。这位年轻人依旧不灰心，咬牙开始第四轮拜访，当拜访完第349家后，第350家电影公司的老板破天荒地答应愿意让他留下剧本先看一看。

几天后，好消息传来了，这位年轻人获得通知，请他前去详细商谈。最终，这家公司决定投资开拍这部电影，并请这位年轻人担任自己所写剧本中的男主角。这部电影名叫《洛奇》，这位年轻人就是席维斯·史泰龙。

每个人都有失败的经历，成功者与众不同的地方就在于能在失败中寻找转机，迅速从失败中站起来，获得新的成功。正因为坚持，才有了日后

红遍全世界的巨星史泰龙。

莎士比亚曾说过："患难可以试验一个人的品格，非常的境遇方才可以显出非常的气节。风平浪静的海面，所有船只都可以齐驱竞争，命运的铁拳击中要害的时候，只有大勇大智的人才能够处之泰然。"冰心也曾说过："成功的花儿，人们只惊羡它现时的美丽。当初它的芽儿浸透了奋斗的泪水，洒遍了牺牲的细雨。"一个人在遭遇磨难时，如果还能用奋斗的英姿与之对抗，他就是勇敢者，他的人生就是精彩的。

有一首歌唱得好："不经历风雨，怎么见彩虹？没有人能随随便便成功。"人总是要经历挫折，才能慢慢成长、成熟起来。人世间所有的美好只属于那些拥有顽强品格与坚忍不拔的意志、敢于向命运挑战的人。无论遇到多大的困难，我们都要勇敢地去面对。

总之，你若不勇敢，谁替你坚强。人生路上虽然有风有雨，到处荆棘丛生，但只要去奋斗、去拼搏，就一定会有鲜花和掌声在等待着我们。

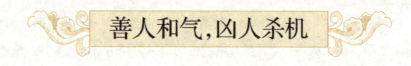

善人和气，凶人杀机

【原典再现】

学者要收拾精神，并归一路。如修德而留意于事功名誉，必无实诣①；读书而寄兴于吟咏风雅，定不深心。人人有个大慈悲②，维摩③屠刽④无二心也；处处有种真趣味，金屋茅檐非两地也。只是欲闭情封，当面错过，便咫尺千里矣。进德修道⑤，要个木石⑥的念头，若一有欣羡，便趋欲境；济世经邦，要段云水⑦的趣味，若一有贪着，便坠危机。善人无论作用安详⑧，即梦寐神魂⑨，无非和气；凶人无论行事狠戾，即声音笑语，浑是杀机。

【重点注释】

①实诣：实在造诣。

②大慈悲：慈，能给他人以快乐。悲，消除他人的痛苦，这是佛家语。

③维摩：佛名，即"维摩诘"。释迦同时人，也作毗摩罗诘。

④屠刽：屠，宰杀家畜的屠夫。刽，指以执行罪犯死刑为专业的刽子手。

⑤修道：泛指修炼佛道两派心法。

⑥木石：木柴和石块都是无欲望无感情的物体，这里比喻没有情欲。

⑦云水：禅林称行脚僧为云水，其到处为家，有如行云流水。

⑧作用安详：言行从容不迫。

⑨梦寐神魂：指睡梦中的神情。

【白话翻译】

求学问一定要摒除杂念，集中精力，专心致志；如果立志修养品德却又在乎功名利禄，必然不会有真正的造诣；如果读书只是为了附庸风雅，吟诗咏文，必定难以深入，也难以有所收获。每个人都有一颗善良仁慈之心，连以慈悲为怀的维摩诘和屠夫刽子手的本性也都相同；人间处处都有一种真正的情趣，连富丽堂皇的高楼大厦与简陋的茅草屋也没什么差别，所差别的只是，人心往往被欲念和私情所蒙蔽，以至于错过了慈悲心与真情趣，结果造成差之毫厘失之千里的局面。凡是培养道德、磨炼心性的人，必须具有一种木石般坚定的意志，若对世间的名利金钱稍有羡慕，就会被物欲所困惑；凡是治理国家、服务人群的政治家，必须有一种宛如行云流水般的淡泊胸怀，如果有了贪图荣华富贵的杂念，就会陷入危险的深渊。一个心地善良的人，不论言行举止都是镇定安详的，就连睡梦的神情也都洋溢着一团和气；反之一个性情凶暴的人，不论做什么事手段残忍狠毒，甚至在谈笑之间也充满了恐怖的杀气。

菜根谭 全评

与人为善和为贵

善，是人性中最透亮的品格，善行如同绵绵暖流，给人生以慰藉。中华民族传统文化中最为推崇的就是"善"。《三字经》开篇便写道："人之初，性本善。"我们从小接受的教育就是与人为善，多行善事。

孟子曰："以善养人，能服天下。"意思是说，用善去培养教育人，才能够使天下人心服。老子曰："上善若水，水善利万物而不争，处众人之所恶，故几于道。居善地，心善渊，与善仁，言善信，正善治，事善能，动善时。夫唯不争，故无尤。"在老子看来，最高境界的善行就像水的品行一样，泽被万物而不争名利。

所以，与人为善是一种高尚的品德，是智者心灵深处的一种沟通，是仁者内心世界一片广阔的视野，能让你更好地认识自己，看清前进的道路，从而为获取成功开辟捷径。

地球上最广阔的是海洋，比海洋还广阔的是天空，比天空更广阔的是人的胸怀。我们要大力提倡与人为善，使人与人之间少一分轻蔑与猜忌，多一分尊重和信任；少一分挑剔和苛求，多一分理解和宽容；少一分掩饰与冷漠，多一分坦诚和关心。这样才能形成良好的人际关系，从而促进社会和谐。

俗话说得好，家和万事兴，人和事业兴。事实证明，社会与人为善蔚然成风时，同事之间、邻里之间、成员之间关系就会更融洽，大家都来干事创业，就一定会出现事业兴旺发达、社会和谐稳定的良好局面；反之，如果人人损人利己、以邻为壑，那就必然会带来纷争不断、内耗严重、离心离德，进而导致工作难有起色，事业难以发展。

在这个世界上，最赏心悦目的，是纤尘未染的青山绿水；最温暖人心的，是人与人之间纯洁真挚的感情。当暮年回首时，最有价值的财富，应是一颗恬淡宁静的心，和一份丰富无悔的回忆。而所有这一切的拥有，都需要用一颗善良单纯的心做底色。

生活就是这样：对别人多一分理解和宽容，其实就是对自己的支持和帮助，善待他人就是善待自己。"授人玫瑰，手留余香"。在生活中还是让我们从与人为善做起吧！

弗莱明是一个穷苦的苏格兰农夫，有一天当他在田里工作时，听到附近泥沼里有人发出求救的哭声。于是，他跑到泥沼边，把小孩救了起来。

第二天，有一辆崭新的马车停在农夫家，走出来一位优雅的绅士，说："我要报答你，你救了我儿子的生命。"农夫说："我不能因救了你的小孩而接受报答。"

这时，农夫的儿子从屋外走进来，绅士问："这是你的儿子吗？"农夫很骄傲地回答："是。"绅士说："我们来个协议，让我带走他，并让他接受良好的教育。假如这个小孩像他父亲一样，他将来一定会成为一位令你骄傲的人。"

后来，农夫的儿子从圣玛利亚医学院毕业，成为举世闻名的弗莱明·亚历山大爵士。亚历山大·弗莱明发现了人类历史上第一种抗生素——青霉素，还获得诺贝尔医学奖。而被父亲从泥潭中救出的那位绅士的儿子，成了世界上享有盛名的政治家，后来担任英国的首相，他就是温斯顿·丘吉尔。

第二次世界大战期间，丘吉尔出访非洲时不幸患了肺炎，在这紧急关头，亚历山大·弗莱明从英国赶到非洲，用青霉素治好了丘吉尔的肺炎。丘吉尔激动地说："谢谢，你们父子二人给了我两次生命！"

弗莱明微笑着说："不用客气，第一次是我父亲救了你，但是如果不是你父亲帮助我，也不会有今天，所以从某种意义上说，是你父亲救了你。"

一个农夫的一点点善良，竟然给世界带来了如此重大的变化。可见，善良是一棵希望的种子，只要舍得播种，就会有意想不到的收获。

欲成大业，首先在于修炼自己的善德、善言、善心。无论为人还是处世，皆离不开"善"。修身之道，首在独善其身，善德常驻；待人之道，讲究与人为善，良言善语，乐善好施；处世之道，强调应心存善念，一心向善；而当你倘若身处庙堂之上时，则更应该"兼善天下"。

只要你拥有善良，秉操善行，你就拥有了令人羡慕的好心态，你就会浑身焕发出迷人的光辉！因为心怀善者谦让、宽容、淳厚、朴实，能够赢得每个人的欢迎与尊重。让我们扬起善的风帆，把自己的光辉洒得更远吧！

福莫福于少事，祸莫祸于多心

【原典再现】

肝受病，则目不能视；肾受病，则耳不能听。病受于人所不见，必发于人所共见。故君子欲无得罪于昭昭①，先无得罪于冥冥②。福莫福于少事③，祸莫祸于多心④。唯苦事者，方知少事之为福；唯平心者，始知多心之为祸。

【重点注释】

①昭昭：明亮、显著，明显可见。

②冥冥：昏暗不明，隐蔽场所。

③少事：指没有烦心的琐事。

④多心：这里指猜忌，疑神疑鬼。

【白话翻译】

肝脏如果得了病，眼睛就看不清；肾脏有了毛病，耳朵就听不清。病虽然生在人们所看不见的内脏，可表现出来的症状人们都能看见。所以君子要想表面上没有过错，必须从看不到的细微处下功夫。人生最大的幸福莫过于没有无谓的牵挂，而最大的灾祸莫过于多疑猜忌。只有每天辛苦忙碌的人，才真正知道无事清闲的幸福；只有那些经常心如止水的人，才知道疑心病是最大的灾祸。

【深度解读】

疑心太重，害人害己

在这个世界上，如果说还有比痛苦更可怕的事情，那么就是多疑。心中的多疑就如同鸟中的蝙蝠，生活在阴暗的洞穴里，它可能会摧毁光明的信仰，毒伤美好的感情。多疑的性格具体表现为过度的神经过敏，凡事总是疑神疑鬼。

生活中这些猜疑心很重的人，整天疑心重重、无中生有，认为人人都不可信、不可交。他们特别注意留心外界和别人对自己的态度，别人脱口而出的一句话很可能琢磨半天，努力发现其中的"潜台词"，这样便不能轻松自然地与人交往，久而久之不仅自己心情不好，也影响到人际关系。不得不说，每个人都有多疑的时候，疑心是人在社会生活中保护自己和预防性保护自己的正常心理活动，但过于疑心和过于敏感却是不正常的现象了。

明朝建立以后，开国皇帝朱元璋生性猜忌的心理日益显露出来，他为了自己的王朝能够长治久安，借胡惟庸、蓝玉之案，大做文章，火烧庆功楼，诛杀功臣，排除异己。为了皇权的巩固，他制订了《明律》，设立了东厂、西厂的锦衣卫特务机构，明朝成为历史上专制最严重的王朝之一。

朱元璋还大兴文字狱，当时因文字被杀的人不计其数。最能体现朱元璋猜疑心理的是连备受他重用的宋濂也难免遭殃。大学士宋濂告老还乡，每年都要来觐见朱元璋。有一年没有来，朱元璋就将他的儿子杀掉，并将宋濂谪居茂州。

另外，朱元璋还下令天下大办学校，初衷不是振兴文化，而是为了统一思想，从这个举措上，也可看出他那多疑狭隘的心态来。洪武二年，朱元璋诏令天下建立学校。他做了校训刻石于校门前，不许生员"矜奇立异"，不许生员直言。他多疑的心态使他残酷迫害一切，尤其是对文人的迫害，形成了轻视和践踏文化教育的恶劣风气。

朱元璋的多疑还体现他谋杀开国元勋上，他称帝不久便迫不及待地大杀臣子甚至皇族。当时的京官去见皇上之前，都要和妻子儿女诀别，到下午平安地回到家，全家人才高兴起来。可见朝臣的恐怖达到了何等程度。

毫无疑问，朱元璋是一位猜疑心很重的人，他统治的时代成为我国历史上较为血腥的一段时期。可见性格对于人的影响至关重要。优良的性格可以成就人一生的伟业，反之不良的性格则足以毁掉一个人。

李密，出身显贵，曾祖李弼，为西魏司徒，北周时为太师、魏国公。父亲李宽，为隋朝上柱国、蒲山郡公。李密生活的时代，正是隋朝统治摇摇欲坠的时期。

大业九年（613 年），杨玄感起兵，李密成为重要参谋。杨玄感失败后，李密流落江湖，后经王伯当介绍参加了瓦岗军，其军事才能逐渐显露出来。在李密的帮助下，瓦岗军由数万人发展到数十万人，斩张须陀，拔兴洛仓，降裴仁基，逐渐成为隋政权的主要对手，李密也成为各地反隋起义军的盟主。

后来，李密与杀隋炀帝急于西进关中的宇文化及十万军队火并，实力受到很大的影响，虽然取得了胜利，但"劲卒良马多死"。武德元年（618年）九月，李密与王世充邙山决战，李密失利后迅速走向溃亡，他多疑的性格是导致失败的重要原因。

李密为人，善谋而多疑，往往在关键时刻、关键的决策上犯致命的错误。翟让虽然才能不及李密，但是心胸广阔，在李密为瓦岗立下大功之后全力推举李密为瓦岗领袖，自己甘居其下。但是，他的一位部下却为他鸣不平，劝他将李密的权力收回。翟让虽然没有收回李密权力的想法，但李密在知道这件事之后却害怕翟让夺权，很快将其谋杀了。

就在翟让被杀的同时，他的心腹部下徐世绩也被砍伤。应该说，翟让和李密是瓦岗军共同的缔造者，李密其实并没有非杀翟让不可的理由，有的只是杯弓蛇影的多疑心态，以及"壮士断腕"的权术手段。

谋杀翟让，无疑加大了瓦岗诸将对李密的猜忌之心，后来邙山大战失利，瓦岗军将领单雄信、秦叔宝、程知节等纷纷投降王世充就是证明。

还有徐世绩，他英勇善战，但曾是翟让的部下，并且在李密杀翟让时险些丧命，因此，李密害怕徐世绩报复，对徐世绩多方猜忌。

在与王世充决战前，李密派徐世绩出镇黎阳。李密邙山失利后，徐世绩在黎阳，有众十万，李密并没有投靠徐世绩，而是选择去关中投靠李渊，这让人很难理解。其实，李密当时新败，军队只有两万人，徐世绩有众十万，如果投靠过去，有被吞并的危险，何况徐世绩还曾险些被自己杀害。

后来的实践证明，李密对徐世绩的猜忌和怀疑是多余的。李密被杀后，"世绩北面拜伏号恸，表请收葬……为之行服，备君臣之礼。大具仪卫，举军缟素，葬密于黎阳山南"。如果李密不再多疑，而是和徐世绩合兵一道，有众十多万，还有重整旗鼓、恢复元气的机会，就不至于落下一个悲剧性的结局了。

英国思想家培根说过："猜疑之心如蝙蝠，它总是在黄昏中起飞。这种心情是迷惑人的，又是乱人心智的。它能使人陷入迷惘，混淆敌友，从而破坏人的事业。"的确，有多疑性格的人最后只能是越猜越疑，越疑越猜。

正所谓："多疑是误解和忧患的红娘。"我们的心态要平和一些，心境要宽阔一些，遇事常露笑颜，遇人常给笑脸，将"多疑"赶出生活，快乐将常伴我们左右，不离不弃。

方圆并用，宽严互存

【原典再现】

处治世①宜方②，处乱世③当圆，处叔季④之世当方圆并用；待善人宜宽，待恶人当严，待庸众之人当宽严互存。

【重点注释】

①治世：太平盛世。

②方：指品行端正。

③乱世：动荡之世，与"治世"对称。

④叔季：古时长幼顺序按伯、仲、叔、季排列，叔季排行最后，指衰乱将亡的时代。

【白话翻译】

生活在太平盛世，为人处世应当严正刚直，生活在动荡不安的年代，为人处世就应圆滑婉转，生活在一个新旧更替的时代，为人处世就要方圆并济；对待心地善良的人要宽厚，对待邪恶的人要严厉，对待普通百姓则当根据具体情况，宽容和严厉互用，恩威并施。

【深度解读】

方与圆的智慧

天圆地方，无限广阔。人在其中，微如芥子。然而，掌握了方圆之道，天地就会变得很小，事业就变得成功，人生就变得幸福。因为，此时的你已经真正看清了世界，真正读懂了自己。

方圆之道，自古至今便被视为生命之大道，做人之大智，做事之大端。方，就是做人要正气，具备优秀的品质；圆，就是处世老练、圆融。在方圆之道中，方是原则，是目标，是做人之本；圆是策略，是手段，是处世之道。

千百年来，"方圆有致"被公认为是最适合中国人做人、做事的成功心法，成大事者的奥秘正在于方与圆的完美结合：方外有圆，圆中有方，方圆相济，方圆合一。

曾国藩曾说过一句使人受益终生的话："方圆的世界，方圆的人。"为人处世，无非三种情况：方、圆或兼而有之。方则有刚，圆则有柔。不可至方，也不可至圆，只有把方和圆的智慧结合起来，做到该方就方，该圆就圆，刚柔并济，凡事力求恰到好处，才可做到古人所说的"中和"。

正如我们日常生活中常说的那样，"没有规矩不成方圆"，"有所为有所不为"，说的就是做人要有自己的准则，但又不可墨守成规，拘泥于形式，要有圆融处世、适应社会潮流的韧性。否则，为人没有方，会被视作软弱可欺；做事不懂圆，则会处处树敌。但倘若太过方正或太过圆滑，又会寸步难行。所以，在为人处世中，要方圆有度，该方时方，该圆时圆，才能做到圆润通达，在社会生活中占有一席之地。可以说，方圆智慧是为人处世的永恒智慧。

要想做一个成功的人，做一个受人欢迎的人，就必须把握方与圆的"度"，在行为做事当中，把方与圆有机地统一起来，不多不少，不大不小，刚好适用。谁的"度"把握得好，谁就可以超越别人，取得工作和事业的成功，生活也会充满幸福和快乐。

反之，一个人即使是天才，如果丝毫不懂收敛，也是很难立足的，更谈不上发展。即使是高官富豪，如果不能应用方圆之术，终究要吃大亏。

沈万三是元末明初之人，原名沈富，字仲荣，俗称万三，号称江南第一富豪。他虽然拥有万贯家财，却不懂得用"圆"壳隐藏自己。曾经为了讨好朱元璋，给皇帝留一个好印象，沈万三拼命地向新政权输银纳粮，竭力向刚刚建立的明王朝表示自己的忠诚。

而朱元璋想利用沈万三这个富豪达成自己的愿望，就命令沈万三出钱修筑金陵的城墙。沈万三负责的是从洪武门到水西门一段，占到金陵城墙总工程量的三分之一。最后，沈万三不仅按质按量提前完工，还提出由自己出钱犒劳修筑金陵的士兵。

沈万三本来是想讨朱元璋的欢心，但他的一番好心却弄巧成拙。朱元璋当下就火了，说："朕有雄师百万，你能犒劳得了吗？"这时，沈万三还没有听出朱元璋的话外之音，面对如此刁难，他居然还是毫无畏惧地表示："即使如此，我依然可以犒赏每位将士银子一两。"

当初，在与张士诚、陈友谅、方国珍等武装割据集团争夺天下时，朱元璋就曾经因为江南豪富支持敌对势力而让自己吃尽苦头。如今沈万三竟

敢越俎代庖，代替天子犒赏军队。朱元璋心里怒火万丈，虽没有立即表现出来，但却暗自决定要找机会治治沈万三的骄横之气。

后来，朱元璋下令将沈家庞大的财产全数抄没，又下旨将沈万三全家流放到云南边地。这一切都因他不知富不能显、富不能夸，为富要自持、谦恭，要懂得方圆之道，才能长久保持富贵的。

总之，人生在世只要运用方圆之道，必能无往不胜，所向披靡。无论是前进，还是退却，都能泰然自若，不为世人的眼光和评论所左右。

有功于人不念,有恩于我不忘

 【原典再现】

我有功①于人不可念，而过②则不可不念；人有恩于我不可忘，而怨则不可不忘。施恩者，内不见己，外不见人，则斗粟③可当万钟④之惠；利物者，计己之施，责人之报，虽百镒⑤难成一文之功。人之际遇，有齐有不齐，而能使己独齐乎？己之情理⑥，有顺有不顺，而能使人皆顺乎？以此相观对治⑦，亦是一方便法门。

 【重点注释】

①功：对他人有恩或有帮助。

②过：对他人的歉疚或冒犯。

③斗粟：斗，量器的名，十升。斗粟，一斗米。

④万钟：钟，量器名。万钟形容多，指受禄之多。

⑤镒：古时重量名，《孟子·梁惠王》注："古者以一镒为一金，一镒是为二十四两也。"

⑥情理：这里指情绪，精神状态。

⑦相观对治：治，修正。相互对照修正。

【白话翻译】

自己帮助过人，不要常常挂在嘴上，但若做了对不起别人的事却应时时放在心上反思。反之如果别人曾经对自己有过恩惠不可轻易忘怀，别人做了对不起自己的事应当及时忘却。一个施恩于别人的人，不应总将此事记挂在心头，更不可存让别人赞美的念头，这样即便是一斗米的付出也可收到万斗的回报；一个用财物帮助别人的人，如果计较自己对别人的施舍，而且要求对方的回报，那么即使是付出万两黄金，也难有一文钱的功德。每个人的际遇有所不同，有的可成就一番事业，有的则一事无成，在各种不同的境遇中，自己又如何能要求特别待遇呢？每个人的情绪各有不同，有的稳定，有的浮躁，又如何要求别人事事都与你相同呢？假如自己能心平气和地来观察，设身处地地反躬自问，将心比心，也不失为一种为人处世的好方法。

【深度解读】

以德报怨

"以牙还牙，以眼还眼"可能是大多数人对待对手最容易采取的手段和方式了。古往今来，在漫漫的历史长河中，人类演绎了太多的冤冤相报和世代为仇的历史悲剧。回望历史，冤冤相报给人类造成太多痛苦和悲剧，留下无数遗恨和灾难。

诚然，许多悲剧性事件的发生具有复杂的原因，但争端无不起源于双方的互不相让和冤冤相报。如果我们在面对仇恨时能够平和心态，宽以待人，能够放弃不必要的争斗，以德报怨，许多悲剧是可以避免的，甚至可能会呈现一种别样的美丽。

郑庄公是郑国的国君，在位期间，把郑国治理得井井有条，使郑国从一个小国变成春秋初期非常强大的国家。郑庄公的父亲是郑武公，母亲是

武姜，弟弟叫叔段。武姜很喜欢小儿子，从来不考虑大儿子的感受。不管有什么好的事情都想着叔段，就好像自己只有叔段这一个儿子一样。

后来，郑庄公继承了王位，不久，武姜要他将一个叫制邑的地方赐给叔段。庄公没有答应武姜的请求，因为制邑这个地方的地势很险要，是一个非常特殊的地方，它是关系着整个国家安危的军事要地。

虽然郑庄公一直向武姜解释，但武姜还是很生气，却没有办法强迫郑庄公，于是就要郑庄公把另一个非常好的地方——京邑封给叔段。京邑是郑国的最大的都城，四周不仅有高大的城墙保护着，而且还有众多的人口和丰富的物产。郑庄公本来也不愿意的，但看到武姜已经很生气了，他只好答应了。

朝廷大臣对郑庄公说："京邑这个地方比郑国的都城还要大，不能将它封给您的兄弟啊！否则将来会出问题的！"因为当时郑国的法令规定，所有作为封地的城池，最大的不能超过京城的三分之一，中等的不能超过五分之一，小的不能超过九分之一，而京邑的大小远远超过了法令规定规模。郑庄公却说："这是我母亲提的要求，我这个当儿子的怎么能不听呢？"

郑庄公以德报怨，维护了国家的稳定，不仅是一个孝子，更是一个好君主。历史上还有很多这样的佳话。

三国鼎立时期，孟获的叛乱严重危害了蜀国的稳定，但诸葛亮在讨伐南中时，却一次次放走对手孟获，最后使桀骜不驯的孟获心悦诚服，从此效忠蜀汉，听命于诸葛亮的调遣，成为蜀国巩固后方的基石。

《论语》中有这样一段话："或曰：'以德报怨，何如？'子曰：'何以报德？以直报怨，以德报德。'"现实生活是复杂的，有时我们可能会被别人误解或遇到不公正的待遇，这时，我们该以什么样的心态来对待这些"怨"呢？先哲孔子早已为我们找到了完美的答案——以德报怨，把伤害留给自己，让世界少一些仇恨，少一些不幸，回归温馨、仁慈、友善与祥和。

也许你曾经受过别人的帮助，感受过关爱的温暖，也许你也曾有过"赠人玫瑰，手有余香"的经历，也许你看到了社会的黑暗，也许我们大家一样都在盼着一个美好的理想世界的到来。那就请不要忘记感恩于人，让我们大家都以德报怨。

以德报怨，是生命与生命间高境界的交流。以德报怨，是对爱心最好的慰藉。以德报怨，是伟大的情怀。以德报怨，更是对美好社会的深情呼唤。

 心地干净，方可学古

【原典再现】

心地干净，方可读书学古。不然，见一善行，窃以济私[1]，闻一善言，假以覆短[2]，是又藉寇兵而济盗粮[3]矣。奢者富而不足，何如俭者贫而有余？能者劳而府怨[4]，何如拙者逸而全真[5]？读书不见圣贤，如铅椠[6]庸；居官不爱子民，如衣冠盗[7]；讲学不尚躬行，如口头禅[8]；立业不思种德，如眼前花。

【重点注释】

①窃以济私：偷偷用来满足自己的私欲。

②假以覆短：借名言佳句掩饰自己的过失。

③济盗粮：比喻被敌人所利用。

④府怨：府，聚集之处。府怨指大众的怨恨。

⑤逸而全真：安闲而能保全本性，道家语。

⑥铅椠：铅，铅粉笔。椠，削木为牍。铅椠就代表纸笔。

⑦衣冠盗：偷窃俸禄的官吏。

⑧口头禅：不明禅理，袭取禅家套语以资谈助者，谓之口头禅。

菜根谭 全评

只有心地纯洁的人，才能够读圣贤书，学习圣贤的美德。如果不是这样的话，看见善行好事就偷偷地用来满足自己的私欲，听到名言佳句就利用它来掩饰自己的短处，这就等于送武器给敌人，送粮食给强盗。豪奢的人拥有再多财富也感到不满足，这如何比得上那些虽然贫穷却因为节俭而有富余的人呢？有才干之人忙碌操劳反而招致众人怨恨，还不如那些愚笨的人，尽管安闲无事却能保全纯真本性。读书却不研究古圣先贤的思想精义，只能成为一个写字匠；当官却不爱护黎民百姓，就如一个穿着官服的强盗。只知研究学问却不注重身体力行，那就像一个只会口头念经却不通佛理的和尚；追求成功立业却不考虑积累功德，就像眼前昙花转眼凋谢。

【深度解读】

做一个德才兼备的人

一个心地纯洁、品德高尚的人有了学问，可以修身、齐家、治国、平天下，对社会、人类有所贡献。一个心术不正的人有了学问，却好比如虎添翼，他会利用学问去做各种危害人的事，例如现代人所说的"经济犯罪"和"智慧犯罪"等，就属于这种心术不正之人的具体表现。

所以，古人讲立身修性在今天仍有实际意义，用现在的话讲，做学问的同时，还须培养良好的思想品德；有学问的人未必就是利于社会、益于大众的人，要看学问在什么人的手里，要看其品德如何。

"德才兼备"是全世界无数组织千百年来都遵循的价值观、人才观，其本质是要求员工的一切行为都要做到有德、有才，两者兼备，不可缺一，而且是德在前，才在后。事实上，一个人的才能越高，德与才的关系就越密切，越重要。德不仅由才所体现，而且为才所深化、升华；才不仅由德所率领，而且为德所强化、所激活。

因此，要想成为组织重用的人才，就必须做到德才兼备。不管你在企业或者单位中扮演何种角色，担当何种职位，德才兼备都是你努力的方向。每一个渴望成功的人，都要先修炼好两把利器，那就是"德"和"才"。只有德才兼备，相得益彰，才能所向披靡，马到成功。

唐太宗李世民登基不久，有人投其所好，敬献给他一张弓。他看了又看，试了又试，认定是难得一见的好弓。于是得意之余，他就向一个专门制作弓箭的匠人炫耀。

这个工匠仔细看过之后，说："这张弓虽然强，但不是好弓！"唐太宗急问原因。工匠说："一张弓的好坏，不单要看它是否射得远，更要看它是否射得准。而能否射得准，关键取决于做弓用料的纹理是否好。制作此弓的木料的木心不在正中间，木头的脉理自然都是斜的。因此，这张弓虽然有力，但射出去的箭势必不走正道，偏离目标，所以算不上一张好弓。"

有德有才的人就像一张完美的弓，既刚劲有力，射得远，又箭无虚发，射得准。而无德无才的人就像一张有害无益的弓，不仅木心不正，而且没有力量，只能是成事不足，败事有余。可见，判定人才的两个标准，那就是一个人不但要有能力，更要走正道，即一个人不但要有才，更要有德，德才兼备者才是真正的人才。

《资治通鉴》中有一名句："有才无德，小人也；有德无才，君子也；然德才皆具者，圣人也。"那些"有才无德"的人内心没有道德底线，行为不检点，轻则误人子弟，遭到谴责，重则危害社会，伤害性命。因此，正如"士有百行，以德为先"所言，我们应该把培养优良品德放在首位。道理很简单，如果一个人品行优良，举止端庄，人们自然就愿意接近他，并与之共事。即使他缺乏专业知识，抑或是不够聪明，他也易于得到他人的帮助和支持，从而获得成功。

 扫除外物,直觉本来

【原典再现】

人心有一部真文章,都被残篇断简①封锢了;有一部真鼓吹②,都被妖歌艳舞淹没了。学者须扫除外物,直觉本来,才有个真受用③。苦心④中,常得悦心⑤之趣;得意时,便生失意之悲⑥。富贵名誉,自道德来者,如山林中花,自是舒徐⑦繁衍;自功业来者,如盆槛中花,便有迁徙兴废;若以权力得者,如瓶钵中花⑧,其根不植,其萎可立而待矣。

【重点注释】

①残篇断简:指残缺不全的书籍,此处有物欲杂念之意。

②鼓吹:乐名。

③真受用:真正的好处。

④苦心:困苦的感受。

⑤悦心:喜悦的感受。

⑥失意之悲:由于失望而感到悲哀。

⑦舒徐:舒,展开。徐,缓慢。舒徐指从容自然。

⑧瓶钵中花:插在花瓶里的花。

【白话翻译】

每个人的心灵深处都有一篇好文章,可惜却被残缺不全的杂乱文章所遮盖了;每个人的心灵深处都有一首美妙的乐曲,可惜却被一些妖艳的歌声和淫靡的舞蹈所淹没了。所以做学问的人必须排除一切外来物欲的引诱,直接用自己的智慧寻求本性，才能求得真正享用不尽的真学问。在困苦时能坚持原则把握方向，当问题解决时自然能得到发自内心的喜悦，只有这种喜悦才是人生真正的乐趣；反之，顺心得意时，因为面临着顶峰过后的低谷，往往潜藏着失意的悲伤。世间的荣华富贵，如果是通过高深的道德修养得来，那就如同漫山遍野的花草，自然会繁荣昌盛绵延不断；如果是通过建立功业所换来，那就如同盆栽一样，只要稍微移动，花木的成长就会受到严重的影响；若靠特权或恶势力而得，就如插在花瓶中的花，因为没有根基，花草会很快地凋谢枯萎。

【深度解读】

世间所有的美好，都因为坚持

人生如海，潮起潮落，既有春风得意、马蹄潇潇、高潮迭起的快乐，又有万念俱灰、惆怅莫名的凄苦。在竞争日趋激烈的社会中，每一个人都在追寻着自己的梦想，但是，有多少人在纷繁复杂的人生道路中，遇到过各种挫折、失败而选择了退缩？

古今成大事者，不唯有超世之才，亦有坚韧不拔之志。昂首挺胸，笑对生活。坚持，才能成就人生。

要知道，许多的努力不是一下子看到成果的，需要耐心和坚忍。坚持到底就是胜利。只要愿意付出坚持的代价，我们终究可以享受到成功的甘甜。努力之后，我们会渐渐明白，生命中总有那些笑不出来的时刻，但只要我们咬紧牙关，挺一挺，一切都会过去。

王羲之是一千六百年前我国晋朝的一位大书法家，被人们誉为"书圣"。他七岁练习书法，勤奋好学。王羲之练字专心致志，达到废寝忘食的地步，吃饭走路也在揣摩字的结构，不断地用手在身上划字默写，久而久之，衣襟也磨破了。

十七岁时，他把父亲秘藏的前代书法论著偷来阅读，看熟了就练着写，他每天坐在池子边练字，送走黎明，迎来黄昏，每天练完字就在池水里洗

笔，不知用了多少墨水，写烂了多少笔头，天长日久竟将一池水都洗成了墨色，这就是人们今天在绍兴看到的传说中的墨池。

王羲之的成功告诉我们一个道理：要有持之以恒的精神，要有坚持不懈的努力！世间所有的美好，都是因为坚持！

生活并不那么矫情，容不得你任性！当困难绊住你成功的脚步时，当失败挫伤你进取的雄心时，当负担压得你喘不过气时，不要退缩，不要放弃，不要裹足不前，一定要坚持下去，因为只有坚持不懈才能取得成功。

曾看到一则《卖油翁》的故事。

陈尧咨擅长射箭，当时世上没有人能和他相比，他因此洋洋得意。一次，他在自家的园圃里射箭，有个卖油的老翁放下挑着的担子，站在一旁，不在意地斜着眼看他，久久地不离去。老翁见到陈尧咨射出的箭十支能中八九支，只不过微微地点点头。

陈尧咨问："你也懂得射箭吗？我射箭的技艺难道不精湛吗？"老翁说："不过是手法熟练罢了。"陈尧咨听后恼怒地问："你敢轻视我射箭的技艺？"老翁说："凭我倒油的经验就可懂得这个道理。"

只见，老翁取出一个葫芦放在地上，用一枚铜钱盖住葫芦的口，慢慢地用勺子倒油，通过铜钱方孔注到葫芦里，油从铜钱的孔中注进去，却不沾湿铜钱。老翁接着说："这也没有什么奥秘可言，不过是手熟罢了。"

可见，只要坚持不懈，用自己的恒心、毅力去面对遇到的困难，就一定能达到熟能生巧的境界。让我们拥有一份锲而不舍的坚持、一份脚踏实地的耐心，去期待机会与成功的垂青。无论上天摆在我们面前的是怎样的一份境遇，都要坚持到底。生活中的很多事不也都是这样吗？坚持住，不放弃，静下心去做好每一件事，在厚积薄发中，成功自然就水到渠成了。

趣味潇洒，如春生物

【原典再现】

春至时和①，花尚铺一段好色②，鸟且啭③几句好音。士君子幸列头角④，复遇温饱，不思立好言，行好事，虽是在世百年，恰似未生一日。学者有段兢业的心思，又要有段潇洒的趣味。若一味敛束⑤清苦，是有秋杀⑥无春生，何以发育万物？真廉无廉名，立名者正所以为贪；大巧⑦无巧术，用术者乃所以为拙。欹器⑧以满覆，扑满⑨以空全。故君子宁居无不居有，宁居缺不处完。

【重点注释】

①时和：气候暖和。

②好色：美景。

③啭：鸟的叫声。

④头角：比喻才华出众，一般说成"崭露头角"。

⑤敛束：收敛约束。

⑥秋杀：与春生相对，气象凛冽、毫无生机。

⑦大巧：聪明绝顶。

⑧欹器：倾斜易覆之器。

⑨扑满：用来存钱用的陶罐，有入口无出口，满则需打破取出。

【白话翻译】

春天，风和日丽，花草树木争相为大地铺上一层美丽景色，鸟儿也唱出美妙的歌声。一个读书人，若能侥幸出人头地，又能过上奢华的生活，却不肯为后世写下几部不朽名著，或为世间多做几件善事，那他即使活到一百岁也如同一天都没活过。做学问的人抱有专心治学的心思，行为要谨慎，同时又要有潇洒脱俗的超凡胸怀，凡事都不拘泥细节，这样才能体会到人生的真趣味。反之，假若一味克制自己，过极端清苦的生活，就如同大自然中只有落叶的秋天，而没有和煦的春天，如何去滋育万物成长呢？真正廉洁的人并不一定非要树立廉洁的美名，那些为自己树立名声的人正是因为贪图虚名；真正有大智慧的人不屑去玩弄那些技巧，玩弄技巧的人正是为了掩饰自己的拙劣和愚蠢。倾斜的容器因为装满了水才会倾覆，储蓄盒因为空无一钱才得以保全。所以正人君子，宁愿处于无争无为的地位，也不要站在有争有夺的场所，宁可有些欠缺而不要十全十美。

【深度解读】

缺憾也是一种美

融化了的雪花是遗憾的，然而它却可以融入泥土滋润万物，孕育春天；折翅的百灵是遗憾的，然而它却可以唱出动人的音符；失聪的贝多芬是遗憾的，然而《第七交响乐》却令人震撼；断臂的维纳斯是遗憾的，然而它的美可却让全世界惊叹。

造物主在创造世间万物的时候，并不想让世界都是完美的，因为这种完美并不是真正的完美。有时，遗憾也是一种美。因为可以将那些曾经的遗憾转化成心底最珍贵的回忆，把缺憾化为前行的力量，把遗憾变成唯美的诗歌。

很多时候，缺憾是一笔财富，它让你在不知不觉中成熟；遗憾的内涵，值得用一生去品读品味。试想一下，一个没有了缺憾的世界会是怎样的呢？没有了月缺，夜夜圆月当空，会不会是一种单调？没有了风霜雨雪，日日艳阳高照，会不会是一种乏味？没有了悲伤，怎么能够深谙快乐的价值？没有了苦难，怎么能够珍惜幸福的意义？

人生不会总是一帆风顺的，会有艰难和坎坷，这可能就是人生的缺憾。的确，厄运的到来是我们所无法预知的，面对它的巨大压力，怨天尤人只会使我们的命运更加灰暗。我们必须忽视缺憾，接受现实，选择一种对我们有好处的活法，换一种心态，才能不为厄运所淹没。多用包容心对待，多用发展的眼光看问题，少一些苛求，也许就能看到另一片美丽的天空。

苏轼一生被贬十几次，在"我欲乘风归去，又恐琼楼玉宇，高处不胜寒"的矛盾中苦苦挣扎，痛苦过后的他却有了"人有悲欢离合，月有阴晴圆缺，此事古难全"的豁达；刘禹锡二十三年被弃置在巴山蜀水凄凉地，寂寞的他依然显现出了"沉舟侧畔千帆过，病树前头万木春"的乐观。

还有，唐代张继落榜，这对他而言是多么大的打击啊！夜晚悲伤的张继来到了寒山寺，如火的枫叶，若隐若现的渔火使他想起曾经的种种忧伤。雄浑的钟声震醒了张继那颗悲伤的孤独的心，一首千古流传的《枫桥夜泊》诞生了。如果没有张继的落榜之痛，也就不会有如此的千古佳作了。

所以，面对缺憾，我们要勇敢地正视它，不要灰心丧气，一蹶不振。相反还要明白正因为有了它，我们才能看见坎坷人生路上的奇美风景。要知道人生如果没有残缺和遗憾，也许只是淡如水的时光流逝。

我很喜欢这样对生活概括：寻找千百个理由之后，才发现生活在我们的视野之下，呈现出与别人的不同。不是生活赐予我们的不同，而是在我们的胸襟之中盈盈满满载着两个字：坦然。让我们以坦然的胸襟面对残缺，去体会那残缺的美吧！

 无名无位之乐为最真

【原典再现】

名根^①未拔者，纵轻千乘^②甘一瓢^③，总堕尘情^④；客气未融者，虽泽四海利万世，终为剩技^⑤。心体^⑥光明，暗室^⑦中有青天；念头暗昧^⑧，白日下有厉鬼。人知名位为乐，不知无名无位之乐为最真；人知饥寒为忧，不知不饥不寒之忧为更甚。

【重点注释】

①名根：功利的思想。

②千乘：乘，车，谓一车四马。

③一瓢：瓢，用葫芦做的盛水器。一瓢是说用瓢来饮水吃饭的清苦生活。

④尘情：人世之情。

⑤技：伎俩之意。

⑥心体：智慧和良心。

⑦暗室：隐秘的地方。

⑧暗昧：昧，暗。暗昧指阴险见不得人。

【白话翻译】

一个人若不从内心彻底拔除追逐名利的思想，即使他表面上能轻视荣华富贵，甘愿过清贫生活，到头来仍然无法逃避名利的诱惑；一个人若受外力的影响但不能被自身的正气所化解，即使他能恩泽天下甚至造福千秋，终究也只是多余的伎俩。心地光明磊落，即使身在黑暗世界，也如站在万里晴空下一般；心地邪恶不正，即使在光天化日之下，也像被魔鬼缠身一般。人们只知道有了名声地位是一种快乐，殊不知那种没有名声地位牵累的快乐才是真正的快乐。世人只知道挨饿受冻是最痛苦的事，殊不知那些不愁衣食却精神空虚忧愁的达官贵人更为痛苦。

【深度解读】

不为名利所累

天下熙熙，皆为利来，天下攘攘，皆为利往。"名利"与每个人都有密切的关系，我们对待名利应该有一个正确的态度。

也许你会说，追求名利只要不违背社会公德，不违背道德标准，不乏是一种积极的人生态度，也是适应社会进步、发展的正常需要。正当地追求名利，没有错，在遵守法律的前提下获取名利，还应进行鼓励。但凡事过犹不及，一旦天天想着争名夺利，甚至不择手段，名利就变成了名缰利锁，不仅会使人道德沦丧，还可能把人拖向罪恶的深渊。

人生一世，草木一秋。本应宠辱不惊，归心自然。如果我们把名利当作自己生命的支柱而孜孜追求，待名利得到后，还要机关算尽，弄得身心憔悴，这是不可取的。只有始终不渝地坚守自己的道德标准和信念，不重名利，不计得失，控制物欲，才能经受得住各种诱惑的考验，才能做到不以物喜，不以己悲。

"淡泊"是一种古老的道家思想，《老子》中就曾说："恬淡为上，胜而不美。"后人一直赞赏这种"心神恬适"的意境，如白居易在《问秋光》一诗中曾说："身心转恬泰，烟景弥淡泊。"可见，淡泊名利是人生所为的一种态度，是人生的一种哲学。"淡泊以明志，宁静以致远"，实为做人的美德思想。

东汉开国皇帝汉光武帝刘秀麾下的冯异有一个与众不同的名号——"大树将军"。原来，冯异为人谦虚退让，遇事隐忍，虽然功勋卓著却从不

居功自傲。他每在路中遇到诸将，不论官职高低、战功大小，皆驱车让路。

刘秀带领众将军行军打仗时，每次战斗结束后，将领们总是坐在一起，高谈阔论，论功谈赏。而冯异则常常独自避坐大树之下，静静地思考着战斗的经验得失，久而久之，将士们看到他独特的风格和淡泊名利的态度，便戏称他为"大树将军"。

攻破王朗后，刘秀整编部队，把投降的将士分给诸将军，结果众军士纷纷表示愿意归属"大树将军"，刘秀因此对他更为欣赏，屡屡委以重用。冯异之所以能够长期得到重用，善始善终，就在于他才大而不气粗，居功而不自傲，有一个正确的名利观。

我们再看一个不慕名利的事例。

晋文公流亡归国后，一一赏赐跟随他逃亡的人，而介之推因没有提及禄位，所以晋文公也就没有封赏他。

介之推对母亲说了一些对赏赐的看法，母亲对他说："你何不也去讨赏呢？万一这样死了，又能抱怨谁呢？"介之推说："明知错误而去效仿，那错误就更大了。而且我已口出怨言，不能吃他的俸禄。"母亲说："那也该让君王知道一下。"介之推说："言语，是身体的文饰，身体都将要隐藏了，哪里用得着文饰？这不是故意把身体显露吗？"母亲说："你如果能这样，我就和你一起隐居吧！"

人都有七情六欲，自然也离不开追名逐利。世上没有不为名利的超人，只有善待名利的智者。我们常羡慕：陶渊明采菊东篱下，悠然见南山；李白人生在世不称意，明朝散发弄扁舟；苏轼小舟从此逝，江海寄余生。殊不知，这正是他们受到当朝权贵排挤而愤然遁世，他们的作为正好说明身虽出世，但心却入世。他们追求名利，却没有违心屈从名利。

诸葛亮曾说过："非淡泊无以明志，非宁静无以致远。"一个人要有正确的名利观，就要有远大的理想和目标。如果心中没有远大的目标，势必只会看重眼前的利益。历览古今中外无数英雄人物的精神境界，不难发现，只有视事业重如山，才能做到看名利淡如水。

宠辱不惊，闲看庭前花开花落；去留无意，漫随天外云卷云舒。然而，在竞争日益激烈、诱惑日趋纷繁的社会里，固守节操、淡泊名利并非易事。

淡泊名利，必先修身正心。荣华梦一场，功名纸半张。每一杯过量的酒都是魔鬼酿成的毒汁，多一点的贪婪都是幸福的刽子手。

人生一世，选择什么样的名利观就选择了什么样的人生，选择贪婪就选择了低俗，选择淡泊就选择了高尚。若想不为名利所累，其实也简单：视之越重，害处愈大；视之越轻，益处愈多。面对名利，请从淡泊始。

逆来顺受，居安思危

【原典再现】

为恶而畏人知，恶中犹有善路[1]；为善而急人知，善处即是恶根[2]。天之机缄[3]不测，抑[4]而伸[5]，伸而抑，皆是播弄[6]英雄，颠倒豪杰处。君子只是逆来顺受，居安思危，天亦无所用其伎俩矣。燥性者火炽[7]，遇物则焚；寡恩者冰清，逢物必杀；凝滞[8]固执者，如死水腐木，生机已绝。俱难建功业而延福祉[9]。

【重点注释】

①善路：向善的道路。

②恶根：恶，罪恶、不良行为，与"善"相对。恶根指过失的根源。

③机缄：指推动事物运动的造化力量。

④抑：压抑。

⑤伸：指舒展。

⑥播弄：玩弄、摆布，含有颠倒是非、胡作非为的意思。

⑦炽：火旺。

⑧凝滞：停留不动，比喻人的性情古板。

⑨祉：福。

【白话翻译】

一个人做了坏事而怕人知道，可见这种人还有羞耻之心，还保留一些向善之心；一个人做了善事却急于让人知道，就证明他做善事只是为了贪图虚名和赞誉，他做善事的同时就已种下了恶根。上天的奥秘变幻莫测，有时让人先陷入困境然后再进入顺境，有时又让人先得意而后再受挫折，不论处于何种境地，都是上天有意在捉弄那些自命不凡的所谓英雄豪杰。因此，一个真正的君子，如果能够坚忍地抵御住外来的困厄和挫折，平安之时不忘危难，这样，就连上天也无法施展他捉弄人的巧计了。一个性情暴躁的人，一言一行就像炽热的烈火，所有与他接触的人都会被焚热；一个刻薄寡恩的人，就像寒冷的冰块一样冷酷，无论何人碰到他都要遇到残害；一个顽固而刻板的人，就像静止的死水和腐朽的枯木，毫无生机。这些人都难以建立功业，造福于人。

【深度解读】

刀不磨不锋利，人不磨不成器

我们都曾暗暗许愿：希望人生之路能够坦荡无阻，希望得到细心体贴的关怀，希望一切烦恼和痛苦都远离我们。然而，我们的愿望从没有实现，我们仍然在红尘中挣扎，生命中那些源于心灵的痛苦时时折磨着我们，让我们不愿意面对，却又无法逃避。对此，有人备感折磨，有人却能淡然处之。

其实，人生本就是一条漫长的旅途。有平坦的大道，也有崎岖的小路；有灿烂的鲜花，也有密布的荆棘。每个人都难免会遭受挫折，你跌倒了，不要乞求别人把你扶起；你失去了，不要乞求别人替你找回。因为刀不磨不锋利，人不磨不成器。

面对磨难，你是怨天怨地、破罐子破摔，还是坦然接受呢？其实磨难对于我们来说并不是一种灾难，相反却能带给我们很多人生经验和智慧。通过磨难，我们获得了再次成长的机会。所有的事物都是"双刃剑"，磨难也是如此。的确，磨难给我们带来无尽的痛苦，但生命却因为有了坎坷才美丽。经过磨难之后的我们，不仅获得了成长，而且会变得更加理智和成熟。

泰戈尔说过："顺境也好，逆境也好，人生就是一场对种种困难无尽无休的斗争，一场以寡敌众的斗争。"在这个世界上，尽如人意的事并不多，既活着做人，就只能迁就所处的实际环境，凡事忍耐些。

人生也是这样，只有历经磨炼才能造就精彩人生。许多的如意和不如意组成了我们丰富多彩的生活。面对生活中的不如意，如果能经常换个角度思考，你可能会发现自己的人生其实是非常精彩的。

法国作家巴尔扎克说过："苦难对于天才是一块垫脚石，对能干的人是一笔财富，对弱者是一个万丈深渊。"如果我们渴望成功，就不能总是蜷缩在温暖的火炉旁，畏惧磨难的袭击。

要知道，磨难能丰富我们的人生，让我们知道如何得到幸运之神的眷顾，而在磨难面前败下阵来，就等于承认了我们的懦弱，意味着成功会离我们越来越远，没有经历过磨难的成功称不上真正的成功，只有磨难才能让成功显现得更有意义。

正所谓"吃得苦中苦，方为人上人"。要成为一位受人尊敬的人，必须经过重重磨炼，吃尽千辛万苦，才能享受丰硕的果实。

我们总是在得到与失去的交替中，在渴求与放弃的转变间，经历着痛苦，同时也感受着快乐。正是这些经历，这些感受，丰富了我们的人生，让我们的性格趋于完善，在成长的过程中，让我们学会了发现，懂得了珍惜。切记，只有洒脱地转过身，我们才能发现新的风景。成长是一种痛，痛过才知道幸福的真相；成长是一种蜕变，经历了磨难才能破茧而出。

孟子早已说过，"天将降大任于斯人也，必先苦其心志，劳其筋骨，饿其体肤，空乏其身，行拂乱其所为，所以动心忍性，增益其所不能。"绊脚石可以阻碍我们前进的步伐，但将其垫脚，却可以让我们看到更多美丽景色。所以，挫折并不可怕，它也可能是我们人生的机遇，只要我们能够把握好，在挫折面前不投降就行。

　　要知道，挫折是上天磨炼我们意志的方法，一切挫折中都包含着希望，只要用心寻找，努力追求，总能够找到属于自己的美好未来。正如鲁迅先生所说："遇见深林，可以辟成平地的，遇见旷野，可以栽种树木的，遇见沙漠，可以开掘井泉的。"让我们勇敢面对挫折，翻越挫折吧。

　　路就在脚下，不管过去多么暗淡，不管未来多么辉煌，一切都以现在为起点。输并不可怕，为了追寻自己的理想，我们要努力奔跑，接受风雨的洗礼；为了实现人生的夙愿，我们要学会飞翔，去迎接春风和朝阳。

第三章　宽心从容，和气消冰

　　人只有在宁静中心绪才会像秋水般清澈，才能发现人性的真正本源；只有在闲暇中气度才像万里晴空一般舒畅悠闲，才能发现人性的真正灵魂；只有在淡泊明志中内心才会像平静无波的湖水一般谦静平和，才能获得人生的真正乐趣。

 宁默毋躁，宁拙毋巧

【原典再现】

福不可徼^①，养喜神^②，以为招福之本而已；祸不可避，去杀机^③，以为远祸之方而已。十语九中，未必称奇，一语之中，则愆尤^④骈集；十谋九成，未必归功，一谋不成，则訾议^⑤丛兴。君子所以宁默毋躁，宁拙毋巧。天地之气^⑥，暖则生，寒则杀^⑦。故性气清冷^⑧者，受享^⑨亦凉薄。唯和气热心之人，其福亦厚，其泽亦长。

【重点注释】

①徼：求、求取，当祈福解。

②喜神：喜气洋洋的神态。

③杀机：暗中决定要杀害他人的动机。

④愆尤：愆，过失。尤，责怪。愆尤是指责归咎的意思。

⑤訾议：訾，诋毁。訾议是非议、责难的意思。

⑥天地之气：指天地间的气候。

⑦杀：衰退，残败。

⑧清冷：清高冷漠。

⑨受享：所享的福分。

【白话翻译】

幸福是不可强求的，经常保持愉快的心情，是追求人生幸福的基础；灾祸难以避免，消除怨恨他人的念头，才是远离灾祸的法宝。十句话有九次都说得很正确，未必有人称赞你，但是如果有一句话没说对，那么就会受到众多的指责。十个谋略有九次成功，人们不一定把功劳给你，但是如果有一次失败，那么批评、责难之声就会纷纷而至。这就是君子宁可保持沉默也不浮躁多言，宁可显得笨拙也不显露机巧的缘故。大自然有四季的变化，春夏温暖万物就获得生机，秋冬寒冷万物就丧失生机。做人的道理也和大自然一样，性情高傲冷漠的人，无人敢接近；只有那些性情温和、满怀热情的人，既肯帮助别人也可得到别人的帮助，所以他所获的福分不但丰富，留下的恩泽也会长久。

【深度解读】

成功是脚踏实地的结果

人们都说，理想是一个人一辈子最宝贵的财富。也有人说，理想是灵魂的光芒。但当理想违背了现实，你又该如何取舍？是不顾一切放手一搏，还是脚踏实地步步为营？

化梦想为现实的道路，是一个人勤勤恳恳，一步一个脚印闯荡的过程。梦想自然不能少，但务实的精神更不可丢。成功没有捷径，它需要脚踏实地。

著名作家二月河在谈到"成功秘诀"时说："我没什么才气，但运气还算不错。我写小说基本上是个力气活，不信你试试，一天写上十几个小时，一写二十年，怎么着也得弄点东西出来。"的确，所有励志的道理，其实都可以总结为一句话，那就是"只要你真的努力了，就会获得成功"，而所有努力的秘诀又可以归结为另一句话——踏踏实实，尽心尽力！

踏实，来自于健康的心态。英国作家狄更斯曾经说过："一个健全的心态，比一百种智慧都更有力量。"这告诉我们一个真理：有什么样的心态，就会有什么样的人生。因此，想要获得真正的快乐和终身的幸福，你必须把各种不健康的心态统统赶出你的胸怀，选择正确而积极的心态，踏实的感觉才会与你相伴。

菜根谭 全评

王安石曾记一天赋异禀的孩子，仲永。仲永五岁便能即兴作诗，出口成章，虽然未尝接触书本，其诗之文理皆有可观者。乡里邑人无不对其大加称赞，其父更是引以为豪，仲永也心存大志，誓当一朝宰相。然而，王安石却以一句"泯然众人矣"结尾，缘何？仲永徒有大志，父子二人自恃才能，整日忙于拜访乡里，四处题诗以图利，未曾继续学习，由此，仲永天赋完全消失。

仲永乃有志者，然不知脚踏实地，实现理想又从何说起呢？

在生活中，有许多初出茅庐的年轻人怀着满腔的热血与激情，开始为梦想拼搏。当他们离开了校园和家长庇护，犹如刚脱壳的雏鸟，目睹了社会竞争的现实与残酷后，开始怀疑理想，对理想的忠贞也随之变质。于是，他们变得虚浮、焦躁起来，妄想一夜成名、一步登天，结果，一个个都摔得鼻青脸肿。所以，不顾实际的高目标注定要失败，要付出惨重代价。好高骛远者，罕有成功也！

作为一个现代人，应具有迎接失败与困境的心理准备。明白世界充满成功的机遇，也充满失败的可能。所以，我们一定要调整自己的心态，提高应付挫折与干扰的能力，增强社会适应力。如此，自信心便会一点一滴地积累，踏实的感觉自然就会在心底慢慢滋生。

爱默生告诫我们："当一个人年轻时，谁没有空想过？谁没有幻想过？想入非非是青春的标志。但是，我的青年朋友们，请记住，人总归是要长大的。天地如此广阔，世界如此美好，等待你们的不仅仅是需要一对幻想的翅膀，更需要一双踏踏实实的脚！"

可见，没有人能只依靠天分成功，唯有勤劳才是永不枯竭的源泉。要想成就一番事业，就必须要具备勤奋的工作态度。三分钟的热情不可能激发我们的灵感，成功的诞生，需要持之以恒的努力。哲学家彭加勒说过："出人意料的灵感，只有经过了一些日子，通过有意识的努力后才能产生。没有努力，机器不会开动，也不会生产出任何东西来。"

只要不放弃你手上的任何机会，只要不心急贪大，坚持不懈，每次进步一点点，脚踏实地，日积月累终有成功的一天。就像你永远不知道下一次掷出的硬币是正是反，也许成功就来自于你做的一件微小的事。也诚如古人云："不积跬步无以至千里！"所以，当你感叹命运没有垂青于你时，请别着急，脚踏实地、坚持不懈地向前走，也许惊喜就在前方。

人生的际遇，请，未必会来，躲，未必能免。心态放平，要来的正确面对，失去的淡然想开。人生画一个圆，要宽，要阔，要洒脱地看生活，你的快乐，你的烦恼，都是浮萍，要把随缘当成一种习惯。

在人生路上，只有脚踏实地地走好每一步，才能够走得更稳，更远，从而站得更高。请记住，命运不是不可选择和主宰的。如果我们以自己的心灵为根本，以生存和发展为动机，脚踏实地地去追求平和宽容的生活，那么命运就可以改变并主宰。

天理路宽，人欲路窄

【原典再现】

天理路上甚宽，稍游心①，胸中便觉广大宏朗；人欲路上甚窄，才寄迹②，眼前俱是荆棘③泥涂。一苦一乐相磨练，练极而成福者，其福始久；一疑一信相参勘④，勘极而成知⑤者，其知始真。心不可不虚，虚则义理来居；心不可不实⑥，实则物欲不入。

【重点注释】

①游心：游，出入。游心是说心念出入。

②寄迹：投身立足。

③荆棘：比喻纷乱梗阻。

④参勘：参，交互考证。勘，调查、核对。

⑤知：通"智"。

⑥实：真实、执着。

菜根谭 全评

自然真理就像一个宽敞的大路，稍微用心探讨，就感觉心胸坦荡开阔；而人世间的欲望就好像一条狭窄的小径，刚把脚踏上去，就发现眼前布满了荆棘泥泞，寸步难行。人的一生有苦有乐，只有经过艰难困苦的磨炼而得的幸福才能长久；在求学中，既要有信心又要有怀疑的精神，有疑就去勘证，只有在不断考证中得到的学问才是真学问。人一定要有虚怀若谷的胸襟，只有谦虚才能容纳真正的学问和真理；同时人也要有择善固执的态度，只有坚强的意志才能抵抗外来物欲的诱惑。

【深度解读】

宽广胸怀造就智慧人生

中国有句俗话："得饶人处且饶人。"你不会在跟别人斤斤计较中得到任何好处，但如果有宽广的胸怀，必定会收获很多很多。在现如今的社会里，有许多人忽略了"宽容"这两个字，跟别人锱铢必较，结果致使很多不该发生的悲剧发生了。所以，宽容这个美德不应该丢弃，而应该继续发扬下去，我们要以宽广的胸怀待人处世。

雨果曾说过："世界上最宽广的是大海，比大海更宽广的是天空，比天空更宽广的是人的胸怀。"胸怀，是指一个人的心胸、道德、气质以及对生命的感悟等。有一等胸襟者才能成就一等大业，有大境界者才能建立丰功伟业。很多时候，我们去做一件事，常常缺少的不是知识和能力，而是胸襟、视野和境界。

隋炀帝是隋朝的末代皇帝，他心胸极为狭窄，嫉贤妒能之心极强。司隶大夫薛道衡，因为诗写得比他好，隋炀帝就逼他自杀，并且说："更能作'空梁落燕泥'否？"

还有一次，隋炀帝曾作一首《燕歌行》，当时，文人学士都纷纷写诗唱和，但哪敢超越他，所以都是些平庸之作。唯独著作郎王胄的诗不在隋炀帝之下，隋炀帝就借故要把他杀了。临刑时，隋炀帝还故意口诵王胄诗中的警句，说："从今以后，你还能写出'庭草无人随意绿'这样的佳句吗？"真是活脱脱的一副小人嘴脸。正因为隋炀帝心胸狭窄，不容贤能，才加速了隋朝的灭亡。

可见，一个心胸狭隘的人难成大器，就算他已小有成就，终有一天，这些小小的成就也会因为他的狭隘性格毁于一旦。而那些拥有宽广的胸怀的人，不仅能让自己的生活中少些烦恼，更能够获得众人的尊敬。

战国时期，赵国的蔺相如胆略过人，能言善辩，曾经带着"和氏璧"出使秦国，凭着他的机智英勇，没让秦国占到半点便宜，最后完璧归赵，受到赵王的赏识，拜他为上卿，职位在廉颇之上。

大将军廉颇见蔺相如职位比自己高，很不服气，说："我有攻城野战的大功，而蔺相如只是动动口舌罢了，况且他出身贫贱，我不能屈居在他之下，如果我遇见他，一定要当面羞辱他一番。"

廉颇的这些话很快就传到蔺相如的耳中，他能识大体，顾大局，所以每逢上朝的日子，就故意装作有病，以免与廉颇发生不愉快。有一次蔺相如出门，远远望见廉颇，就吩咐车子调转方向，避开廉颇。相府里的宾客很不满意，对蔺相如说："我们敬慕您崇高的正义精神，才来到府上做事。如今廉颇口出狂言，即使庸人也不能忍受，何况您贵为上卿。"蔺相如笑笑，问宾客："你们看廉将军与秦王哪个厉害？"大家异口同声说："当然是秦王厉害。"

蔺相如说："我蔺相如敢在秦国朝廷上当众呵斥秦王，侮辱其大臣，又怎会偏偏怕廉将军呢？强秦之所以不敢侵犯我赵国，不过因为有我们两个人在。两虎相斗，必有一伤，我避让他是先国家之急而后私仇啊！"

蔺相如的话传到廉颇那里。廉颇一想，是自己不对，连忙脱去衣服，到相府负荆请罪。从此赵国将相和睦，秦国更不敢来侵犯了。

俗话说："人非圣贤，孰能无过？"每个人都会犯一些错误。倘若我们始终抓着这一点不放手，一味执着于别人的错误所在，就显得自己有点过于苛求了。蔺相如的宽容大度值得我们学习。

可见，人要成大事，就一定要有开阔的胸怀，只有养成了坦然面对、包容一些人和事的习惯，才能够取得事业上的成功与辉煌；宽容更是一种智慧，是一种博大的情怀，宽容了他人，受益了自己，是做人的大度和涵养。

地之秽多生物，水至清常无鱼

【原典再现】

地之秽者多生物，水至清者常无鱼。故君子当存含垢纳污①之量，不可持好洁独行之操。泛驾②之马可就驰驱，跃冶之金③终归型范④。只一优游不振，便终身无个进步。白沙⑤云："为人多病未足羞，一生无病是吾忧。"真确论也。

【重点注释】

①含垢纳污：容纳脏的东西，比喻有容忍的气度。

②泛驾：不服人驾驭。

③跃冶之金：比喻不守本分而自命不凡的人。

④型范：铸造用的模具。

⑤白沙：陈献章，明朝学者，广东新会人。字公甫，隐居白沙里，世人称他为白沙先生。著有《白沙集》十二卷。

【白话翻译】

肮脏污秽的土地往往滋生众多生物，而极为清澈的水中反而没有鱼儿生长。所以真正有德行的君子应该有容纳度量，绝对不能自命清高，孤芳自赏。在原野上奔驰的野马，只要训练有术，驾驭得法，仍可骑它奔驰万里，溅到熔炉外面的金属最终还是被人放在模具中熔铸成可用之物。一个人只要一贪图吃喝玩乐，就会使精神陷于萎靡不振的状态，如此一辈子也不会有出息。所以白沙先生说过："一个人有很多缺点并不可耻，只有一生都看不到自己缺点的人才是最令人担忧的。"这的确是一句至理名言。

【深度解读】

水至清则无鱼，人至察则无友

世间万象，有时就像迷雾一样扑朔迷离。罗兰曾说过："人的一生很像是在雾中行走，远远望去，只是迷蒙一片，辨不出方向很有奔头。可是，当你鼓起勇气，放下忧惧和怀疑，一步一步向前走的时候，你就会发现，每走一步之后，你却能把下一步看得更清楚一点。"放弃不能挽回的岁月，往前看，前面阳光明媚，春光灿烂。

俗语说，水至清则无鱼，人至察则无友。处处不能容忍别人的缺点，那么人人都变成"坏人"，也就无法和平相处。以"恶"的眼光看世界，世界无处不是残破的；以"善"眼光看世界，世界总有可爱处。自己多看别人的长处，就会越瞧越可爱。

古代有位禅师，一日晚上在禅院里散步，突见墙角边有一张椅子，他一看便知有位出家人违反寺规越墙出去溜达了。老禅师也不声张，走到墙边，移开椅子，就地而蹲。

过了一会，果真有一小和尚翻墙，黑暗中踩着老禅师的背脊跳进了院子。当他双脚着地时，才发觉刚才踏的不是椅子，而是自己的师父。

小和尚顿时惊慌失措，张口结舌。但出乎小和尚意料的是，师父并没有厉声责备他，只是以平静的语调说："夜深天凉，快去多穿一件衣服。"

对于树苗来说，肥沃宽松的土壤是成材的必要条件。对于人来说，自然需要一个宽松的社会环境，否则天才是极易夭折的。多一些人性的关怀。有些时候，糊涂一点，并不见得是什么坏事。所以，对错误的事情要循循诱导，不苛责也不放纵，以宽容的心去阻止恶习，说不定有事半功倍的效果。

人非圣贤，孰能无过。所以，与人相处就要互相体谅、互相理解，得饶人处且饶人。别太偏激也别太执着，暂留一点虚幻和朦胧，宽容豁达，包容坦荡。人不能太较真，这正是有人活得潇洒，有人活得太累的原因之所在。

古今中外，凡是能成大事的人都具有一种优秀的品质，就是能容人所不能容，善于求大同存小异，团结大多数人。他们极有胸怀，豁达而不拘小节，从大处着眼而不会目光如豆，从不斤斤计较，所以他们才能成大事，使自己成为不平凡的伟人。

总之，人活着，没必要凡事都争个明白，为人处世，放下自己的固执。其实，生活只需要拥有一份恬淡平和的心情，一颗自由的心，一份简单细致的人生态度。

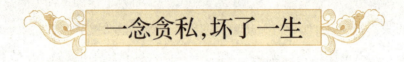

一念贪私，坏了一生

【原典再现】

人只一念①私贪，便销刚为柔、塞智为昏、变恩为惨②、染洁为污，坏了一生人品。故古人以不贪为宝，所以度越③一世。耳目见闻为外贼④，情欲意识⑤为内贼。只是主人翁惺惺⑥不昧，独坐中堂，贼便化为家人矣！图未就之功，不如保已成之业；悔既往之失，不如防将来之非。

【重点注释】

①一念：一瞬间所引起的观念。

②惨：狠毒。

③度越：超越。

④外贼：来自外部的侵害。

⑤情欲意识：内心的情感欲望。

⑥惺惺：清醒、机警。

【白话翻译】

人只要心中出现一点贪图私利的念头，就会由刚直变为懦弱，由聪明变为昏庸，由慈善变为残忍，由高洁变为污浊，结果就等于毁了他一辈子的品德。所以古圣先贤一致认为，做人要以"不贪"为修身之宝，这样才能超脱物欲度过一生。眼睛所看、耳朵所闻的声色都是外来的敌人；而冲动的情感和无法满足的欲望，就是潜藏在内心的敌人。不管是内敌还是外贼，只要你自己保持灵魂的清醒，每天都循规蹈矩不违背情理法则，那么，所有心理上的敌人都会成为你培养正直品德的好帮手。与其谋划没有把握的功业，倒不如将精力用来维护已经完成的事业；与其追悔以前的过失，还不如将精力用来预防可能发生的错误。

【深度解读】

过极简的生活

人生在世要抵御各种纷繁的诱惑并非易事，但只有在面对诱惑时不为所动，才能保持淡泊的心境，才能化解人生路上的种种失意、痛苦与烦恼，才能有颗闲适的心去看寒来暑往，听雨打芭蕉。

人的欲望可谓永无止境，甚至可以说是至死方休。但欲望是和成功与幸福成反比，和能力成正比的。计算幸福程度的公式是能力除以欲望，能力越大，欲望越小，就越幸福。人大多都有自私的一面，且欲望太多。殊不知，太贪婪就犹如心有魔障，越占有越想占有，利欲熏心，放弃自己本来拥有的幸福，反而去追寻虚无缥缈的东西。

荀子说过："人生而有欲。"因为有欲望，我们才会去为之奋斗，才会进步，但这不等于欲望可以无度。毕竟，诱惑犹如一坛美味甘醇的美酒，尝一口，美味无比。如果自己喝得酩酊大醉，迷迷糊糊，就会陷入美丽而又深不可测的泥潭中，不能自拔。面对生活中的诱惑，我们该何去何从？答案很简单，就是让诱惑滚开，学会过极简的生活。

有些人总想等网下的鸟儿再多几只才放网，等来等去很可能一场空。

欲望太多，即使忙得像陀螺一样，背负超负荷的压力挨了一日又一日，到头来结果未必如人意。如果欲望少一些，把所有精力集中在人生重要的几件事情上，你会活得更轻松愉快，反而容易取得成就。

曾看到这样一个故事，让我理解了欲望和诱惑的可怕。

某天，有一位旅人赶路回家，半路上被一只猛虎追赶，慌乱间他走错了路，来到了悬崖边。在进退两难之际，他爬上了悬崖边的一棵松树，但老虎没有走开，反而一步步地逼过来。

当旅人感到绝望时，他突然发现眼前的树枝垂下来一条藤蔓，于是立刻抓住藤蔓往下滑，可是藤蔓没有到底，他整个人悬在了半空中。上面是饥饿的猛虎，下面是波涛汹涌的大海，大海中还有红、黑、蓝三条毒龙。而且藤蔓的根部正在被两只老鼠啃咬着。

这时，有些湿湿软软的东西掉落在他的脸颊，舔一口发现是蜂蜜。原来，藤蔓的根部有个蜂巢。旅人舔着甘露般的蜂蜜，竟然陶醉起来，忘了自己还身处岌岌可危的境地，一次又一次去摇动那条被老鼠啃咬的救命之绳，沉醉在甘甜的蜂蜜里不能自拔。

尽管面临九死一生的紧要关头，这位旅人还非得一尝甜蜜的甘露不可，人的贪欲真是太可怕了。

生活中有的人利欲熏心，贪得无厌，明知会带来祸患，却总不能罢手，直到最后一无所获。所以在私欲面前，我们应该学会止步。财富也好，权势也好，只有当它们处于阳光之下、并被淡泊之人拥有时，才会有其真正的魅力和大于其本身的价值。当一个人不以贪为宝时，才可以安安稳稳地度过一生。

"得之淡然，失之坦然，争其必然，顺其自然。"让我们记住这句慧语吧！其实，面对生活，我们每个人都需要这样一份淡定：记住该记住的，忘记该忘记的，改变能改变的，接受不能改变的。顺其自然，我们就能在进退得失中保持从容。

无欲则刚，人要把自己的欲望控制在适当的范围内，把生命的动能化作我们追求幸福的动力，我们的生活才会变得更加幸福，我们的心灵才会变得更加富足，我们的生命也才会更加多姿多彩。

不管怎样，我们都可以考虑把自己的生活变得简单一点。比如在没意义的事情上面少花一点时间思考，少一些贪念。这样，我们会发现自己的压力变小了，工作效率提高了，人也更充实了。人生已经足够复杂，不要让小事来决定你的幸福。让我们简单点，再简单点。

事来而心始现，事去而心随空

【原典再现】

气象①要高旷，而不可疏狂②；心思要缜密，而不可琐屑；趣味要冲淡，而不可偏枯；操守要严明，而不可激烈③。风来疏竹，风过而竹不留声；雁渡寒潭④，雁去而潭不留影。故君子事来而心始现，事去而心随空。清能有容，仁能善断，明不伤察，直不过矫，是谓蜜饯不甜，海味不咸，才是懿德⑤。贫家净扫地，贫女净梳头，景色⑥虽不艳丽，气度自是风雅。士君子一当穷愁寥落⑦，奈何辄自废弛⑧哉！

【重点注释】

①气象：气度、气质。

②疏狂：狂放不羁的风貌。

③激烈：指偏激。

④寒潭：大雁都在秋天飞过，河水此时显得寒冷清澈，因此称寒潭。

⑤懿德：美德。

⑥景色：此处指摆设、穿着。

⑦寥落：寂寞不得志。

⑧废弛：应做的不做，指自暴自弃。

【白话翻译】

一个人的气度要恢宏广阔，但绝不可以太狂放不羁；心思要缜密周详，但是不能太杂乱琐碎；生活情趣要高雅清淡，但绝不可过于枯燥单调；言行志节要严正光明，但是不要偏激刚烈。当风吹过稀疏的竹林会发出沙沙的声响，之后，竹林又依然归于寂静而不会将声响留下；当大雁飞过寒冷的潭水，潭面会映出大雁的身影，可之后不会留下大雁的身影。所以作为君子，当事情来临时，才会显现出本来的心性，可是事情处理完后，他的本性也恢复原来的平静。清廉纯洁而又有容忍不廉的雅量，心地仁慈而又有当机立断的魄力，聪明睿智而又有不失于苛求的态度，性情刚直而又不矫枉过正的胸襟，这就像蜜饯虽由蜜粮炮制却不太甜，海水虽然含盐但不太咸一样，一个人要能把持这种不偏不倚的尺度才算作美德。贫穷的人家经常把地扫得干干净净，穷人的女儿天天把头梳得整整齐齐，虽然没有艳丽奢华的陈设、美丽的装饰，却有一种自然朴实的风雅气质。一个有才德的君子，怎能因一时的际遇不佳就萎靡不振、自暴自弃呢！

【深度解读】

成大事赢在做事讲尺度

人活一辈子不容易，想要有所作为，更是难上加难。于是，一旦韶华不再，便有人嗟叹：人生苦短，世事艰难！面对不测的人性，面对无常的生命，的确有不少人畏惧了，退缩了。难道成大事果真如此难吗？

同样为人，同样的环境，在人际关系中，为什么有的人如鱼得水，而你却呼吸困难？有的人游刃有余，而你却举步维艰？有的人一次又一次地戴上了成功的花环，而你却一次又一次跌进了失败的深渊？其实，这仅仅只是因为你不懂做事的尺度。

要知道，善良过了头，就成了软弱；诚信过了头，就成了迂腐；机敏过了头，就成了圆滑；虚心过了头，就成了虚伪；自信过了头，就成了傲慢；勇敢过了头，就成了鲁莽；原则过了头，就成了僵化；开放过了头，就成了放纵；随和过了头，就成了盲从；执着过了头，就成了缺心眼；威严过了头，就成了摆架子……人生有度，不说过头话，不办过头事，把握好做人做事的分寸与尺度，日积月累，才能在一分一寸中叠加起人生的高度。

做人与做事，是一个人在社会生活中两项最基本的活动，也是体现一个人社会化能力的两个重要方面。做事，是一门学问，是一个说不完的话题。如果一个人能在纷繁的环境中，做到逢凶化吉，遇难吉祥，并把不可能的事变为可能，最后达到成功，那么他一定是一个做事有尺度的人。在人际交往过程中，切忌只知伸不知屈，只知进不知退，只知自我显示不知韬光养晦。

三国时，杨修是曹营的主簿，是一位有名的才子和思维敏捷的官员。

曹操曾经修建了一个花园，建成后曹操去观看时，什么也没说，只是取笔在门上写一"活"字。众人不知道什么意思，又不敢问。这时，杨修说："门内添活字，乃阔字也。丞相嫌园门阔耳。"于是进行了翻修。曹操再看后很高兴，但得知是杨修看破自己的意思时，虽然口中夸赞了一番，但心里对他颇为嫉妒。

又有一次，有人送来一盒酥饼，曹操在盒子上写了"一合酥"三字。杨修看见后竟然毫不客气地拿走与众人分食了。曹操问为什么这样做？杨修说："你明明写着'一人一口酥'，我们岂敢违背你的命令？"曹操笑了，但心里对自作聪明的杨修却十分厌恶。

曹操生性多疑，害怕遭人暗杀，经常吩咐手下人说，自己好做杀人的梦，凡他睡着时不要靠近他。有一天他睡午觉，把被子蹬落在地，有一个近侍慌忙拾起给他盖上，曹操跃起拔剑杀了近侍。大家告诉他实情，他痛哭一场，命厚葬之。众人都以为曹操是梦中杀人，只有杨修说，曹操不过是伪装罢了。

不久，刘备亲自攻打汉中，惊动了许昌。曹操率领四十万大军迎战。曹刘两军在汉水一带对峙。曹操屯兵日久，进退两难，夏侯惇入帐禀请夜间号令，正逢厨师端来鸡汤，见碗底有鸡肋，有感于怀，随口说："鸡肋！鸡肋！"人们便把这作号令传了出去。

杨修便叫随行军士收拾行装，准备回家。夏侯惇大惊，问其中缘由。杨修说："鸡肋者，食之无肉，弃之有味。今进不能胜，退恐人笑，在此无益，来日魏王必班师矣。"夏侯惇也很信服，营中的兵将便都打点行李，准备回家了。

曹操知道这件事后，再也无法容忍杨修了，最后以造谣惑众、扰乱军心罪把他斩杀了。

杨修虽然是一个绝顶聪明的人，但恃才放旷、无所顾忌，做事不懂得尺度，碰上曹操这个生性多疑的"奸雄"，能不碰壁吗？所以，真正聪明的人都会掌握"度"。

在人生历程中，处处充满着机遇和挑战。我们也不难发现，那些取得辉煌成就的人都有一个共同的特征：他们之所以能成大事，都赢在做事尺度。所以，聪明的人总是行止有度。行，行于其所当行；止，止于其所当止。对自己，不放纵，不任意；对别人，不挑剔，不苛求；对外物，不耽恋，不沉溺。得享受时便享受，得付出时便付出，依理而行，循序而动。如果必须，做得天下，若非合理，毫末不取。

 闲中不放过，静中不落空

【原典再现】

闲中不放过，忙处有受用[1]；静中不落空，动处有受用；暗中不欺隐，明处有受用。

【重点注释】

①受用：受益。

【白话翻译】

在闲暇的时候，不要轻易放过宝贵的时光，最好要利用这段时间为以后的事情做一些准备，等到忙碌起来就会有受用不尽之感；当平静的时候，也不要忘记充实自己的精神生活，以便为日后担任艰巨工作做些准备，等到艰巨工作一旦到来就会有应付自如之感；当你一个人静静地坐在没有任何人看见的地方时，也能保持你光明磊落的胸怀，既不产生任何邪念，也不做任何坏事，如此才能使你在众人面前受到尊敬。

【深度解读】

未雨绸缪，有备无患

人生是一个过程，成功也是一个过程，没有忧患意识，就不会有学习的动力，就不能认识到自身的缺陷和弱点，就不能抓住有巨大潜力的机遇，也就不能获得事业的成功。如果有了忧患意识，未雨绸缪，就会发挥自己的强项，充分施展才智，一步一步地去拓宽成功之路，就能调整好自己的心态，即使在毫无希望时，也能看到一线成功的亮光，从而获得成功。

简单说，未雨绸缪的智慧就在于一个"备"字。有了提前的准备，才可满怀信心迎接挑战；有了居安思危的忧患意识，才可安稳地在风雨飘摇的世间守住自己一片江山；有了这一份未雨绸缪的智慧，才可在人生的旅途中，无论遇到多少突发情况都坦然面对，临危不乱。

战国时，齐王拜孟尝君为相国。孟尝君比以前更有钱了，养的门客多达三千人。他为了养活这些门客，就向他的封地薛城的百姓放高利贷。

一年以后，由于薛城的收成不好，贷款的人都还不起利息。孟尝君就出了个通告，要找一个熟悉会计工作的人，替他到薛城去收债。

有个叫冯谖的门客在通告上签上名字，说自己能去。孟尝君高兴地接见了他，叫总管把合同契据给冯谖装载在车子上，让他到薛城去收账。冯谖在临行前问孟尝君："债收齐后，买些什么东西回来？"孟尝君答道："看

我家里缺少的买吧！"

冯谖便驱车到了薛城，那里的劳苦百姓听说来收利息了，一个个叫苦连天。冯谖就假托孟尝君的命令，把契据当众烧掉，说是把那些钱赏赐给百姓了，老百姓感动得都高呼万岁。

冯谖回来后，孟尝君问他："买了些什么回来？"冯谖答道："你家里所缺少的只有'义'，所以我就替你买了'义'回来。"孟尝君问："你这是什么意思？"冯谖说："借你钱的，大多是穷人，眼下利上滚利，他们越来越穷，即使等着跟他讨债十年，也讨不到，再逼他们的话，他们就会逃走。烧掉无用的借据，主动放弃不可得的空账，就会让您的封地的人民亲近您，拥护您，我认为收回民心比收回利息更有用。"孟尝君拱拱手说："先生的目光真是远大呀。"

后来，齐王听信谗言，解除了孟尝君的职位。除冯谖外，那三千食客全部散离了。孟尝君只得回到自己的封地薛城。在离薛城百里远的地方，薛城的百姓纷纷来迎接他。孟尝君对冯谖说："先生替我买的'义'，今天终于看到了。"

可见，只有多一分准备，多一条后路，才能确保自己在未来的日子中多一分优雅，多一分从容，多一分成功。

但有些人做事从不提前准备，而是凭一腔热血和成事的冲动，盲目草率而不假思索行事。当困难来袭，仓皇应对，手足无措，毫无章法，只能走向失败。

当年刘义隆求胜心切，"元嘉草草，封狼居胥"，只落得个"赢得仓皇不顾"的惨局。从此，国将不国，一蹶不振。倘若他当初像诸葛孔明那样行事，谨慎细心，不打无把握之仗，怎会落得如此下场呢？

我们都知道，人生旅途不可能一帆风顺，只有始终把目光放在远处，车子才能行得直。这也启示我们，目光短浅，只顾眼前，没有远大理想和目标，对未来缺乏规划，只在乎眼前的得失，肯定成不了大事，没准儿还会栽跟头。

法国哲学家帕格森曾说过："不对自己人生做准备与规划的人，终将一事无成。"确实如此，我们都要对自己的未来规划与准备，尊重规律，还要善于借助外物，再发挥主观能动性。这样，我们的人生才会有价值和意义。切记，人生需望远，未雨而绸缪，正所谓"人无远虑，必有近忧"。

念头起处，切莫放过

【原典再现】

念头起处，才觉向欲路上去，便挽①从理路上来。一起便觉，一觉便转，此是转祸为福，起死回生的关头，切莫轻易放过。

【重点注释】

①挽：牵引、拉。

【白话翻译】

在念头刚刚产生时，一发觉此念头是个人欲望，就应该立刻用理智把这种欲念拉回正路上去。坏的念头一产生应立刻有所警觉，有所警觉后应立刻设法来挽救，这是扭转灾祸为幸福、改变死亡为生机的重要关头，所以你绝对不可以轻轻放过这邪念产生的一刹那。

【深度解读】

理性做事

在这喧嚣的世界，人们跟风随大流的趋势愈来愈严重。盲目跟从，无疑是缺乏理性思考的结果。盲目，只会导致不良的后果，甚至容易引人误入歧途，所以，摆脱盲目，学会理性才是最重要的。

"理性"一词源于古希腊，后来在法国的思想家们的推动下，逐渐形成一种体系。这些启蒙思想家由于对社会的黑暗感到不满，希望冲破这一压抑人们思想的社会，从而提出这一思想主张。他们鼓励人们独立理性思考，用自己的智慧去改造世界。这个世界需要理性。

如果你是一个理性的人，就会少犯错误，少走弯路，更容易成功。而不是凭着脑子发热，异想天开地想怎么样就怎么样，这样只会把事情弄得一团糟。理性的人办事沉稳谨慎，环环相扣，思维严密，效率明显，成绩斐然，深得别人的器重和赞美，能活出自己精彩的人生。

在生活中，总有一些人不会低调做人，心浮气躁，动辄大发脾气，好像每个人都和他过不去，这样只能让自己陷入进退维谷的地步。

三国时，张飞是蜀国的一员猛将。他艺高人胆大，不管对手是谁，打起仗来都毫无怯色，所向披靡，令敌人闻风丧胆。但是这也让张飞渐渐有了骄傲的情绪，随之而来就是心浮气躁，怒气常生。他遇事后很少进行思考，做事一点儿也不理性，只会逞莽夫之勇，而这最后竟让张飞白白丢了性命。

关羽败走麦城后被孙权杀死，作为结拜兄弟，张飞怒气横生。为了马上给关二哥报仇，他下令蜀军"挂孝伐吴"，每个人都披麻戴孝，然后举着白旗去找孙权要人。他的悲痛心情可以理解，但没有考虑当时的客观情况。

就在这个节骨眼上，部将范强和张达因为没有按时筹集到白旗白甲，张飞大怒，立马命人把两个人绑在了树上，各鞭背五十。打完之后还告诉他们如果第二天再准备不好，就等着脑袋搬家。

张飞这样做，分明是把这二人当成了出气筒。范强和张达二人受此大辱，心存怨恨，晚上趁张飞熟睡之际，杀掉了张飞。结果，张飞不仅没有替哥哥报仇，还因为自己不理智和脾气暴躁而丢掉了性命。

可见，狂躁和怒气显然是愚蠢人最喜欢做的事情，到头来，苦果还得自己吞下。所以，唯有理智最为可贵，这是一种境界，更是成功所需的品质。

闲淡从容，观心证道

【原典再现】

静中念虑澄澈①，见心之真体②；闲中气象③从容，识心之真机；淡中意趣冲夷，得心之真味。观心证道，无如此三者。静中静非真静，动处静得来，才是性天④之真境；乐处乐非真乐，苦中乐得来，才是心体之真机。

【重点注释】

①澄澈：河水清澈见底。

②真体：指心性的真正本源。

③气象：此指气度、气概。

④性天：天性、本性。

【白话翻译】

人只有在宁静中心绪才会像秋水般清澈，才能发现人性的真正本源；只有在闲暇中气度才像万里晴空一般舒畅悠闲，才能发现人性的真正灵魂；只有在淡泊明志中内心才会像平静无波的湖水一般谦静平和，才能获得人生的真正乐趣。大凡要想观察人生的真正道理，再没有比这三种方法更好的了。在万籁俱寂的环境中所得到的宁静并非真宁静，只有在喧嚣环境中还能保持平静的心情，才算达到真正的宁静；在狂歌热舞的环境中得到的快乐并非真快乐，只有在艰苦环境中仍能保持乐观的情趣，这种快乐才是人本性中真正快乐的境界。

淡泊明志，宁静致远

这是一个光怪陆离的世界，这个世界里有许多你想象到和想象不到的诱惑随时出现在你的生活中，于是，人的私欲就像一棵幼苗，被各种诱惑滋养着不断长大。

欲望的膨胀让人的心灵变得狭隘，为了满足欲望，有的人不惜牺牲人格和道德，甚至走入罪恶的深渊；也有的人因为想要的没得到，变得焦虑、烦躁、失落、彷徨。可以说，人们所有的迷惑和痛苦皆是因为欲望而来。在这个浮躁的世界，我们如何才能觅一片清凉，得一点自在，保持冷静，从容生活呢？这需要我们修一颗淡泊心。

淡泊是一种心胸的超脱，是一种宠辱不惊的淡然与豁达，是一种历经尘世间诸多磨难和变迁后的成熟与从容，也是大彻大悟的宁静心态。生活中的我们，只有懂得宁静从容，以静养心，才能达到人生至高的境界。

淡泊不是不追求，而是有原则、有方法地追求；不是不努力，而是怀一颗平常心，做一份尽心事；不是没情感，而是懂得如何处理情绪、释放情感。淡泊是一种领悟，一种释怀；是踏踏实实做事，简简单单做人；是一种心怀的沉静，心胸的旷达。

诸葛亮跨越五十四个春秋的一生，共有两个二十七年，公元 207 年以前的二十七年，是他博览群书，修身养性，广交名士，静观天下，立志用世的准备阶段；公元 207 年至 234 年的二十七年，是他身体力行，完善自我，尽忠蜀汉，鞠躬尽瘁，死而后已的奉献阶段。

可以说，前二十七年是诸葛亮的"淡泊""宁静"阶段，后二十七年则是诸葛亮的"明志""致远"阶段。生前，他深受国人爱戴，死后，更长期受到后人的敬仰，他的精神已经成为我们中华民族传统文化的一份宝贵遗产。我们不得不承认诸葛亮是个天才。

在诸葛亮的《诫子书》中这样写道："夫君子之行，静以修身，俭以养德。非淡泊无以明志，非宁静无以致远。夫学须静也，才须学也，非学无以广才，非志无以成学，淫慢则不能励精，险躁则不能治性，年与时驰，意与日去，遂成枯落，多不接世，悲守穷庐，将复何及！"这既是诸葛亮对其一生经历的自我总结，更是他对子孙后代的严格要求。

《三国志》本传中载有《诸葛氏集目录》，共二十四篇。而"淡泊明志，宁静致远"作为引用语，却贯穿了他的一生，最后作为遗训，画上了他人生的圆满句号。

淡泊者拥有一颗平常心，在成败和得失面前不骄不躁，遇不平不愠不恼，凡事不生气、不抱怨、不忧虑、不冲动、不纠结。在事业的拼搏中，我们付出了超过常人的努力，与此同时，可能没有时间和精力去守护内心的洁净。

淡泊者比一般人看得更透彻，他们看淡名利、成败、得失，能够从容淡定地品尝生活。生命有限，欲望无底，如果你不能很好地克制己欲，内心不够宽大，终会被这些欲望所累，从而羁绊了心灵，拖住前行的脚步。因此，我们应该学会在短暂的一生中寻得一份超然的快乐和淡然若水的心境。

日本禅师良宽曾有诗云："生涯懒立身，腾腾任天真。囊中三升米，炉边一束薪。谁问迷悟迹，何行名利尘，夜雨草庵里，双脚等闲伸。"良宽一生与钱无缘，居于草庵，却心无挂碍，他以自己生活方式告诉人们：袋里有米，炉中有柴，这就够了。

我们处于一个物化的社会中，完全忘记世间的荣辱不易，得大自由也不易，但至少可以远离，可以得小自由。所以，宁静不是消极避世，而是一种看透世事后的超脱。一个宁静的人是知足的，因为他找到了内心的充实。

淡则以明志，淡则以致远。在人生的朝圣之旅中，我们一定要保持一颗简单、宁静的心灵，在凡尘俗世中安守一颗淡泊之心，以求达到淡然、洒脱的人生境界。

舍己勿疑,施恩勿报

【原典再现】

舍己①毋处其疑,处其疑,即所舍之志多愧矣;施人毋责其报,责其报,并所施之心俱非矣。天薄②我以福,吾厚吾德以迓③之;天劳我以形,吾逸吾心以补之;天厄④我以遇,吾亨⑤吾道以通之。天且奈我何哉?贞士⑥无心徼⑦福,天即就无心处牖⑧其衷;恹人⑨着意避祸,天即就着意中夺其魄。可见天之机权最神,人之智巧何益?

【重点注释】

①舍己:牺牲自己。

②薄:减轻。

③迓:迎接。

④厄:穷困、危迫。

⑤亨:通。

⑥贞士:指意志坚定的人。

⑦徼:同"邀",祈求。

⑧牖:打穿墙壁用木料做的窗子。

⑨恹人:行为不正的小人。恹,邪妄。

【白话翻译】

既然要自我牺牲,就不应该计较利害得失而犹豫不决,想得越多,那么这种自我牺牲的心意就会打折扣;既然要施恩于人,就不要希望得到人家的回报，如果一定要求对方感恩图报，那么这种乐善好施的善良之心也就会变质。假如上天不给我许多福分，我就多做些善事来培养我的福分；假如上天用劳苦来困乏我，我就用安逸的心情来保养我疲惫的身体；假如上天用穷困来折磨我，我就开辟我的求生之路来打通困境。假如我能做到以上各点，上天又能对我如何呢？志节坚贞的君子，虽然没有刻意去追求自己的福祉，可是上天却使他无意之间完成了自己的心愿；阴险邪恶的小人，虽然用尽心机妄想逃避灾祸，可是上天却在他巧用心机时夺走他的魂灵使其蒙受灾难。由此可见，上天的玄机神奇莫测，人类平凡无奇的智慧在上天面前实在无计可施。

【深度解读】

该出手时就出手

日常生活中，很多人都在为某事纠结着、苦闷着。除了招来烦恼外，纠结无助于问题解决。面对尴尬局面，很多人会迟疑不决、踌躇不前，由此丧失扭转局势的最佳时机。勇敢、果断一点，你会在胜负未决时拿到最终制胜的关键筹码。

班超是东汉时期著名的军事家、外交家，为人有大志，不修细节，但内心孝敬恭谨，审察事理。他口齿辩给，博览群书。不甘于为官府抄写文书，便投笔从戎，随窦固出击北匈奴，又奉命出使西域。

班超出使的第一站是西域的一个小国家，叫作鄯善国。史书记载其位于西域南北两道的桥头堡位置，战略地位相当重要。在使团刚刚到达鄯善国的一段日子里，鄯善王非常殷勤地招待东汉王朝的使团，礼敬甚备，后来却越来越疏懒怠慢了。

班超判断，一定是北匈奴的使者也到了鄯善国，他从招待他们的侍者那里证实了自己的判断，心中随即酝酿出一个大胆的计谋，决定果断行事。

班超召集所有部下共饮，酒壮人胆，他看属下都喝得差不多的时候，

把目前的情况告诉了大家，激励大家说："今天大家与我一起出使国外，都想以此来立大功，求富贵。而今，匈奴之人刚到此地，鄯善王便不再对咱们以礼相待了，咱们要怎么办啊？"众人高呼："今在危亡之地，是生是死，都听从司马的安排。"

班超拍案而起，果断地对众人说："不入虎穴，焉得虎子。当今之计，只有连夜以火偷袭匈奴，使他们不知道我们的底细，这样一定会让他们人心大乱，就好趁机消灭他们。这样一来，鄯善王必定会吓破了胆，就能功成事立了。"下属看到班超如此果断，便都表示愿意追随班超。

当天夜里，班超带领属下一群人，直奔北匈奴使团的营地。那天晚上天恰好刮起了大风，班超命令十人持鼓藏在北匈奴使团的营寨后面，约定以火起为号，击鼓大呼。其余人则带刀枪持弓弩埋伏在寨门边。

安排完毕后，班超乘着风势放火，顿时间匈奴使团营地鼓噪大起，匈奴人不知所措，乱成一团，四下逃散。班超身先士卒，部属吏士见到班超如此英勇，勇气大增。结果，这一战，班超率众以少击多，全歼匈奴使团，而东汉使团却没有任何伤亡。

任何事情，如果过于慎重，反而错失良机。虽然慎重是做事情的重要条件，但绝不是成功的必要因素。在我们身边，一些成功者真正的才能在于他们审时度势后付诸行动的速度，这才是他们出类拔萃、居于最好职位的原因。

想好了就去做，该出手时就出手，这是对自己思想的尊重，是把握命运的必要手段。它可以影响我们生活中的每一部分，可以帮助我们去做该做而不喜欢做的事，可以教我们不推脱延宕，也可以让我们更快地步入成功的轨道！

看人只看后半截

【原典再现】

声妓①晚景从良，一世之烟花②无碍；贞妇白头失守，半生之清苦俱非。语云："看人只看后半截。"真名言也。平民肯种德③施惠，便是无位的公相；士夫④徒贪权市⑤宠，竟成有爵的乞人。问祖宗之德泽，吾身所享者是，当念其积累之难；问子孙之福祉，吾身所贻⑥者是，要思其倾覆之易。

【重点注释】

①声妓：指妓女。

②烟花：妓女的代称，指妓女的生涯。

③种德：行善积德。

④士夫：士大夫的简称。

⑤市：买卖。

⑥贻：遗留。

【白话翻译】

歌妓、舞女在晚年的时候能够嫁人做一个良家妇女，那么她过去的风尘生涯对她后来的正常生活不会有什么妨害；可是，一个坚守节操的妇女，如果在晚年的时候耐不住寂寞而失身的话，那么她前半生的清苦守节都白费了。所以俗语说："观察一个人的节操如何主要是看他的后半生。"这真是至理名言啊。平民百姓只要肯多积功德、广施恩惠，就相当于一位有实际爵禄的公卿宰相，会受到万人的景仰；反之那些达官贵人假如一味贪婪

权势而把官职做成一种生意欺下瞒上，那么这种人虽然有着公卿爵位，却像一个讨饭的乞丐一样可悲。假如要问祖先是否给我们留有恩德，就要看看我们现在生活所享受幸福的程度，我们要感谢祖先当年留这些德泽的不易；如果要问我们的子孙将来是否能生活幸福，那么就必须先看看自己给子孙留下的福泽究竟有多少，假如我们给子孙留下的恩惠很少，就要想到子孙势必无法守住，容易使家业衰败。

【深度解读】

没有一种坚持会辜负你

在人生路上，既有春风得意的快乐，又有万念俱灰的凄苦。在竞争日趋激烈的社会中，每一个人都在追求着自己的梦想，但是，有多少人在纷繁复杂的人生道路中，遇到过各种挫折、失败而选择了退缩？

其实，许多的努力不是一下子能看到成果，需要耐心和坚忍。坚持到底就是胜利。只要愿意付出坚持的代价，你终究可以享受到成功的甘甜。伟人之所以是伟人，就是因为能不屈不挠地实现自己的预定目标，即使遇到最大的困难也绝不放弃。要想办成一件事情，切忌半途而废，否则，就永远成不了大事。办事最忌半途而废，半途而废的人永远也不会成功。

古时候，有个叫乐羊子的人到外地求学，但学习的艰辛、求学的清苦，使他感到很乏味。他在书塾待了一年后决定弃学返乡。当乐羊子进门时，妻子露出惊喜而略带诧异的脸，当她看到乐羊子那沉甸甸的行装，脸上的笑容消失了。

妻子没说什么，拿出一把剪刀，走到织布机边把织布机上织着的一匹布剪断了。乐羊子非常心疼，因为那是一块图案精美的花布，只差一点就要完工了。

"这本是一块快要完工的布，但我剪断了它，它便成了一块废布。"妻子说，"求学的道理也是一样，若能坚持到底，付出艰苦的努力，就能成为一个有用的人，否则只会前功尽弃，如同这块废布一样，成为一个毫无用处的人。"

乐羊子非常羞愧，为了不再虚度光阴，便打起行装，回到书塾去继续完成学业了。

可见，做事切忌半途而废，真正想成大事的人，永远要明白这个道理。每个人都能登上人生的金字塔，无论是鹰还是蜗牛。问题在于这个世界上，许多人都是蜗牛而不是鹰。那么作为蜗牛的我们，想站在金字塔塔顶，就必须持之以恒，绝对不能半途而废。

毫无疑问，你的人生不会辜负你的坚持和努力，那些转错的弯，那些流下的泪水，那些滴下的汗水，全都让你成为独一无二的自己。要知道，你的付出，时光都会懂，如果它许不了你一个"梦想成真"，那它一定会补你一份"无心插柳柳成荫"。只不过是或早或晚，或显性或隐性，或物质或精神，以不同的方式呈现罢了。

如果梦想成真，你便是付出的大赢家。如果与梦想失之交臂，拐角遇上"无心插柳柳成荫"的惊喜，也不失为另一种收获和人生乐趣。当你感觉很难时，告诉自己：再坚持一下，别让你配不上自己的野心，也辜负了曾经经历的苦难与磨炼。总之，我们做事千万不能半途而废，要有坚持到底的精神，才会有所成就。

春见解冻, 和气消冰

【原典再现】

君子而诈善①，无异小人之肆恶②；君子而改节，不及小人之自新。家人有过，不宜暴怒，不宜轻弃。此事难言，借他事隐讽③之；今日不悟，俟④来日再警之。如春见解冻，如和气消冰，才是家庭的型范。

【重点注释】

①诈善：虚伪的善行。

②肆恶：纵恣、放肆。

③隐讽：暗示，婉转劝人改过。

④俟：等。

【白话翻译】

身为君子却具有伪善的恶行，那么他与无恶不作的邪恶小人没有什么区别。正人君子如果放弃自己的志向落入浊流，那还不如一个重新做人的小人。如果家人犯了过错，不可以随便大发脾气，更不可以轻易地放弃他，如果不好意思直接说，可以假借其他事情来暗示让他改正；如果没办法立刻使他悔悟，就要等待时机再耐心劝告。就像温暖的春风化解大地的冻土，暖和的气候使冰雪融化一样，这样充满一团和气的家庭才算是模范家庭。

【深度解读】

家和万事兴

在我们传统的家庭中贯穿着一个生活理念——家和万事兴。的确，和睦是家庭生活的基石，是每个家庭成员要遵守的生活规则。没有和睦团结的家庭，家庭事业是无法正常发展下去的。

我们生活在现实社会中，每天孜孜不倦地追求着人生的理想之梦。为了实现人生的梦想，必须有一个理想的平台，在这个舞台上施展自己的人生才华。和谐的社会环境、和睦的家庭关系有利于自己的人生梦想早日实现。

可以说，家庭是安全的避风港，是心灵的家园。如果没有和谐和睦的家庭，人生可谓是不幸的，也是缺陷的。可以直言不讳地说，所有成功人士的背后都有一个和睦幸福的家庭支持着。这充分证实了和睦家庭对人生的重要作用。

春秋战国时，晋出公重臣智伯瑶联合魏韩两大家族军队将赵军围困在晋阳，为迫使赵军崩溃，他决晋水堤岸灌淹晋阳。城内军民困于水淹，在树上悬锅支灶，生活、作战都十分困难。

赵襄子一筹莫展。他的家臣张孟谈为了解除困境，出城见韩、魏两个君主。

张孟谈问两个诸侯说："你们听到过唇亡齿寒的道理吗？嘴唇在牙齿的外面，牙齿在嘴唇的里面，两者互相依存而发挥作用。如果嘴唇没有了，牙齿固然还在，可是得不到嘴唇保护，存亡也是迟早的事。现在晋国智伯瑶率领两位君主伐赵，如果赵国真的被智伯瑶攻取，他的领土欲望更会膨胀，魏、韩两家也势所难免。如今天两君不图良策，大祸很快殃及魏、韩。"

两个君主觉得有道理，又怕事情不好办，便为难地说："智伯瑶暴戾而寡情少义，万一我们的计划泄漏，事情肯定会更糟，到那时怎么办？"

张孟谈说："这件事只有两位君主和我知道，其他的人和智伯瑶怎么会知道？何况，这件事情关系重大，关系三家日后存亡和利害得失，生死成败捆在一起，谁不愿促成此事？"

最后，魏、韩君主决定倒戈反晋，并且具体商定举事日期。

一个人与家庭的关系，就像唇与齿的关系一样，只要损害一方，另一方也将衰亡。为了和睦家庭的有利健康发展，我们必须坦诚相待，相互包容，相互理解、谅解，摒弃前嫌，相互沟通，最终达到意见统一，步调一致。在这个基础上追求和谐和睦的家庭关系，从而走向健康的发展道路。

看得圆满，放得宽平

【原典再现】

此心常看得圆满，天下自无缺陷之世界；此心常放得宽平，天下自无险侧①之人情。澹泊②之士，必为浓艳者所疑；检饰之人，多为放肆者所忌。君子处此，固不可少变其操履③，亦不可太露其锋芒④。

菜根谭 全评

①险侧：邪恶不正。

②澹泊：恬静无为。

③操履：操行，谓平日所操守及履行之事。

④锋芒：比喻人的才华和锐气。

【白话翻译】

如果自己内心是善良纯洁的，那么世界也会变得美好而没有缺陷；如果自己内心是开朗仁厚的，那么世界也会是一个没有阴险诡计的境地。有才华而又能淡泊明志的人，一定会被那些热衷名利的人所怀疑；言行谨慎处处检点的人，往往会被那些邪恶放纵无所忌惮的小人嫉妒。所以一个坚守正道的君子，固然不应该因此而稍稍改变自己的操守，但是也不能够过于锋芒毕露。

【深度解读】

做人不要锋芒毕露

在生活中，为什么很多才华横溢的人步履维艰、跌尽跟头，而才能平平的人却能平步青云、扶摇直上？其实，成功与失败根本的原因在于一个处世的"调"不同。

有道是"地低在海，人低成王"，地不畏其低，方能聚水成海；人不畏其低，方能成王。为人处世还是要采取低调谨慎的态度，不可处处占上风。该藏要藏，低调做人。当然，适当表现一下，偶尔露一下锋芒，可以给别人留下一个良好的印象；但是一定要把握好度，切忌锋芒毕露。凡事要懂得先保护自己，收敛锐气，切忌以自我为中心。

据《史记》记载，孔子曾经拜访过老子，向他请教"礼"。老子告诫孔子说："一个聪明而富于洞察力的人身上经常隐藏着危险，那是因为他喜欢批评别人。雄辩而学识渊博的人也会遭遇相同的命运，那是因为他暴露了别人的缺点。因此，一个人还是节制为好，即不可处处占上风，而应采取谨慎的处世态度。"

老子还告诫孔子说："君子盛德，容貌若愚。"意思是说，那些才华横溢的人，外表上看与愚鲁笨拙的普通人毫无差别。可见，如果一个人能够谦虚诚恳地待人，便会得到别人的好感；若能谨言慎行，更会赢得人们的尊重。

有些人胸中隐藏着高远的志向、抱负，表面上却显得很"无能"，这正是他心高气不傲、富有忍耐力和成大事讲谋略的表现。这种人往往具有一般人所没有的远见卓识和深厚城府。

三国时，刘备在与曹操"青梅煮酒论英雄"时的表现就属于藏锋之策。那时，刘备在吕布与曹操两大势力争夺中无法保持中立，只好依附曹操，共灭吕布。后来，曹操把刘备带到许昌，目的是要控制刘备。刘备既不甘心在曹操之下，又怕曹操知道自己心怀大志而加害于己，便在屋后开了一个菜园，自己浇灌。

有一天，曹操请刘备赴宴。酒至半酣，忽阴云漠漠，骤雨将来。曹操看着天外龙挂（闪电）说，龙能大能小，能升能隐，与人相比，发则飞升九天，如世之英雄。而后问刘备当今谁是英雄。

刘备列举了袁术、袁绍、刘表等人，曹操却笑着摇头说："夫英雄者，胸怀大志，腹隐良谋。有包藏宇宙之机，吞吐天地之志。"刘备忙问谁是这样的英雄。曹操以手先指刘备，后指自己说："当今天下，英雄只有你和我罢了。"

刘备心里一惊，手中的匙箸都掉在了地上。正巧霹雳连声，大雨骤至。曹操问刘备，为什么箸子掉了。刘备说："圣人云'迅雷风烈必变'。一震之威，乃至于此。"曹操乃说："雷乃天地阴阳击搏之声，何为惊怕？"刘备说："我从小害怕雷声，一听见雷声只恨无处躲藏。"曹操冷笑一声，误以为刘备是个无用之人，便不再防备他了。

刘备就是这样一个不锋芒毕露的人，他胸怀大志，却平易近人，礼贤下士，慢慢地成就了自己的基业。与之相反，曹操心高气傲，目中无人，白白丢掉了富饶的天府之国，并且还因此耽误了统一中国的大计。单从这

一点看，刘备是真英雄，他没有所谓的气势、架子，而曹操则一副狂徒之态，他因此吃了大亏，其实一点都不冤。

事实证明，刘备懂得如何积蓄自己的力量，等待爆发的时机。成功的人总是善于放低自己的姿态，在低调中积累成就大业的资本和力量。

有时候，我们难免会遇到以下问题：有一些事，人人已想到、认识到了，却无一人当众说出来。这些人并非真傻，而是都学精了。人所共欲而不言，言者乃大傻也。有一句话叫"枪打出头鸟"。这些话你争着说，必定犯忌或说中别人之痛处，这样你就会倒霉了。

三国时，诸葛恪是诸葛亮兄长诸葛瑾的儿子，小的时候就展现出了才思敏捷、天赋过人的特质，并且大家都认为他的才能超过了其父诸葛瑾。

诸葛瑾不为有这个好儿子而感到高兴，反而觉得诸葛恪会给家族带来不幸，他认为诸葛恪性格急躁、刚愎自用，而且太喜欢表现自己。

果然，诸葛恪掌权后独断专行，引起众怒，最终被吴主孙亮与大臣孙峻设计杀死，自己的家族也被夷灭。

再看一个类似的事例。

祢衡二十来岁时便跻身于名士权贵之中，但他年少才高，目空一切，瞧不起那些人，将他们视为酒囊饭袋。在他眼里，自己举世无才。

汉献帝初年，孔融上书荐举祢衡，曹操欲召见他。祢衡不知道天高地厚，恃才自傲，出言不逊。曹操心中不快，最后给他封了个击鼓小吏，以羞辱他。祢衡也因此更忌恨曹操。

有一次，曹操大会宾客，命祢衡穿鼓吏衣帽击鼓助乐，祢衡竟当众裸身击鼓，以羞辱曹操，扫他们的酒兴。曹操对之深以为恨，便把祢衡送给荆州牧刘表。

不久，祢衡又因倨傲无礼而得罪了刘表。刘表又把他打发到江夏太守黄祖那里去了。祢衡在黄祖那里，仍是率性如前。有一次，祢衡竟当众骂黄祖"死老头，你少啰唆"。黄祖气极，一怒之下把他杀了。

祢衡死时只有二十六岁。祢衡的杀身之灾，全因他锋芒毕露的才气和个性所致。

不得不说，祢衡恃才傲物，因情害事，不知人性的复杂、社会的险恶，最终冒犯权贵，以身涉险，终遭杀身之祸。

一个人的行为举止处处锋芒毕露，就如同经常将刀拿出挥舞一番，杀得别人片甲不留才甘心一样。这种只图一时之快，不懂保养的做法，只会让你的刀很快因为砍的石头太多而满是缺口。所以，做人不可以锋芒毕露、肆意的张扬，否则只会给自己招来无谓的伤害。

逆境砥行,顺境靡骨

【原典再现】

居逆境中，周身皆针砭药石①，砥节砺行而不觉；处顺境内，眼前尽兵刃戈矛，销膏②靡骨而不知。生长富贵丛中的，嗜欲③如猛火，权势似烈焰。若不带些清冷气味，其火焰不至焚人，必将自烁矣。

【重点注释】

①针砭药石：针砭，一种用石针治病的方法。药石，泛称治病用的药⋯⋯针砭药石比喻砥砺人品德气节的良方。

②膏：脂肪。

③嗜欲：指放纵自己对财色的嗜好。

【白话翻译】

生活在艰苦贫困的环境中，那身边所接触到的全是犹如医治自身不足的良药，在不知不觉中就磨炼了我们的意志和品德；反之一个人如果生活在丰衣足食、无忧无虑的良好环境中，就等于在你的面前摆满了看不见的刀枪戈矛，在不知不觉中消磨了人的意志，让人走向堕落。生长

在豪富权贵之家的人，他们的欲望像猛火一样强烈，他们的权势像烈焰一样灼人。假如不及时给他一点清凉冷淡的观念缓和一下他强烈的欲望，那猛烈的欲火即使不使他粉身碎骨，早晚有一天也必然会像引火自焚般把他毁灭。

【深度解读】

在逆境中成长

人在身陷逆境时，资源匮乏，精神压抑，成功欲望迫切，成才动机强烈，因此常常能够取得在顺境中难以取得的巨大成功。自古英雄多磨难，这是人们有目共睹的事实。

战国时期，李斯在《谏逐客书》中这样写道："古者富贵而名摩灭，不可胜记，唯俶傥非常之人称焉。盖文王拘而演《周易》；仲尼厄而作《春秋》；屈原放逐，乃赋《离骚》；左丘失明，厥有《国语》；孙子膑脚，《兵法》修列；不韦迁蜀，世传《吕览》；韩非囚秦，《说难》《孤愤》。《诗》三百篇，大抵贤圣发愤之所为作也。此人皆意有所郁结，不得通其道，故述往事，思来者。及如左丘明无目，孙子断足，终不可用，退论书策以舒其愤，思垂空文以自见。"

这些事实告诉人们，磨难不是什么坏事，凡成大器者都经□难，这是毫无疑义的。每一次战胜阴霾都会拨开乌云见青天，找到太阳光芒的方向，找到人生的美好希望。不经历风雨怎会见彩虹，不经历世态炎凉怎会驱散困扰的迷茫。只有勇于面对和接受这不期而遇的困难，学会坚持不放弃，摆正心态积极去努力，才能换来人生的好戏。

曾国藩是中国历史上最有影响的人物之一，然而他小时候的天赋□高。有一天晚上，他在家读书，一篇文章不知道重复多少遍了，还在朗读，因为他还没有背下来。这时候他家来了一个贼，潜伏在他的屋檐下，希望等曾国藩睡觉之后捞点好处。可是等啊等，就是不见他睡觉，还是翻来覆去地读那篇文章。贼人大怒，跳出来说："这种水平读什么书？"然后将那篇文章背诵一遍，扬长而去！

被贼人调侃，这对曾国藩来说是一个不小的打击，但他没有气馁，而是继续努力，最终成了晚清"中兴第一名臣"。

徐特立先生曾经说过："不仅要当胜利时的英雄，也要当困难时候的英雄。真正的英雄是在困难中考验出来的。"的确，生活有时会违反常规，以另一种形式出现在我们面前。在很多时候，成功会变成一道减法题，一点点地减去我们的志气、奋斗和体魄。而失败却成为一道加法题，不断地加进我们的梦想、努力和汗水，最后累积起来，走向成功。

如果你想达到理想的境界，必须要经过一番磨砺和修炼；如果想要体味真正的快乐，就先要学会承受痛苦的磨砺。人生路漫漫，未来一切未知瞬息万变，不可避免要遇到艰难和风险，只要心存坚定信念勇敢向前，就一定会迎来生命的春天。这就好比一粒沙子，只有被裹进贝壳中，经过常人不能接受的忍耐，才能让自己变成一颗价值连城的珍珠。

精诚所至，金石为开

【原典再现】

人心一真，便霜可飞[①]，城可陨，金石可贯；若伪妄[②]之人，形骸徒具，真宰[③]已亡，对人则面目可憎，独居则形影自愧。文章做到极处，无有他奇，只是恰好；人品做到极处，无有他奇，只是本然[④]。以幻迹言，无论功名富贵，即肢体亦属委形；以真境言，无论父母兄弟，即万物皆吾一体，人能看得破认得真，才可以任天下之负担，亦可脱世间之缰锁[⑤]。

菜根谭 全评

【重点注释】

①霜可飞：五月飞霜，可谓奇迹。

②伪妄：虚伪不法。

③真宰：指本心。

④本然：本色自然。

⑤缰锁：指世间的名利羁绊。

【白话翻译】

一个人的精神修养如果能达到至诚地步，就可感动上天，就如邹衍受了委屈竟五月飞霜，而杞植的妻子竟然哭倒了城墙，甚至金石也由于真诚的力量而把它完全雕凿贯穿。反之，一个人如果心术不正也会令人觉得讨厌；更由于坏事做得太多，每当一个人独处时就会良心发现，这时面对自己的影子，顿觉万分羞愧。写文章的最高境界，并没有什么特别的地方，只是把自己内心的感情表达得恰到好处而已；一个人的品德修养达到最高境界，其实和普通平凡人一样，只是使自己的精神回到纯真朴实的本然之性而已。从宏观上看人生，一个人只有能洞察物质界的虚伪变幻，同时又能认得清精神界的永恒价值，才可以担负起救世济民的重大使命，而且也只有这样才能摆脱人间一切困扰你的枷锁。

【深度解读】

坚持从来都不会辜负你

从字面上来看，"精诚所至，金石为开"这八个字就是说：如果真诚努力到了一个极限，像金石这样最坚硬的东西都会被感动的。引申开来，便常用来比喻意志坚决，便能克服一切困难。不得不说，每个人都有自己所追求的东西，意义自然也会有所不同，但不管目的是什么，都要让自己活得更出色！

在生活中，你可能跌倒了无数次又爬起来，但时光没有让一切的付出就此结束。因为坚持从来都不会辜负你，只有你坚持了、付出了，就一定会有回报。

唐朝大诗人李白，小时候不喜欢读书。一天，趁老师不在屋子里，他悄悄溜出门去玩。他来到山下小河边，见到一位老婆婆在石头上磨一根铁杵。李白很纳闷，上前问："老婆婆，您磨铁杵做什么？"老婆婆说："我在磨针。"李白吃惊地问："哎呀！铁杵这么粗大，怎么能磨成针呢？"老婆婆笑呵呵地说："只要天天磨，铁杵就能越磨越细，还怕磨不成针吗？"

李白听后，想到自己，心中惭愧，转身跑回了书屋。从此，他牢记"只要功夫深，铁杵磨成针"的道理，发愤读书，终于成为了一位伟大的诗人，并被称为"诗仙"。

再看司马光，他是个贪玩贪睡的孩子，为此他没少受先生的责罚和同伴的嘲笑，在先生的谆谆教诲下，他决心改掉贪睡的坏毛病。

为了早早起床，他睡觉前喝了满满一肚子水，结果早上没有被憋醒，却尿了床，于是聪明的司马光用圆木头做了一个颈枕，早上一翻身，头滑落在床板上，自然惊醒。从此他天天早早地起床读书，坚持不懈，终于成一个学识渊博的人，写出了《资治通鉴》。

在成功的道路上要具有敏锐的目光、果断的行动和坚持的毅力。用你敏锐的目光去发现机遇，用你果断的行动去抓住机遇，最后还要用你坚持的毅力才能把机遇变成真正的成功。

人生的过程是一样的，跌倒了，爬起来。只是成功者跌倒的次数比爬起来的次数要少一次，平庸者跌倒的次数比爬起来的次数多了一次而已，最后一次爬起来的人就可以成功，最后一次爬不起来，不愿爬起来，丧失坚持的毅力的人就会失败。

今天很残酷，明天很残酷，后天很美好，只要不放弃，就会有机会！黎明前最黑暗，胜利前最绝望，成功前最渺茫。坚持住，你就会迎来黎明和胜利。

海尔精神有两句话：把别人视为做不到的事办成，把别人认为非常简单的事持之以恒地坚持下来。一定要坚持，越不能坚持越要坚持。也许我们已经悲观失望到了极点，也许我们伤心绝望已达极致，也许我们对自己

的生活失去了信心……只要我们怀着乐观的心态，美好的梦想，积极地行动，勇敢地面对一切，我们的生活就会变得灿烂无比。

所以，在生活中，当我们遇到挫折或感叹命运不公时，坚持就是最明智的选择。一定要坚持下去，哪怕这坚持的道路是多么漫长、崎岖，我们要在心中点燃一盏灯，告诉自己：不要放弃，不要放弃。只要努力向前奔跑，总能看到暴风雨后的美丽彩虹。

第四章　心存忧患，居安思危

　　一个人如果没有忧患意识，总是想当然地认为自己很出色，那么他被人超过只是迟早的事。一个国家如果没有忧患意识，不懂得在竞争中求生存，就会落后挨打。因此，小到一个人，大到一个国家，都要心存忧患，居安思危。

不责人小过，不念人旧恶

【原典再现】

爽口之味皆烂肠腐骨之药，五分便无殃；快心之事悉败身丧德之媒，五分便无悔。不责人小过，不发①人阴私，不念人旧恶②。三者可以养德，亦可以远害。

【重点注释】

①发：揭发。

②旧恶：过去的积怨。

【白话翻译】

美味可口的山珍海味，其实都是伤害肠胃的毒药，但只要吃个半饱就不会伤害身体；世间所有称心如意的好事，其实都在引诱着你走向身败名裂，所以凡事不可要求一切能心满意足，只要保持在差强人意的限度上就不至于造成事后悔恨的恶果。做人的基本原则，就是不要责难他人犯下的轻微小过，也不要随便揭发他人私生活中的秘密，更不可以对他人过去的错误耿耿于怀。如果做到这些，不但可以培养自己的品德，也可以彻底避免意外灾祸。

【深度解读】

凡事当留余地

留有余地就是说话不能说满，做事不能做绝，是一种为人处世的智慧，是做事没有十足把握的回旋余地。只有留有余地，我们才能在桃华柳密处觅得小径，在大江东去时华丽转身，在万径人踪灭时守得云开见月明，享人生曼妙的风景；只有留有余地，才能有机会领悟退一步海阔天空的真谛，才不会陷入进退两难的处境。

在某种程度上说，余地就如弹簧，你留得越多，那么也许你被弹得越高。做人做事都要留有余地，才能进退自如。留有余地，方得大自在。

从前，有个出色的雕塑家，他的手艺远近闻名。有一天，一个雕像爱好者向他请教秘诀，雕像家毫不隐瞒地说："没什么秘诀，只要做到以下两点就行了：一是把鼻子雕大一点，二是把眼睛雕小一点。鼻子大了，还可以往小修改；眼睛小了，还可以扩大。如果一开始鼻子就小了，就再也无法加大了；眼睛一开始雕大了，也就没办法改小了。"雕像爱好者听后茅塞顿开。

可见，我们做什么事情，都不要超过一定的限度，无论我们有什么称心如意的事，无论我们的事业多么顺利，都不要忘乎所以，甚至得意忘形，自以为是。而是要保持清醒的头脑，凡事都要给自己留有余地，不要把什么事情都做过了头，如果一旦遇到什么事，我们才会有后路可退。

在宋朝，有这样一个故事。

邵康节是精通《易经》的宋朝大哲学家。他与当时的著名理学家程颢、程颐是表兄弟，同时和苏东坡有往来。但二程和苏东坡关系一向不和睦。

有一次，邵康节病得很重的时候，程颢、程颐二弟兄在病榻前照顾。这时外面有人来探病，程氏二兄得知来人是苏东坡，就吩咐不让苏东坡进来。躺在病床上的邵康节，此时已经不能再说话了，他就举起一双手，比画成一个缺口的样子。程氏二兄弟有点纳闷，不明白他做出这个手势是什么意思。

不久，邵康节缓过一口气来，说："把眼前的路留宽一点，好让后来的人走走。"说完，他就咽气了。

人生大舞台，风云变幻，何处没有矛盾？何时没有纷争？如果你没有包容的心怀，就无法与他人和睦相处。所以，为人处世要给他人留余地，不可一个人独享好处，把事情做绝了，以免自己下不了台。

北宋宰相韩琦在定武统帅部队时，夜间伏案办公，一名侍卫拿着蜡烛为他照明。因为时间太晚了，又加上过于劳累，那个侍卫不小心一走神，蜡烛烧了韩琦鬓角的头发。韩琦没说什么，只是急忙用袖子蹭了蹭，又低头写字。

过了一会儿，韩琦一回头，发现拿蜡烛的侍卫换人了。韩琦怕主管侍卫的长官鞭打那个侍卫，就赶快把他们叫来，当着他们的面说："不要替换他，因为他已经懂得怎样拿蜡烛了。"

军中的将士们知道此事后，无不感动佩服。

按理说，侍卫把统帅的头发烧了，本身就是失职，韩琦责备一句是无可厚非的。但他不仅忍着疼没吱声，还怕侍卫受到鞭打责罚，极力替其开脱。他这种容忍比批评和责罚更能让士兵改正缺点，尽职尽责。试想一下，谁不愿意为这样的统帅卖命呢？

可见，我们只有怀有一颗宽容之心，凡事留有余地，得饶人处且饶人，才能赢得别人真心诚意的尊敬与合作，才能获得开启成功之门的钥匙。因此，做人一定要给对方留余地，这不仅能表现你的宽容，更为重要的是，也可给自己留一条后路。

总之，留三分余地给别人，就是留三分余地给自己。留有余地，就不会把事情做绝，你便有回旋的余地，如果将来有什么事情发生，你就可以从容转身，使自己能够进退自如；不留余地好像下棋下到僵局一样，即使没有输，也无法再继续走下去了。

持身不可轻，用意不可重

【原典再现】

士君子持身不可轻①，轻则物能挠②我，而无悠闲镇定之趣；用意③不可重，重则我为物泥④，而无潇洒活泼之机。天地有万古，此身不再得；人生只百年，此日最易过。幸生其间者，不可不知有生之乐，亦不可不怀虚生⑤之忧。怨因德彰，故使人德我⑥，不若德怨之两忘；仇因恩立，故使人知恩，不若恩仇之俱泯。

【重点注释】

①轻：轻浮。

②挠：扰乱。

③用意：指贪婪之心。

④泥：约束、束缚。

⑤虚生：虚度人生。

⑥使人德我：让人感我之德。

【白话翻译】

才德兼备的士大夫君子，待人接物不可以轻浮，否则就会把事情弄糟使自己受到困扰，丧失悠闲宁静的生活雅趣；同理，才德兼备的士大夫君子，不可思前虑后想得太多，否则就会陷入外物约束的艰苦局面，自然会丧失潇洒、无拘无束的蓬勃生机。天地的运行是永恒不变的，可人的生命只有一次，不会复活；人最多也就活个一百年，可百年的时间跟天地来比

只不过是一刹那。我们能幸运地生活在这永恒不变的天地之间，不可不了解我们生活中所应享的乐趣，也不可不随时提醒自己不要蹉跎岁月，虚度一生。怨恨会因为行善而更加明显，所以行善与其希望别人赞美，还不如把赞美和埋怨都统统忘掉；仇恨都是由于恩惠才产生的，恩惠不能普遍施给他人，得到恩惠的人内心会感激，得不到恩惠的人就会发牢骚。可见，与其施恩而希望人家感恩图报，还不如把恩惠与仇恨两者都彻底消除掉。

【深度解读】

珍惜时间就是珍惜自己

时间对于每个人都是公平合理的，它不会多给人一分一秒，也不会少给人一分一秒；它不崇尚金钱，也不迷恋地位，金钱再多也买不到，地位再高也要不到。每个人的生命都是有限的，充其量也就是百八十年，要想在有限的生命中做出一番成绩，实现人生目标，就必须珍惜时间。

美国作家弗兰克说过："你热爱生命吗？那么请别浪费时间，因为时间就等于生命。"如果我们合理地利用时间，珍惜每一分每一秒的光阴，那就相当于延长了自己的生命，而浪费时间是对生命不负责任的一种表现。人生苦短，正因为短暂，我们更要珍惜生命中的每一寸光阴，活出意义，活出光彩。

东汉末年，汉献帝的侍讲官董遇是个很有学问的人，他对《左传》《老子》等经典著作很有研究，被当时的读书人称为儒学大师。

董遇小时候家境并不富裕，经常要参加一些田间劳动，或出门做小买卖。但不管做什么，他随身总是带着一些书，一有空就孜孜不倦地读起来，即使后来做了官，他仍博览群书，不断丰富自己的学识。

当时有不少人想拜董遇为师，但董遇就是不肯收徒，他说："书本是最好的老师，你们只要书读百遍就可以了，为什么一定要拜我做老师呢？"

有人问："为什么要书读百遍呢？"董遇回答说："书读百遍，其义自见。你读了一百遍书，难道还不能理解书中的意义吗？"又有人问："我们哪里会有这么多时间呢？"董遇笑着说："可以利用'三余'来读呀！"几个儒生纷纷问："三余？什么是三余？"

"冬天，是一年中最空余的时间；夜间，是一天中最空余的时间；阴雨天不能劳作不能出门，是平时最空余的时间。你们只要好好利用这三余，怎么会没有时间读书呢？"儒生们听后无不折服。

董遇就是这样利用"三余"时间读书和学习的，这样日积月累，才终于成为一代儒学大师。

"明日复明日，明日何其多；我生待明日，万事成蹉跎。"短短几句诗，是先辈千曲百折、历经磨难的生活体验的结晶啊！古人有感于此，于是有了"悬梁刺股""囊萤映雪""凿壁偷光"的勤学佳话。现在我们条件优越了，不是更应珍惜今天、抓紧今天的分分秒秒吗？

晋人陶侃说过："大禹圣者，乃惜寸阴；至于众人，当惜分阴。"这话有道理。任何人，不论是伟大的人物还是平凡的人，荒废时间则一事无成，珍惜时间就获得了成功的希望。光阴永远追随着勤奋者的脚步。

持盈履满，君子兢兢

【原典再现】

老来疾病，都是壮时招的；衰后罪孽①，都是盛时造的。故持盈履满②，君子尤兢兢焉。市私恩③，不如扶公议④；结新知，不如敦旧好；立荣名，不如种隐德⑤；尚奇节，不如谨庸行。公平正论不可犯手⑥，一犯则贻羞万世；权门私窦⑦不可著脚，一著则沾污终身。

【重点注释】

①衰后罪孽：衰败后所遭受的种种苦难。

②持盈履满：意谓身处圆满之时。

③市私恩：用小恩小惠收买人心。

④扶公议：主持公道。

⑤种隐德：施德于人而不为人所知。

⑥犯手：触犯。

⑦权门私窦：指权势之家的结党营私之处。

【白话翻译】

如果到了晚年而体弱多病，那都是因为年轻时不注意爱护身体；如果失意以后还会有罪刑缠身，那都是因为在得志时贪赃枉法。因此一个有高深修养的人，即使生活在幸福环境中，也应凡事都抱着谨慎态度，以免伤害到身体或得罪了人。假如施恩惠给别人是为了满足自己的私心，那还不如以光明磊落的态度去争取社会大众的公益；与其结交很多屡教不改的新朋友，倒不如和以前的老朋友叙叙旧；与其沽名钓誉制造知名度，倒不如在暗中积一些阴德；与其标新立异主动去制造自己的名节，倒不如平日谨言慎行多做一些平凡无奇的好事。凡是大众所公认的规范和法律绝对不可以触犯，一旦触犯了，那就会遗臭万年；凡是权贵人家营私舞弊的地方千万不可踏进一步，万一走进去，那你的清白就一辈子也洗刷不清。

【深度解读】

心存忧患，居安思危

世事风云变幻，刚才还是晴空万里，也许转眼之间便遍布阴霾，如果被暂时的安定、暂时的兴盛、暂时的胜利所蒙蔽，必然会放松对自己的要求，看不到安定背后的危险、兴盛背后的衰败、胜利背后的失败。孟子云："生于忧患，死于安乐。"只有心存忧患，居安思危，才能时刻警惕，让生命保持高昂的斗志和奋进的姿态。

戴尔电脑创办者迈克尔·戴尔说过："我有的时候半夜会醒，一想起事情就害怕。但如果不这样的话，那么你很快就会被别人干掉。"的确，人的一生变化无常，"得意无忘失意日，上台勿忘下台时"。一个人在春风得意时要多做好事多积德，免得失势以后留下罪孽官司缠身。"三十年风水轮流转"，人生有如白云苍狗，一个人不论出身多么高贵，地位多么荣耀，都要多行善事，为以后着想。

不得不说，安逸无忧的生活固然惬意，然而却隐藏着巨大的生存危机，它像麻醉剂一样，让人丧失警惕，在不知不觉之中陷入困境。可见，心存忧患是每一位生活强者必备的素养，而这种忧患意识，也可以让你变得更强大，更有竞争力。

唐太宗曾经对亲近的大臣们说："治理国家如同治病，病即使痊愈，还应护理调养。倘若马上就自我放开纵欲，一旦旧病复发，就没有办法解救了。现在国家很幸运地得到和平安宁，四方的少数民族都服从，这真是自古以来所罕有的，但是我一天比一天小心，只害怕这种情况不能维护久远，所以我很希望多次听到你们的进谏争辩啊！"

魏征回答说："国内国外得到治理安宁，臣不认为这是值得喜庆的，只对陛下居安思危感到喜悦。"

正因为唐太宗李世民居安思危，才出现了后来唐朝兴盛的大好局面。

而唐玄宗李隆基虽然开创了开元盛世，但他逐渐开始满足并且沉溺于享乐之中。没有了先前的励精图治的精神，也没有了改革时的节俭之风。

开元二十五年（公元 737 年）唐玄宗听说寿王李瑁的妃子杨玉环美貌绝伦，姿色举世无双，于是不顾杨玉环早已身为人妻以及众人的反对，就将她招进宫来。从此，唐玄宗对朝政更是不加理睬，平日里想方设法讨杨贵妃的欢心，甚至为了让她吃上喜欢的荔枝，玄宗还下令开辟从岭南到京城长安的几千里贡道，以便荔枝能及时地、新鲜地送到长安。

因为杨贵妃，唐玄宗的奢靡之风日甚，达官显贵为了讨好唐玄宗都投贵妃所好，结果让杨贵妃高兴的人都因此而升了官。杨贵妃的哥哥杨国忠也因为她的原因做了朝中的高官，在他的专权下，整个唐朝开始混乱起来。

唐玄宗对于唐朝的危机丝毫没有察觉，反而向外发动了一系列的战争，最终导致了"安史之乱"。

唐玄宗在长安陷落前仓皇出逃。到了马嵬坡，随行的将士发生哗变，最后，只得杀了杨国忠，又逼迫玄宗缢死杨贵妃。

如果唐玄宗不贪图享乐，结局可能就不是这样了。

而南唐李后主的亡国史大家也并不陌生，就是因为他沉溺于靡靡之音，荒废政事，才造成了亡国惨剧。尽管当时大臣已经提醒他政治并不安稳，但他只认为自己身居皇位，生活安逸，却没有想到日后沦为亡国奴的悲惨境遇。就是因为没有居安思危，使他最后惨遭毒害。

再看清朝，无疑是缺乏忧患意识的典型。清朝前期的"康乾盛世"，使之过于自满，自以为天朝上国，以为维持先天优势，便可将"蛮夷"之国踩在脚底。但梦总是要醒的，西洋火炮震碎了清政府的美梦，软弱无能地将辽阔疆土拱手相让，大好河山毁于一旦。

可见，一个人如果没有忧患意识，总是想当然地认为自己很出色，那么他被人超过只是迟早的事。一个国家如果没有忧患意识，不懂得在竞争中求生存，就会落后挨打。因此，小到一个人，大到一个国家，都要心存忧患，居安思危。

 直躬无恶，从容恳切

【原典再现】

曲意①而使人喜，不若直躬而使人忌；不善②而致人誉，不若无恶而致人毁。处父兄骨肉之变，宜从容不宜激烈；遇朋友交游之失，宜剀切③不宜优游④。

【重点注释】

①曲意：委屈自己的意愿而顺从别人。

②不善：没有什么善行。

③剀切：恳切。

④优游：置身事外，悠闲自得。

【白话翻译】

与其委屈自己的意愿而博取他人的欢心，不如因刚正不阿的言行而遭受小人的忌恨；与其根本没有善行而接受他人的赞美，不如由于没有恶行而遭受小人的毁谤。当遇到父母兄弟产生矛盾时，应该忍住悲痛心情，保持沉着的态度，不要感情冲动，采取激烈言行；遇到朋友犯了错误，应该很诚恳地规劝他，不可以由于怕得罪他而眼看着他继续错下去。

【深度解读】

刚正不阿，一心为民

在滚滚的历史长河中，有许许多多英雄人物，就像沙滩上的沙子一样，数也数不清。尤其是那些刚正不阿的人，让我们不得不钦佩。

东汉时，董宣在洛阳当县令，发现了湖阳公主的一个奴仆杀了人，犯了法，躲在公主家里不出来，所以抓捕他的人不敢进去。董宣听说公主的车要出来，就拦住了，当面杀了那个犯了死罪的仆人。

公主认为董宣在她面前杀她的仆人，是在欺负她。于是向皇帝，也就是自己的弟弟刘秀告状。刘秀很生气，把董宣叫来，要打死他。董宣也生气地说："皇上您很圣明，复兴了汉朝，但现在却放纵人杀人，这怎么能治理国家呢，我不用你打，我自己先死吧！"说着就用头撞柱子，撞得头流了血。

刘秀知道真相后，就不杀他了，但让他给公主磕头，赔礼道歉。董宣就是不听，刘秀就让人按他的头，董宣双手撑地，挺着脖子。刘秀最后奖

励了他，还给他加了个"强项令"的称号。

宋朝包拯是一个刚正不阿的清官，赴任扬州天长知县时写诗自勉："清心为治本，直道是身谋。"

有一次，他的一个亲戚打着包拯的旗号去胡作非为，横行霸道，当地人都非常讨厌他。包拯得知后，立刻派人去把他抓到公堂上，打了他好几十板子。那些想仗着包拯来胡作非为的亲戚，一听到这个消息都不敢再胡作非为了。

包拯一生敢于犯颜直谏，不谋私利，执法如山，铁面无私，不畏权贵，不徇私情，为民除害，成为百姓心中的"包青天"。

明朝的海瑞是著名清官，他不畏权贵，经常惩罚那些仗势欺人的富家子弟。由于他敢于直言进谏，惩恶扬善，一心为民谋利，被人们敬为海青天、南包公，其英名流传至今。

当时，嘉靖皇帝沉迷于长生不老药和仙丹，想成为神仙，便对国家大事不管不顾。海瑞看不过去了，便上书冒死去揭露真相。其中有两句："嘉者，家也，靖者，净也，嘉靖，家家净也。盖天下之人，不值陛下久矣。"

嘉靖读了奏折后十分气愤，命令官员一定要把海瑞抓到。大臣们说："陛下根本就用不着去抓他。听说他在上书的时候，早已买好了棺材，和妻子诀别，等着朝廷来治罪。他的家仆四处奔逃，没有一个留下的，所以他一定不会逃跑。"

海瑞的这种勇气和为国为民的精神让人深为感动。刚正不阿的他明明知道只要上书，自己便会被处死，甚至连棺材都给自己买好了，这需要多大的勇气啊。

不管是董宣、包拯，还是海瑞，他们刚正不阿，都是有真正傲骨的。"曲意而使人喜，不若直躬而使人忌；无善而致人誉，不若无恶而致人毁。"这是最现实的处世哲学。虽然做一个正直的人很难，但是做人的原则，就应该问心无愧，只要自己的思想和行为是端正的，无论别人如何诋毁我们，我们的心态都是坦然的、光明磊落的。

大处着眼，小处着手

【原典再现】

小处不渗漏，暗处①不欺隐，末路②不怠荒③，才是个真正英雄。千金难结一时之欢，一饭竟致终身之感，盖爱重④反为仇，薄极翻成喜也。

【重点注释】

①暗处：不易被人发现的地方。

②末路：指失意的时候。

③怠荒：携带荒废，这里指自暴自弃。

④爱重：爱的深切。

【白话翻译】

做人做事必须处处谨慎，不易被人发现的地方也不放过；即使是待在别人听不见、看不见的地方，也不可以做见不得人的事；当你处于不得志的时候，不要忘掉奋发上进的雄心壮志。这样的人才算得上是真正的英雄好汉。人与人之间如不投机，即使你拿出千金，也难以打动对方；知恩重道的人，即使是在他穷困时给他吃一顿饭，他必然永远心存感激。当爱一个人爱到极点时，很容易反目成仇；而平日不重视的一些人，只要对他们好一点，他们就会受宠若惊。

细节决定成败

一滴水可见太阳，窥一斑而知全豹。细节相当于试纸，可以测出一个人的素质和境界。你的一言一行、一举一动都可以成为命运的偏旁部首。伟人之所以非常有气质，并不是天生就有的，而是他们经过后天修炼而成的。

播种行为，收获习惯；播种习惯，收获性格；播种性格，收获命运。这个世界上，细节无处不在，它微小而细致，存在于每天的生活中，存在于每个人的身上。

老子告诉我们："天下大事，必作于细。"要想成功，我们就不能忽视生活中无处不在的诸多细节。有人打过一个形象的比方：机遇好像一位性格古怪的天使，它不喜欢盛装出场，总是喜欢乔装打扮成我们工作中的每一个细节、每一个问题，唯有心人能够把握。细节不仅能够决定最终的成败，而且代表着一个人的处世风格，代表着一个人的素养和能力。

细节也可以说是我们社交的名片，是我们身份的象征。对于个人来说，能把每一件简单的事做好就是不简单，能把每一件平凡的小事做好就是不平凡。重新发现细节的价值，已成为我们每一个人的必修课。抓住了细节，也就抓住了成功的手。

在《三国演义》一百回里，诸葛亮北伐军受阿斗命令撤回蜀中，害怕司马懿在后追杀便使用了个"增灶计"。比如军中只有一千军士，则晚上扎营时要掘两千个灶，第二天晚上则掘三千个灶，以此类推。司马懿见蜀军每日灶数增加，以为有兵士不断加入，于是不敢再鲁莽追击。诸葛亮则成功撤回蜀中。

在清朝，有一个叫胡雪岩的人，开了一家胡庆余堂。在夏天，有人来这里买药，他都会免费送一碗绿豆汤或清热散。在秋冬季的夜间，农村人抓完药回家的时候，他就送一个上面印有"胡庆余堂"四个大字的灯笼，就连包药的牛皮纸上也写上了"胡庆余堂"四个字。一天下雨，由于房屋漏雨，把所有的药都浇湿了，可是药效并没有改变，但胡雪岩却当众一把火把所有的药烧掉了，这下胡庆余堂的声誉更传开了，后来，他被人们称为红顶商人。胡雪岩正是做到了把细节运用到实处，运用到极致，才使他名声大震。

1485 年，英国国王查理三世与亨利伯爵在波斯沃斯展开决战。战前，他的马夫为他备马，钉一个马掌时少了一颗钉。因为少了这枚钉，行军时，这个马掌丢了。在打仗时，战马因为少了这个马掌，被敌人掀翻在地，致使国王被俘，查理三世输了这场战争，也丢了国家。

丢失了一个钉子，坏了一只蹄铁；坏了一只蹄铁，折了一匹战马；折了一匹战马，伤了一位骑士；伤了一位骑士，输了一场战斗；输了一场战斗，亡了一个国家。

众多的事例说明一个小小的细节问题，可以决定人的命运、国家的命运。细节决定成败，对于细节必须精益求精。作为 20 世纪世界上最伟大的建筑师之一的密斯·凡·德罗，曾经只用五个字来描述他成功的原因，即"细节是魔鬼"。他阐释说，无论你的建筑设计方案是多么气势恢宏、美轮美奂，只要疏忽一个细节，就绝对成就不了一个杰出的建筑。细节的威力如此强大，不仅对一个建筑、一个人、一个企业，甚至对一个国家都有着相当的意义和价值。

一个在细节方面尽善尽美的人，必然会注重他所做的每一件事情的每一个细节。细节成就完美，细节成就完美的个人境界，所以，细节可以决定一个人一生的成败，一生的走向。正如一滴水能够折射出太阳的光辉，最不起眼的细节中才蕴藏着完美人生的真谛！美好的未来就隐藏于你不曾注意到的事件中，留心细节，抓住时机，你就有更多的机会拥有完美的人生！

 藏巧于拙，寓清于浊

【原典再现】

藏巧①于拙，用晦而明②，寓清于浊，以屈为伸，真涉世之一壶，藏身之三窟也。衰飒的景象就在盛满中，发生③的机缄④即在零落内；故君子居安宜操一片心以虑患，处变当坚百忍以图成。惊奇喜异者，无远大之识；苦节独行者，非恒久之操。

【重点注释】

①巧：智慧。

②用晦而明：外表看似晦暗，结果反显明亮。

③发生：发育生长。

④机缄：指推动事物变化的力量。

【白话翻译】

做人宁可装得笨一点也不可显得太聪明，宁可收敛一点也不可锋芒毕露，宁可随和一点也不可太自命清高，宁可退缩一点也不可太积极，这才立身处世最有用的救命法宝。大凡衰败的现象往往是在得意时种下祸根，凡是机运的转变多半是在失意时就已经种下善果。所以当平安无事时，要保持自己的清醒理智，以防范未来祸患的发生，处身于变乱灾难之中，就要咬紧牙关继续奋斗直至最后成功。喜欢标新立异的人，绝对不会有高深的学识和远大的见解；只知道恪守名节、独行其是的人，绝对无法保持长久的恒心。

【深度解读】

大智若愚，大巧若拙

明代大作家吕坤在《呻吟语》中写道："愚者人笑之，聪明者人疑之。聪明而愚，其大智也。夫《诗经》云'靡哲不愚'，则知不愚非哲也。"其意思是：愚蠢的人，别人会讥笑他；聪明的人，别人会怀疑他。只有既聪明但是看起来又愚笨的人，才是真正的大智者。

老子是第一个推崇为人处世要"愚"的思想家。在《道德经》中，有如下文字：大成若缺，其用不弊。大盈若冲，其用不穷。大直若屈，大巧若拙，大辩若讷。

这段话可以这样理解：至臻至善的东西好像有残缺，但它的作用不会衰竭；最充实的东西好像空虚，但它的作用不会穷尽；最直的东西好像弯曲，最灵巧的好似笨拙，最有口才的人好像不善于讲话。

的确，大智若愚在生活当中的表现是不处处显示自己的聪明，做人低调，从来不夸耀、抬高自己，厚积薄发、宁静致远，注重自身修为、层次和素质的提高，有着海纳百川的境界和强者求己的心态，没有太多的抱怨，能够踏实做事，对事情要求不高，只求自己能够不断得到积累。

"大智若愚""大巧若拙""大直若屈""大辩若讷"。这是古圣先贤历经思考之后留给后人的人生智慧，也是中华传统五千年文化精华的最好体现。天变，道亦不变，虽然这些理念已经提出来几千年了，但是它们日久而弥新，不但被许多古代的仁人志士奉为圭臬，也被当代许许多多有杰出成就的人当成信条，用来指引他们的人生道路。

唐宣宗李忱，是唐宪宗的十三子。李忱自幼笨拙木讷，与同龄的孩子相比似乎略为弱智。

随着年岁的增长，他变得更为沉默寡言。无论是多大的好事还是坏事，李忱都无动于衷。平时游走宴集，也是一副面无表情的模样。这样的人，委实与皇帝的龙椅相距甚远。但命运在李忱三十六岁那年出现了转折。

会昌六年（846年），唐武宗食方士仙丹而暴毙。国不可一日无主，在选继任皇帝的问题上,得势的宦官们首先想到的是找一个能力弱的皇帝——这样,才有利于宦官们继续独揽朝政,享受荣华富贵。于是,身为三朝皇叔的李忱被迎回长安,黄袍加身。但李忱哪是什么低能儿,简直就是一个聪明睿智的人。不怀好意的宦官们都被皇帝的不凡气度所震惊,后悔选了李忱作为皇帝。

唐宣宗李忱登基时,唐朝国势已很不景气,藩镇割据,牛李党争,农民起义,朝政腐败,官吏贪污,宦官专权,四夷不朝。唐宣宗致力于改变这种状况,他先贬谪李德裕,结束牛李党争。宣宗勤俭治国,体贴百姓,减少赋税,注重人才选拔,唐朝国势有所起色,阶级矛盾有所缓和,百姓日渐富裕,使暮气沉沉的晚唐呈现出"中兴"的局面。

大中十三年,唐宣宗去世,享年五十岁。谥号圣武献文孝皇帝。宣宗是唐朝历代皇帝中一个比较有作为的皇帝,因此被后人称为"小太宗"。

李忱的装傻功夫可谓炉火纯青,将愚不可及的形象深入人心,在保全自己的同时,也成就了一番伟业。

在生活中,假装愚钝,让人以为自己无能,让人忽视自己的存在,而在必要时,可以不动声色,先发制人,让别人失败了还不知是怎么回事。做人应尽量避免显山露水,不要成为别人妒忌的目标。愚蠢而危险的虚荣心满足之日,就是一个人失败之时。

翻开历史的画卷,无数绝顶聪明之人虽有一时之功绩,但无一世之功业,虽有一时之显赫,但无一生之荣贵,其中最重要的一个原因,在于他们不能把自己的聪明转化为智慧。

不得不说,大智若愚是基于东方传统文化而催生的一种智慧人生境界。达此境界者,退可独善其身,进可兼济天下。常研习大智若愚术,你的人生之路必将充满鲜花与温暖。

猛然转念，便为真君

【原典再现】

当怒火欲水正在腾沸处，明明知得[1]，又明明犯著。知的是谁，犯的又是谁？此处能猛然转念，邪魔便为真君矣。毋偏信而为奸所欺，毋自任[2]而为气所使；毋以己之长而形[3]人之短，毋因己之拙而忌人之能。

【重点注释】

①知得：知道。

②自任：自以为是。

③形：对照比较。

【白话翻译】

当愤怒像烈火一般上升，欲念正在心头翻滚，虽然自己也明知这是不对，可又不去控制。知道这种道理的是谁呢？明知故犯的又是谁呢？此时能够马上改变观念，那么邪魔恶鬼也就会变成慈祥的上帝了。不要误信他人的片面之词，以免被奸诈之徒所欺骗，也不要过分信任自己的才干，以免受到一时意气地驱使；更不要仰仗自己的长处去宣扬人家的短处，尤其不要由于自己笨拙而嫉妒他人的聪明。

菜根谭 全评

放下屠刀，立地成佛

佛说，人活在世上，就是要追求快乐；快乐源自于放下、自在，不为旁人一句话而恼，不为他人一件事而怒。人生唯有少执着，多放下，对名利不执着，对权位不执着，对人我是非能放下，对情爱欲念能放下，才能享受随缘随喜的解脱生活。

人的痛苦往往不在所得太少，而是拥有和想要拥有的东西太多。要想获得真自在，就要学会放下。放下怨念，放下执着，放下分别，放下一切的人与事。那时候你自会发现，你不仅收获了洒脱和快乐，还拥有了很多以前想要而不可得的东西。

佛经上说："如何向上，唯有放下。"烦恼如手中气球，放开知其自由和奔放；人生就如一杯清茶，放下才能品出其清甜和香郁。得之，我幸；不得，我命。从容的人面对生活的诸多变故，心灵总是云淡风轻；即使生活总是风起云涌，内心也依然波澜不惊。

生活中，很多人喜欢给自己大书一个"忍"或"制怒"的座右铭，这说明人们都能意识到"怒火欲水"之害，但又很难一下子控制得了。要把人这种本能情感逐步理智化，是需要一个修省过程的，要逐步以自己的毅力把这种怒气和欲望控制住。

怒火欲水本是一念之间的事，修养好了，一念之间可以使自己变得高雅。杂念多了，便逐渐庸俗，以至养成许多恶习，烦恼就越发多了。放下屠刀，立地成佛。放下了，你就会有顿悟之后的豁然开朗，重负顿释的轻松，云开雾散后的阳光灿烂。

曲为弥缝，善为化诲

【原典再现】

人之短处，要曲①为弥缝②，如暴③而扬之，是以短攻短；人有顽的，要善为化诲，如忿而疾之，是以顽济顽。遇沉沉不语之士，且莫输心④；见悻悻⑤自好之人，应须防口。念头昏散⑥处，要知提醒；念头吃紧时，要知放下。不然恐去昏昏之病，又来憧憧⑦之扰矣。

【重点注释】

①曲：婉转、含蓄。

②弥缝：弥补、掩饰。

③暴：暴露、揭发。

④输心：推心置腹。

⑤悻悻：很有怒气的样子。

⑥昏散：迷惑。

⑦憧憧：来往不绝的样子。

【白话翻译】

当我们发现了别人的缺点时，要很委婉地为对方掩饰，如果故意在很多人面前暴露宣扬，只不过在证明自己的无知和缺德；当发现某个人特别固执时，要善于诱导、启发，如果因为他的固执己见而怨愤或讨厌他，不仅无法改变他的固执，同时也证明了自己的愚蠢。遇到表情阴沉不说话的人，暂时不要急着和他坦诚相交，推心置腹；遇到高傲自大、自以为是的

人，要谨慎自己的言行。当头脑昏沉时，要振作起来，保持头脑的清醒；当工作繁忙、心情紧张时，可以暂时将工作放下。如果不注意调节自己的精神和情绪，就容易刚刚克服了头脑昏沉的毛病，却又惹来了精神紧张的困扰。

【深度解读】

己所不欲，勿施于人

据《论语·卫灵公》记载，有一次，孔子的弟子子贡请教夫子："有没有值得一个人一辈子都始终不渝地躬身奉行的一句话？"孔子答曰："它就是'恕'啊，'己所不欲，勿施于人'。"孔子的这句名言告诉我们：自己不想要的，也不要强加给别人。

的确，人应该有宽广的胸怀，待人处事之时切勿心胸狭窄，而应宽宏大量，宽恕待人。自己所不欲的，倘若硬推给他人，不仅会破坏与他人的关系，也会将事情弄得僵持而不可收拾。人与人之间的交往确实应该坚持这种原则，这是尊重他人、平等待人的体现。

人生在世除了关注自身的存在以外，还得关注他人的存在，人与人之间是平等的，切勿将己所不欲施于人。

东晋大臣庾亮，有一匹很凶的马，有人让他卖掉，他却说："我卖掉了它就会有人买它，那样会伤害它的新主人。难道因自己不安全就要嫁祸他人吗？"

庾亮的所言就体现了这种高尚的品格。他没有因为自己会受到伤害就将这种伤害转移给别人，而是将危险留给自己，他的这种"己所不欲，勿施于人"的品质应该让我们感到敬佩。

有一个富人去请教一位哲学家，他不明白为什么自己有钱以后很多人不喜欢他了。哲学家说："因为你有钱后只看到自己而看不到别人了。"富人仔细体味着这句平淡无奇的话，百思不得其解。

其实，人往往是自私的。只是有的人私心大，有的人私心小罢了。不过，自私的人永远是不受欢迎的。世界是由许多人组成的一个整体，我们都是只有一只翅膀的天使，只有拥抱着才能飞翔，人与人之间需要尊重和理解。

在生活中，我们要坚持己所不欲、勿施于人。如果在我们周围多一些承担者，少一些施加者，那么人与人之间就不会这样疏远了，人们的自私欲也会减弱。

要知道，我们自己不想要的，未必是别人不需要的；勿施于人的正是拥有自己不想要的事物时的个人看法；你觉得早餐剩的包子不想要，但这正是旁边乞丐难得的美餐。为别人着想，别人也会为你着想，真诚才能换真心。如果人人都能做到这一点，生活就会充满快乐。

不形于言，不动于色

【原典再现】

霁日①青天，倏变为迅雷震电；疾风怒雨，倏转为朗月晴空。气机②何当一毫凝滞？太虚何当一毫障塞？人心之体，亦当如是。胜私制欲之功，有曰：识不早，力不易者；有曰：识得破，忍不过者。盖识是一颗照魔的明珠，力是一把斩魔的慧剑③，两不可少也。觉④人之诈⑤，不形于言；受人之侮，不动于色。此中有无穷意味，亦有无穷受用。

【重点注释】

①霁：雨后转晴。

②气机：这里比喻主宰气候变化的大自然。

③慧剑：佛家语，用智慧比喻利剑。

④觉：发觉、察觉。

⑤诈：欺骗。

【白话翻译】

晴空万里的天空，会突然乌云密布、雷雨交加；当狂风怒吼、倾盆大雨之时，又转瞬间皓月当空，万里无云。大自然的运行无止无息，没有一刻停止，宇宙间的运行也不曾发生丝毫的错误或混乱。所以人的心性也像大自然一样毫无滞塞，不被名利所阻碍。在战胜私情、克制欲念的功夫方面，有些人没发现私心欲念的害处且又没有坚定的意志去战胜它；有的人虽然明白私心欲念的害处，却忍受不了它的诱惑。智慧是一种认识魔鬼的法宝，而坚定意志则是消灭魔鬼的利剑，想要战胜私心欲念，这两种都是不可缺少的。发觉被欺骗时不要立刻说出来，遭受侮辱时也不要立刻生气。这种处事方法中有无穷的意蕴，在你人生旅程上也将受用不尽。

【深度解读】

容天下难容之事

唐朝有一位江州刺史李渤，向智常禅师问道："佛经上所说的'须弥藏芥子，芥子纳须弥'，未免失之玄奇了，小小的芥子，怎么可能容纳那么大的一座须弥山呢？过分不懂常识，是在骗人吧？"

智常禅师闻言而笑，问道："人家说你'读书破万卷'，可有这回事？"

"当然！我读的书岂止万卷？"李渤得意扬扬地说。

"那么你读过的万卷书如今何在？"

李渤抬手指着头说："都在这里了！"

智常禅师道："奇怪，我看你的头颅也只有一个椰子那么大，怎么可能装得下万卷书？莫非你也骗人吗？"

李渤顿时目瞪口呆，无话可说。

就像可以装下须弥山的小小芥子一样，人的心灵像一个小小的宇宙，能够装下目力所及的一切，甚至还能装下想象中的无穷空间，心境浩瀚则无边界。

佛家有云：大肚能容，容天下难容之事；笑口常开，笑天下可笑之人。这种坐看芸芸众生的气度的确不失为一种融冰融雪的博大胸怀。

读懂了宽容，才算读懂了人生。一个不懂得宽容别人的人，内心是狭隘的，精神上也会变得苍老；一个不懂得宽容自己的人，会因为把生命的弦绷得太紧而伤痕累累，抑或断裂。我们是一棵棵有思想的芦苇，却常常因为弱小易变的天性而使得自己的内心不够强大。

莎士比亚说过："有时，宽容比惩罚更有力量。"有宽容之心者脚下没有绝路，怀着一颗宽容之心与博爱之心奏响最嘹亮的生命畅想曲，天堑亦会变通途。

在拿破仑征服意大利的一次战斗中，士兵们都很辛苦。拿破仑夜间巡岗查哨。在巡岗过程中，他发现一名巡岗士兵倚着大树睡着了。他没有喊醒士兵，而是拿起枪替他站起了岗，大约过了半小时，哨兵从沉睡中醒来，他认出了自己的最高统帅，十分惶恐。

拿破仑却不恼怒，他和蔼地对他说："朋友，这是你的枪，你们艰苦作战，又走了那么长的路，你打瞌睡是可以谅解和宽容的，但是目前，一时的疏忽就可能断送全军。我正好不困，就替你站了一会儿，下次一定小心。"

拿破仑没有破口大骂，没有大声训斥，没有摆出元帅的架子，而是语重心长、和风细雨地批评士兵的错误。有这样大度的元帅，士兵怎能不英勇作战呢？

宽容是一种艺术，宽容别人，不是懦弱，更不是无奈的举措。在短暂的生命里学会宽容别人，能使生活中平添许多快乐，使人生更有意义。的确，真正的强大不是你征服了世界，而是你懂得了宽容。用坚强而乐观的心去宽容、理解自己及身边的一切，不计较他人，也就解脱了自己。用宽容的心态扭转不公的现实，用潇洒的情怀化解生活的无奈，用平和的心境演绎精彩的人生。

 经受锤炼，身心交益

【原典再现】

横逆^①困穷，是锻炼豪杰的一副炉锤^②。能受其锻炼，则身心交益；不受其锻炼，则身心交损。吾身一小天地也，使喜怒不愆^③，好恶有则，便是燮理^④的功夫；天地一大父母也，使民无怨咨^⑤，物无氛^⑥疹，亦是敦睦的气象。

【重点注释】

①横逆：指意想不到的灾祸。

②炉锤：比喻锻炼人心性的东西。

③愆：过失、错误。

④燮理：调和、谐和。

⑤怨咨：怨恨。

⑥氛：恶气。

【白话翻译】

灾难和困苦都是磨炼英雄豪杰心性的熔炉。能够经受这种锻炼的人，他的肉体与精神都会受益，反之如果承受不了，对身心来说会是一种损害。我们身体就是一个小世界，不论高兴或愤怒都不可以犯下过失，喜好和厌恶都要有一定标准，这就是做人的和谐调理功夫；大自然就如同全人类的父母，让每个人都没有牢骚怨恨，使万物都能没有灾害而顺利成长，这也是造物者的一番亲善友好恩德。

【 深度解读 】

敢于吃苦

锦瑟流年，花开花落，岁月蹉跎匆匆过。而恰如同学少年，在最能学习的时候你选择恋爱，在最能吃苦的时候你选择安逸，自是年少，却韶华倾负，再无少年之时。错过了人生最为难得的吃苦经历，对生活的理解和感悟就会浅薄。人吃不得苦，干不成事业。不论是从事体力劳动，还是脑力劳动，都是如此。

那么，什么叫吃苦呢？当你抱怨自己已经很辛苦的时候，请看看那些透支着体力却依旧食不果腹的劳动者。如果你为人生画出了一条很浅的吃苦底线，就请不要妄图跨越深邃的幸福极限。

孟子曰："天将降大任于斯人也，必先苦其心志，劳其筋骨，饿其体肤，空乏其身，行拂乱其所为，所以动心忍性，增益其所不能。"意在指人在成大器前，必定会经历各种磨炼，练就吃苦耐劳的本领，才能成功。梦想绝非只是说说而已，唯有敢于吃苦，一步一个脚印，才能为成功增加砝码。可是，有多少人能够做到呢？

"映雪读书""凿壁偷光""悬梁刺股"，这些故事常常被用来鼓励年轻人发奋读书。这些古人克服了寒冷、黑暗、疲惫成才的故事，被后人拿来作为典范，以示吃苦耐劳才能成功。不得不说，吃苦，是一个人必备的优良品质。谁不能认识这一点，谁就不能跳出自我的狭隘天地，很容易走极端。我们要清醒地认识到自己的缺点和不足，这是勉励自己能够快速成长的必要条件，也是内在条件。

如果一个人，有了技能，又能善于吃苦，敢于吃苦，那么他就会获得比别人多得多的财富，也能够从容地面对一切。应以自己的坦荡胸怀，应对世上的各种事务，以不变对万变，会有很广的生存空间。

在你经历过风吹雨打之后，也许会伤痕累累，但是当雨后的第一缕阳光投射到你那苍白、憔悴的脸庞时，你欣喜若狂，并不是因为阳光的温暖，而是在苦了心志、劳了筋骨、饿了体肤之后，你毅然站立在前进的路上，做着坚韧上进的自己。只要你有一颗永远向上的心，你终究会找到那个属于你自己的方向。

所以，我们要敢于吃苦、勇挑重担，不怨天尤人、不贪图安逸，依靠自己的辛勤努力开辟人生和事业的前进道路，从小事做起、从基础做起，不沉湎幻想、不好高骛远，用埋头苦干的行动创造实实在在的业绩，在千磨万击中历练人生、收获成功。

二语并存，精明浑厚

【原典再现】

害人之心不可有，防人之心不可无，此戒疏于虑也；宁受人之欺，勿逆①人之诈，此警惕于察也。二语并存，精明而浑厚矣。毋因群疑而阻独见，毋任己意而废人言，毋私小惠而伤大体，毋借公论以快②私情。善人未能急亲，不宜预扬，恐来谗谮③之奸；恶人未能轻去，不宜先发，恐遭媒孽④之祸。

【重点注释】

①逆：预先。

②快：称心如意、高兴、痛快。

③谮：说坏话诬陷别人。

④媒孽：借故陷害人而酿成其罪。

【白话翻译】

"害人之心不可有，防人之心不可无。"这句话是用来劝诫在与人交往时警惕性不高的人。"宁可忍受他人的欺骗，也不愿在事先拆穿人家的骗局。"这句话是用来劝诫那些警觉性过高的人。与人交往能做到这两点，便能够思虑精明且心地浑厚了。不要因为大多数人都疑惑而放弃自己独特的见解，也不要固执己见而不听别人的忠实良言。不要因为贪恋小的私欲而伤害了大多数人的利益，不要借公众的舆论来满足自己的私欲。要想结交一个好人，不必急着跟他接近，也不必事先称赞他，为的是避免引起小人的嫉妒而被中伤；想摆脱一个坏人，绝不要事先揭发他的恶行，以免受到报复和陷害。

【深度解读】

害人之心不可有，防人之心不可无

人们常说，害人之心不可有，防人之心不可无。这句话非常有道理，告诉了我们在生活中要坦诚待人，但也不能对外界没有防备之心。

大多数人际交往都在完全信任和极度猜疑两个极端之间徘徊。几乎在所有情况下，双方都愿意看到对彼此拥有更多的信任。但如何才能增加信任，我们对此并无把握。

信赖和怀疑是两种思维方式。有时我们认为，同别人交往的目标就是完全信赖对方。这种想法其实是很危险的。我们需要的不是纯粹的信任，而是有根有据的信赖。光追求一种理想的状态是不够的。我们应当在一定基础上信任别人，并且保持适度的怀疑。

在生活中，我们不要轻信别人，以减少风险。能够信任别人自然令人愉快，但轻信别人则是严重失策。过分依赖"纯粹的信任"往往事与愿违。无论某住户的信用记录如何，银行在做出大额借贷时都会要求以

房屋作抵押。抵押能减少违约的损失。更重要的是，它能阻止违约情况的发生。

当然，我们也要给对方应有的信任。如果你没有充分相信对方，那么问题在于你害怕承担风险，而不是对方不可靠。即使对方已经很仔细地锁上了后门，你还是要再检查一遍。总之，你宁可不相信对方，也不愿冒任何风险。

如果你以为，那些成功的人一定都学识满腹、才华横溢，那你就错了。事实上，只要你比别人多点"心机"，那么成功肯定属于你。成功的机会对每个人都是均等的，他不可能比你多，你也不会比他少，你唯一能胜过别人的地方就是你的"心机"。如果你缺少"心机"，就只能默默无闻、暗淡无光地走完一生。如果你不甘落寞，期待富有、高质量的生活，就一定要有"心机"。

总之，害人之心不可有，防人之心不可无。这句话深刻地告诉我们不能有害人之心，同时也不能没有防备之心。

 培养节操，磨炼本领

【原典再现】

青天白日的节义①，自暗室屋漏中培来；旋乾转坤的经纶②，自临深履薄③处操出。父慈子孝，兄友弟恭，纵做到极处，俱是合当④如此，著不得一丝感激的念头。如施者任德，受者怀恩，便是路人，便成市道⑤矣。有妍⑥必有丑为之对，我不夸妍，谁能丑我？有洁必有污为之仇，我不好洁，谁能污我？

【重点注释】

①节义：指人格。

②经纶：纺织丝绸，这里指经邦治国的政治韬略。

③临深履薄：面临深渊脚踏薄冰，比喻做事非常谨慎小心。

④合当：应该。

⑤市道：交易市场。

⑥妍：美、美丽。

【白话翻译】

大凡一种光明磊落的人格和节操，都是在艰苦环境中磨炼出来的；凡是一种可治国平天下的伟大政治韬略，都是从小心谨慎的做事态度中磨炼出来的。父母对子女的慈祥，子女对父母的孝顺，兄姐对弟妹的爱护，弟妹对兄姐的尊敬，即便拿出最大爱心做到最完美境界，也都是理所应当的，彼此之间不需要有一点感激的想法。如果施恩的人自以为是恩人，接受的人抱着感恩图报的想法，那就等于把骨肉至亲变成了路上陌生的人，真诚的骨肉之情就会变成一种市井交易了。人间的事情，有美就有丑来做对比，只要我不自夸，又有谁会讽刺我丑陋呢？世上的东西，有洁净的就有肮脏的，只要我不自赞洁净，有谁能脏污我呢？

【深度解读】

小心谨慎做事

"动必三省，言必再思"，所言所行应权衡利弊、周密计划，切不可轻率盲动、草率行事，否则等待他的将是失败的命运。谨慎不等于畏首畏尾，胆怯退缩。它是把言行构建在认真调查研究和周密思考的基础上的。

长孙皇后与其兄长孙无忌，帮助唐太宗李世民完成大业，建立大功。太宗欲封长孙无忌为宰相，长孙皇后闻讯后，出面力阻。她对唐太宗说：

"臣妾感谢圣恩，臣妾已位尊至皇后，长孙家不能再封赏了。汉朝的教训太深了，当年吕后受皇上宠幸，满朝都是吕家的人，结果图谋造反，遭灭之灾，祸国殃民。长孙无忌不能为相，请求皇上另找人选。"李世民拒不采纳皇后的请求，仍封长孙无忌为相。

长孙皇后向皇上请求遭拒绝，于是就将其兄长孙无忌找去，向他讲清利害，要他远避裙带，切不可贪图眼前荣华富贵而酿成大祸。最后，长孙无忌被皇后说服，向皇上力辞宰相之职。

俗话说，谨慎无大错。正是因为诸葛亮一生谨慎，才被刘备临终托以大事，辅佐后主，寄以振兴汉室之望。在三国逐鹿中未思胜、先虑败，稳扎稳打，逐渐赢得先机。但智者千虑，终有一失。诸葛亮一时大意派马谡镇守街亭，造成北伐大局的被动。也正因为其一生谨慎，使得敌军主帅司马懿不敢乘胜掩杀。

再看曾国藩，他虽然深居高位，最后能全身而退，这在当时是极为不易的。他做官做人处处小心：给家人的书信中告诫家人低调处事，勿自骄意满；平息天国之乱后遣散部队；朝廷赏赐往往谢辞而不居功。正是因其谨慎小心，才打消了朝廷对他的猜忌，而没有出现兔死狗烹的结局。

如果丧失谨慎，往往会带来巨大的灾难。平静的水面下往往暗流涌动，我们不要被眼前的和平、宁静迷惑，透过表面的平静，洞察背后的危机，这样我们就可以化解危机，避免造成不必要的损失。

富贵多炎凉,骨肉多妒忌

【原典再现】

炎凉之态,富贵更甚于贫贱;妒忌之心,骨肉尤狠于外人。此处若不当以冷肠①,御以平气,鲜不日坐烦恼障中矣。功过不容少混,混则人怀惰隳②之心;恩仇不可太明,明则人起携贰③之志。爵位④不宜太盛,太盛则危;能事不宜尽毕,尽毕则衰;行谊⑤不宜过高,过高则谤兴而毁来。

【重点注释】

①冷肠:相对于热肠而言。

②惰隳:疏懒堕落,灰心丧气。

③携贰:指有疑心,不相亲附。

④爵位:指官位,君主国家所封的等级。

⑤行谊:合乎道义的品行。

【白话翻译】

人情的冷暖、世态的炎凉,富贵之家比贫苦人家更明显;嫉妒、猜疑,在至亲骨肉之间比外人表现得更为厉害。在这种情况下,如果不能用冷静的态度来解决,以平和的心态控制自己,那就会天天处在烦恼的困境中了。长官对于部下的功劳和过失,不可有一点模糊不清,假如功过不明就会使部下心灰意懒而没有上进心;对于恩惠和仇恨,不可以表现得太明显,太明显就容易使部下产生疑心而发生背叛事件。官不可做得太高，太高了就会使自己陷于危险境地；才能和本事不能一下子都发挥出来，都发挥出来就会由于江郎才尽而走向衰落；言行论调不可太高，太高就容易招来毁谤和中伤。

【深度解读】

遇事冷静，不耍小性子

在生活中，我们都有感性的一面，当感性上升到一定高度就成了冲动和盲目。从古至今，冲动和盲目不知道害了多少人，坏了多少大事，可是因冲动和盲目导致的悲剧仍然在一次次地上演。

很多人都比较感性，因此，经常表现为情绪化，或者由于社会及生活的影响不自觉地处于情感压抑状态。人的负面情绪有愤怒、恐惧、焦虑、烦躁、消沉、抑郁等多种，人的内心世界一旦被一种或多种负面情绪所占据，而又常常不能自控，那么幸福值一定会大减，会影响到自身的工作和生活，身边的朋友也一定会越来越少。试想，谁愿意和一个喜怒无常、情绪失控的人交往呢？

不知你是否也有过这样的体验，那就是当我们非常激动时，我们身边的事物、我们的所思所想都被自己的情绪无限放大了，而自己却不自知。甚至在极其冲动时，就如同脚上生出了一朵云彩，走起路来都轻飘飘的，有一种极不真实的感觉。此时的你，不宜做出关乎人生选择的重大决定。只有等冷静后，方能有理性地思考和判断。

巴菲特曾说过："我的成功并非源于高智商，我认为最重要的是理性。"在现实生活中，人们如果做事不理智、不冷静，后果有可能极其严重：因为抵挡不住诱惑，轻则丢财，重则丧命。因为老板的一句无心之语，意气用事，盲目地提出辞职；为了一点小事而冲动、发怒，最后夫妻分道扬镳……有的时候我们无法左右客观世界的变化，但是我们必须要做自己的

"主人"，冷静做人，理性做事。

三国时，蜀国兵败国力下降，不可忽视的一点原因恐怕是刘备意气用事，为关羽之死攻打吴国。结果，不仅害死了自己，也让蜀国走到了尽头。

关羽是蜀国的大将，但他不满于马超也在"五虎上将"之列，居功自傲，大意用兵，以致痛失荆州，败走麦城，最后被杀。刘备听说关羽被杀，怒发冲冠，急红了眼，调动大军就去攻打吴国。诸葛亮苦劝无用，而当时由于蜀国几个大将战死的战死，守城的守城，根本没有统率大军的将军，最后刘备亲自挂帅东征，兵败后一病不起，最后一命呜呼。

冲动使刘备失去理智的思考，盲目的报仇心让他犯了兵家大忌，最后赔上自己老命不说，还使蜀国走上了衰败之路。

总之，但凡有所成就的人，没有哪个是靠冲动和盲目取得成功的，若冲动行事，即使暂时的形势不错，日后也必会栽跟头。无论做人还是做事，不能盲目，更不能冲动，否则你只会败得一无所有。

阴恶祸深，阳善功小

【原典再现】

恶忌阴①，善忌阳②。故恶之显者祸浅，而隐者祸深；善之显者功小，而隐者功大。德者才之主，才者德之奴。有才无德，如家无主而奴用事矣，几何不魍魉③猖狂④。锄奸杜⑤倖，要放他一条去路。若使之一无所容，譬如塞鼠穴者，一切去路都塞尽，则一切好物俱咬破矣。

菜根谭
全评

【重点注释】

①阴：指不容易被人发现的地方。

②阳：指大家都能看得到的地方。

③魍魉：传说中的一种怪物。

④猖狂：狂妄而放肆。

⑤杜：杜绝、阻止。

【白话翻译】

做了坏事最可怕的是掩盖它，做了好事最忌讳的是自己宣扬出去。所以做坏事如果能及早被人发现那灾祸就会小，反之如果掩盖它那灾祸就会大；如果一个人做了好事而自己宣扬出去那功德就会小，只有在暗中默默行善功德才会大。品德是一个人才能的主人，而才能只是一个人品德的奴婢。如果一个人只有才干学识却缺乏品德修养，就好像一个家庭没有主人而由奴婢当家，这又哪能不胡作非为、狂妄嚣张呢？要想铲除杜绝那些邪恶奸诈之人，就要给他们一条改过自新、重新做人的路径。如果使他们走投无路、无立锥之地的话，就好像堵塞老鼠洞一样，一切进出的道路都堵死了，一切好的东西也都被咬坏了。

【深度解读】

改正错误的同志都是好同志

在生活中，犯了错不要紧，重要的是能认识自己的错误，及时改正错误，并从错误中吸取教训，这样，才能使人进步，使人类进步。改正错误的同志都是好同志，所以，我们要知错能改，否则，只会让你步入歧途。

春秋时，晋灵公无道，滥杀无辜，臣下士季对他进谏。灵公当即表示："我知过了，一定要改。"士季很高兴地对他说："人谁无过？过而能改，善莫大焉。"遗憾的是，晋灵公言而无信，残暴依旧，最后终被臣下刺杀。

列宁曾说过："聪明的人并不是不犯错误，只是他们不犯重大错误同时能迅速纠正错误。"一个人难免犯错误，关键在于犯错之后能够严肃地对待错误，改正错误。

楚文王曾经沉迷于打猎和女色，不理朝政。太保申以先王之命，要对楚文王施以鞭刑，在太保申的坚持下，楚文王被迫接受。

楚文王伏在席子上，太保申把五十根细荆条捆在一起，跪着放在文王的背上，再拿起来，这样反复做了两次，以示行了鞭刑。

文王不解地说："我既然同意接受鞭刑，那就索性真的打我一顿吧！"太保申却说："我听说，对于君子，要使他们心里感到羞耻；对于小人，要让他们皮肉尝到疼痛。如果说让君子感到羞耻仍不能改正，那么让他尝到疼痛又有何用处？"

楚文王听后深深自责，从此不再去打猎，也不再沉迷女色，奋发图强，不久就兼并了多个国家，扩大了楚国的疆土。

可见，文王因改过而成就了他的英名，也造就了楚国的盛况。我国历史上还有很多人从人生歧途上转入正道，留下了美谈。

东汉时的王涣，年轻时把时间都耗费在结交朋友和玩乐上，但后来转变了，史书上称他"晚而改节"，做官政绩很好。东晋时著名的爱国志士祖逖年轻时"性豁荡，不修行检"，到十四五岁还"不知书"。后来发愤学习，博览群书，被人称为"赞世才具"。初唐的陈子昂"十八岁未知书，以富家子，尚气侠，弋博自如"，以后改悔，成为开盛唐诗风的诗坛巨擘。宋朝名臣寇准年轻时"不修小节，颇爱飞鹰走狗"，后来受到母亲的严厉训诫和教育，成为一位刚正清廉的爱国官员。

索福克勒斯也说过："一个人即使犯了错，只要能痛改前非，不再固执，这种人并不失为聪明之人。"承认错误并不是自卑，也不是自弃，而是一种诚实的态度，一种锐意的智慧。

不得不说，每一个人都会犯错，犯错不可怕，知错能改比什么都好，但可怕的是犯了错执迷不悟，不知悔改。人非圣贤，孰能无过。做错了并不可耻，可耻的是明知故犯。我们应该坦然面对，勇敢承认错误，知道是与非、错与对。

第五章　言行有度，立德修身

　　如果说一句话会伤害人间的祥和之气，做一件事会造成子孙后代的祸患，那么这些言行就要引以为戒。高尚美好的品德是事业的基础，就像盖房一样，如果没有坚实的地基，就不可能修建坚固而耐用的房屋。善良的心地是子孙后代的根本，就像栽花种树一样，如果没有牢固的根基，就不可能有繁花似锦、枝叶茂盛的景象。

同功相忌，安乐相仇

【原典再现】

当与人同过，不当与人同功，同功则相忌；可与人共患难^①，不可与人共安乐，安乐则相仇。士君子，贫不能济物^②者，遇人痴迷处，出一言提醒之，遇人急难处，出一言解救之，亦是无量功德。饥则附，饱则扬，燠则趋，寒则弃，人情通患^③也。君子宜净拭冷^④眼，慎勿轻动刚肠^⑤。

【重点注释】

①患难：患，忧患。患难指艰难困苦。

②济物：用金钱救助他人。

③患：疾病。

④冷：冷静。

⑤刚肠：个性耿直。

【白话翻译】

要有跟人共同承担过失的雅量，不应有跟人共享功劳的念头，共享功劳彼此就会互相猜忌；应该有跟人共患难的胸襟，不应有跟人共安乐的贪心，共享安乐彼此之间就会互相仇视。有学问有节操的人，虽然由于贫穷无法用财物去救助他人，但当碰到别人无法解决某件事时，能去提醒他使他有所领悟，当别人发生危急困难时，能为他说几句公道的话，这也算是无限的大功德。贫困潦倒时就去投靠人家，酒足饭饱了就远走高飞，遇到有钱人就去巴结，看见贫困的亲友就鄙弃不顾，这就是一般人容易犯的通病。一个有才学品德的君子，对任何事物都要保持冷静态度去细心观察，不可以随便表现自己耿直的性格。

【深度解读】

不争是最大的争

从古到今，能够同享安乐、共受富贵的例子不多，倒是兄弟相煎、君臣猜杀、父子干戈的例子俯拾皆是。想想人生在世，不过短短数十寒暑，争名夺利的结果，到头来也不过是黄土一抔而已。所以处人待世要勿争，争则陷入一种自寻的烦恼之中，不争则是与人相安的一种方式，而且欲为大事者连世俗之利都看不透，何谈追求。

其实，在争与让的问题上，不争是最大的争。为什么不争是最大的争？举一个简单的例子：你跟人做生意能挣十块钱，砍砍价最后能挣到十五块钱，结果人家觉得你这个人矫情，以后不来找你。如果你不砍价，很爽快，过两天他可能还会来找你，因为他觉得你痛快。如此一来，形成长期合作，远比一锤子买卖挣十五块钱要划算得多。

林语堂在《风声鹤唳》中曾写道："不争，乃大争。不争，则天下人与之不争。"这告诉我们，要退一步，少一分争抢，这也许会换来更多收获。不得不说，不争抢不是一种逃避，而是一种智慧，它让我们明白收获会比舍得更多。

古时的陶渊明"与世无争"，过着"采菊东篱下"的自得生活，他不与世俗比较物质生活的富足，不与凡俗比较高官厚禄的外在荣誉，而是种豆南山下，采菊东篱旁，登东皋以舒啸，临清流而赋诗，自得其乐，真正领悟了生命的真谛。陶渊明的不争是真正的大争。

不争抢名利，赢得的是世人的尊崇，钱锺书因写下《围城》而深受当时人们的喜爱，更有一位女读者强烈要求要拜访他。他却说："夫人，你吃鸡蛋为何一定要看那下蛋的母鸡呢？"这确实是不汲汲于名利的智慧，也正因为如此，他潜心写作，为我们留下了《管锥编》《谈艺录》等文学巨作，成为世人所景仰的文豪。

不得不说，各种各样的纷扰可归结为一个字：争。这个世界的吵闹、喧嚣、摩擦、嫌怨、钩心斗角、尔虞我诈，都源自争。在日常生活中，心胸开阔一点，争不起来；得失看轻一点，争不起来；目标降低一点，争不起来；功利心淡一点，争不起来；为他人考虑略多一点，争不起来……不争，才是人生至境。

德随量进，量由识长

【原典再现】

德随量①进，量由识长。故欲厚其德，不可不弘其量；欲弘其量，不可不大其识。一灯萤然②，万籁③无声，此吾人初入宴寂时也；晓梦初醒，群动未起，此吾人初出混沌处也。乘此而一念回光，炯然返照，始知耳目口鼻皆桎梏④，而情欲嗜好悉机械矣。反己者，触事皆成药石⑤；尤人⑥者，动念即是戈矛。一以辟众善之路，一以浚诸恶之源，相去霄壤矣。

【重点注释】

①量：气量、抱负。

②萤然：形容灯光微弱得像萤火虫一般闪烁。

③万籁：一切声音。

④桎梏：捆住手足的刑具。

⑤药石：治病的东西，引申为规诫他人改过之言。

⑥尤人：尤，指责、归咎之意。

【白话翻译】

人的道德是随着气量而增长的，人的气量又是随着人的见识而增加的。所以要想使自己的道德更加完美，必须使自己的气量更宽宏；要使自己的气量更宽宏，必须增加自己的见识。夜晚时分，清灯枯照，万籁俱寂，正是人们要入睡的时候；清晨从睡梦中醒来，万物还未复苏，这正是我们从蒙眬的睡意中清醒的时刻。如果能利用这两个时间点看清自己的内心世界，来反省自身，便会明白耳目口鼻是束缚我们心智的枷锁，而情欲爱好等都是使我们堕落的机器。一个肯经常自我反省的人，遇到任何事都能变成警醒的良药，一个经常怨天尤人的人，只要他的思想观念一动，就全是带有杀气的邪恶想法。可见自我反省是使一个人往善的唯一途径，而怨天尤人却是走向各种罪恶的源泉，两者有天壤之别。

【深度解读】

有一种智慧叫反省

"金无赤金，人无完人。"世界上没有十全十美的人，每个人都会有这样或那样的缺点和不足。一个懂得自律的人应该经常检查自己，对自己的言行进行反思，纠正错误，改正缺点。这是严于律己的表现，是不断取得进步的重要方法和途径。只有当我们通过反省能够不断进步时，我们的生活之路才会在我们前面不断延伸，而且越走越广阔。

自省虽然是一个痛苦的自我磨砺的过程，但唯有如此，我们才能更清楚地了解自己，认识自己，并敢于直面自己身上阴暗的一面。学会了自省，才能见微知著，防微杜渐，把错误消灭在萌芽状态，才能逐渐塑造出完美的人格。

一个懂得反省的人永远会让人喜欢，因为他拥有了人生的大智慧，能够谦虚、宽容、大方、心态平和。他们懂得给别人留有足够的余地，且富有自嘲精神。

曾子曾经说过："吾一日三省其身。"古今中外，很多有成就的人，都

非常注重自省，检讨自己的内心，以是克非，从而不断取得进步。无论是伟人还是平凡的老百姓，都应该学会反省，并且经常自我反省，这对我们每个人来说都非常重要。吴玉章、谢觉哉两位德高望重的老前辈就是自省的典范。

吴玉章老人既是学界泰斗，又是严格自省的楷模。他在八十一岁生日时，还一丝不苟地为自己写下一篇《自省座右铭》："年过八一，寡过未解，东隅已失，桑榆未晚。必须痛改前非，力图挽救，戒骄戒躁，毋怠毋荒，谨铭。"谢老六十岁生日时，谢绝了所有亲朋好友祝寿，关起门来反躬自省。他在《六十自讼》的日记中写道："行年五十，当知四十九年之非。那么行年六十，也应该设法弥补五十九年的缺点。"两位老前辈年事已高，但还是时时不忘自省，这种精神值得我们所有人学习。

总之，一个人如果不反省，就无法认识到自己的缺点与不足，也无法认识到自己的愚昧与无知。只有通过自律、反思、检查、剖析、克制等，我们才会静下心来，客观公正地评价自己，并能清楚地认识到自身的缺陷。反省对我们来说是非常重要的。

 精神万古如新，气节千载一日

【原典再现】

事业文章随身销毁，而精神万古如新；功名富贵逐世转移，而气节千载一日[1]。君子信不当以彼易此也。鱼网之设，鸿则罹[2]其中；螳螂之贪，雀又乘其后[3]。机里藏机，变外生变，智巧何足恃哉！作人无点真恳念头，便成个花子[4]，事事皆虚；涉世无段圆活机趣，便是个木人，处处有碍。水不波则自定，鉴[5]不翳[6]则自明。故心无可清，去其混之者，而清自现；乐不必寻，去其苦之者，而乐自存。

【重点注释】

①千载一日：千年仿佛一日，比喻永恒不变。

②罹：遭遇。

③螳螂之贪，雀又乘其后：比喻只看到眼前利益而忽略了背后的灾祸。

④花子：乞丐的俗称。

⑤鉴：古指镜子。

⑥翳：蔽。

【白话翻译】

　　事业和文章都会随着人的死亡而消失，只有圣贤的精神才可以亘古不变；功名利禄和富贵荣华，会随时代的变迁而转移，唯独忠臣义士的志节才会永垂不朽。所以，一个有才德的君子，绝对不可以用一时的事业功名来换永恒的精神气节。投渔网是为了捕鱼，可是鸿雁却落入网中；螳螂正想贪吃眼前的蝉，却不知道黄雀在背后伺机偷袭。玄机里面暗藏玄机，变化之外再生变化，人的智慧和计谋又有什么可仗恃的呢？做人如果没有真诚恳切的心意，就是个乞丐，做什么事情都很虚伪；一个人如果没有一点圆通灵活和随机应变的机智，就是一个没有生命的木头人，无论做什么事都会到处遇到阻碍。没有被风吹起波浪的水面自然是平静的，没有被尘土掩盖的镜面自然是明亮的。所以人的心地并不需要刻意去追求什么清静，只要去掉了私心杂念，就自然会明澈清静；而快乐也不必主动去追求，只要排除内心的痛苦和烦恼，那么快乐自然会存在。

【深度解读】

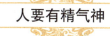

人要有精气神

　　人，要有精气神。没有精气神，人就会萎靡不振、百无聊赖、不求进取、无所作为。有了精气神，人就会有理想、有追求、有胆识、有魄力、有风采、有希望。

精、气、神本是古代哲学中的概念，是指形成宇宙万物的原始物质，含有元素的意思。中医认为精、气、神是人体生命活动的根本。在古代讲究养生的人，都把"精、气、神"称为人身的三宝，如人们常说的，天有三宝"日、月、星"；地有三宝"水、火、风"；人有三宝"精、气、神"。

只上过初中的许振超曾是青岛前湾集装箱码头的一名桥吊司机。作为一个"老三届"出身的普通码头工人，他自学成才成为一名"桥吊专家"，练就了"一钩准""一钩净""无声响操作"等绝活。他凭借苦学苦练，成了集装箱装卸领域人人知晓的"大拿"。

许振超常说："人总是要有一点精神的。在工作岗位上，干就干一流，争就争第一，拼命也要创出世界集装箱装卸名牌，为企业增效，为国家争光。"在这种精神的支撑和鼓舞下，他带领团队深入开展比安全质量、比效率、比管理、比作风的"四比"活动，先后六次打破集装箱装卸世界纪录，使"振超效率"令世人赞叹，将"振超精神"名扬四海。

不得不说，有没有精气神，那是两种截然不同的生活，精气神可以决定一个人的前途命运，可以决定其他人对自己的看法。它是一个人内心平和抑或澎湃的外在表现，是一种精神的外溢，是一种对生命的不屈不挠，更是对自己生活的一种肯定。

人就活个精气神，精气神是生命之源，是生命的支柱，是生命的动力。人有精气神，才会天天热情饱满地工作、学习、生活。即使遇上不顺心的事，也会振作起来，渡过难关。精气神，反映人体的健康状态，也体现人体的动力状态、活力状态。

一言一行，切戒犯忌

【原典再现】

有一念而犯鬼神之禁，一言而伤天地之和，一事而酿子孙之祸者，最宜切戒①。事有急之不白者，宽之或自明，毋躁急以速其忿；人有操之不从者，纵之或自化②，毋操切以益其顽。节义傲青云③，文章白如雪④，若不以德性陶熔之，终为血气⑤之私技能之末。

【重点注释】

①切戒：引以为戒。

②自化：自己觉悟。

③青云：比喻达官显贵。

④白雪：五十弦瑟乐曲名。

⑤血气：这里指感情。

【白话翻译】

如果有一个邪恶的念头会触犯鬼神的禁忌，说一句话会伤害人间的祥和之气，做一件事会造成子孙后代的祸患，那么这些言行是我们要引以为戒的。有些事情越急越弄不清楚，多给一些时间自然就会明白，不要急躁，以免增加紧张气氛。有些人并不听从你的指挥，试着让他自由发展也许会慢慢觉悟，不要操之过急，以免增加他的抵触情绪。节操和正气足以胜过高官厚禄，生动感人的文章足以胜过"白雪"名曲，如果不是用道德准则来贯穿其中，那么终究只不过是血气冲动时的个人感情，或只不过是一种微不足道的雕虫小技罢了。

【深度解读】

遇事不要急躁

快节奏的生活，让我们越来越管不住自己的脾气，收不住自己的性子，变得越来越急躁。我们每天忙忙碌碌，没有停歇的时间。生活在我们的眼中，不再是美好与阳光，而是充满着阴霾。

现代的都市人，可以说是患上了不同程度的急躁症。同事被提拔了，自己便着急起来；大学毕业没有几年的老同学已经买房了，自己却还飘飘游游，居无定所，不由得自惭形秽，为了安居而烦躁；邻居的孩子已经出国读本硕了，自己的小孩还在一所普通高中里蜗牛爬，于是急着四处打听门路……

急躁是许多人都具有的一种负面情绪。社会的快速发展，带来了物质的极大丰富，这也让越来越多的人忙于追逐物质，从而忽略了自己的精神需求。我们每天忙碌着，没有停歇的时候。急躁，是一种心理状态，更确切地说是一种不健康的心理状态。

古人云："欲速则不达。"在日常工作中，做任何一个判断或决策前，一定要综合考虑各方面的因素，轻率、冲动的做法，往往会导致意想不到的后果。

《世说新语》中记载了这样一个事例："王蓝田性急。尝食鸡子，以筋刺之不得，便大怒，举以掷地，鸡子于地圆转未止，乃下地以屐齿碾之。又不得，嗔甚，复于地取内口中，啮破即吐之。"

这个故事里的王先生是多么急躁啊，读罢这个故事我们不妨想想自己是否也经常处在急躁的状态中。

古代，有一位国王情绪波动得很厉害，总是担心这担心那，整天都愁眉苦脸的。久而久之，他的身体被折磨得很糟糕。而且他心情不好的时候，就喜欢胡乱处罚人，结果弄得怨声载道，他担心自己会毁了整个国家。

有一天，文武百官上朝的时候，他命令大家必须想出一个办法来控制住他无穷无尽的忧虑，否则他会降罪于大家。大家四处求医问药，结果所找到的方子都不太理想。一个老臣写了七个大字，被国王看中。国王让他把这七个大字写了几幅，到处悬挂着。每次不管发生了什么事，他都依照老臣的教导，把这句话反复念七遍。几年下来，他的心情得到了很好的调理，脸上的笑容多了，整个国土呈现一片喜气洋洋的景象。

这位老臣写的七个字是：这一切都会过去。这简简单单的七个字蕴含着很深的哲理。要知道，多少帝王将相建立了丰功伟绩，可是随着时间的流逝，他们依旧要被历史所淡忘。多少恩怨情仇，解不开的家族世仇，也最终会被时间化解。这一切都会过去。没有什么是一辈子改变不了的，没有什么是千秋万代会永远存在的。所以，活着就应该珍惜，活着就是一种幸福，活着就是一种美丽。既然一切都会过去，我们何必急躁焦虑呢？

不管遇到什么事，切不可急躁，急躁只会害人害己。遇到事情，不妨退后一步，换一个角度来想一想，"塞翁失马，焉知非福"？

鲁迅先生说过："大江自有大江的壮观，小溪也有小溪的清浅。清浅也是一种味道，一种别样的美丽。因此，即使成不了大江，是一条小溪又有什么不好？"想想这些，我们就会释然许多，心平气和、从容不迫地做自己的事情，有序地生活。

 德者事业之基, 心者后裔之根

【原典再现】

谢事①当谢于正盛之时，居身宜居于独后②之地。谨德须谨于至微之事，施恩务施于不报③之人。交市人不如友山翁，谒朱门④不如亲白屋⑤；听街谈巷语，不如闻樵歌牧咏；谈今人失德过举，不如述古人嘉言懿行。德者事业之基⑥，未有基不固而不栋宇坚久者。心者后裔之根，未有根不植而枝叶荣茂者。

【重点注释】

①谢事：指辞官归隐。

②独后：不与人争，独自居后。

③不报：此指无力回报。

④朱门：杜甫诗"朱门酒肉臭，路有冻死骨"。朱门比喻富贵之家。

⑤白屋：指贫穷人家住的地方。

⑥基：基础、根本。

【白话翻译】

要隐退不再过问世事，就应该在事业的巅峰阶段，这样才能使自己有一个完满的结局；居家度日，最好是住在一个与世无争地方，只有这样才能真正地修身养性。要加强品德修养必须从最小的地方做起，要想帮助别人应该帮助那些根本无法回报你的人。与其和市井凡俗之人交朋友不如与隐居山野的老人来往，与其去巴结达官贵人还不如亲近普通的平民百姓；与其听街头巷尾的是是非非，还不如多听听樵夫和牧童歌唱；与其批评现代人的错误过失，不如多传述一些古圣先贤的格言善行。高尚美好的品德是一切事业的基础，就像盖房一样，如果没有坚实的地基，就不可能修建坚固而耐用的房屋。善良的心地是子孙后代的根本，就像栽花种树一样，如果没有牢固的根基，就不可能有繁花似锦、枝叶茂盛的景象。

【深度解读】

急流勇退是一种大智慧

安第斯山脉平均海拔三千米，最高山峰海拔近七千米，对正常的登山运动员说也是一次极限的考验。南美洲委内瑞拉的一群盲人们，在皑皑积雪的安第斯山间艰难地行进着。他们活了一辈子，这座对于他们来讲充满神圣意义的安第斯山，从来没有去接触、去实地感受过，不能不说是一种遗憾。于是有了这次旅程。

据电视台报道，在短短的旅程中，已经有好几位上了岁数的盲人，在风雪弥漫的夜间露营，一觉睡去，再也醒不过来，不幸将生命留在了安第斯山。组织者决定后撤，将登山计划放在未来更合适的机会，做更充分的准备再进行。

一些走得兴起的盲人不免有些失望，最后他们还是想开了。无论如何，他们终究是迈出了第一步。他们对记者说："山永远在，我们还会回来的。"

面对神圣的安第斯山，面对一觉睡去的队友，盲人小队选择了急流勇退。在我看来，这是一种明智的选择。

诚然，不幸的逝者勇气可嘉，为梦寐的理想和一生的钟爱，奉献出宝贵的生命。其精神可贵，勇气可嘉。但面对危险，知道规避，适时地急流勇退，静待合适的时机，从头再来，未尝不是一种智慧。

在生活中，要掌握谢幕的最佳时间。做事业需要意志，退下来更需要洞察世事的智慧和意志。作用发挥到一定程度就要懂得进退，退不表示失败，主动退出正是善于调整自己的明智之举。

历史上急流勇退最有名的范例，非张良莫属。张良乃名垂千古的第一谋士，他"运筹帷幄之中，决胜千里之外"，为汉高祖刘邦统一大业奠定了基础。张良功成身退，弃官辞封，知止不辱，隐居在留坝县的紫柏山，免去了杀身之祸。明朝开国皇帝朱元璋的重要谋士刘伯温有诗曰："汉家四百年天下，尽在张良一借间。"张良最懂得盛极必衰之理，他的急流勇退，为后人所赞。

追求成功是许多人的理想，但许多人仅仅以为努力进取、奋力拼搏才可达到巅峰。但俗话说"退一步，进两步"，很多成功人士恰恰能在关键时刻急流勇退，寻找新的发展领域，获得更多的成就。所以，做人要明白急流勇退这一道理，能够看清形势，懂得进退。即使是"过五关斩六将"的功臣名将，总是成功，也一定会有"败走麦城"的那一天。自然界的一切，一旦达到至高的境界，就会渐趋衰落，就像转动不休的陀螺一样。

显然，对于成功人士来说，他们着眼的不是一时一地的成就，而是总在选择最能发挥自己个性、展示自身能力的机会。他们从来不会囿于自己

一时的成功，不会迟钝到在一个位置磨蚀自己的兴趣和热情，他们总是能在别人想象不到的时候急流勇退，去追求一种全新的成功和成就。

无论如何，我们都要保持冷静，用智慧观看局势的变化。无论何时，我们都要有急流勇退的胸襟智慧，懂得等待时机，韬光养晦，以退为进，方能厚积薄发，一发即中。

 勿昧所有，勿夸所有

【原典再现】

前人云："抛却自家无尽藏①，沿门持钵效贫儿。"又云："暴富贫儿休说梦，谁家灶里火无烟？"一箴自昧所有，一箴自夸所有，可为学问切戒。道是一重公众物事②，当随人而接引③；学是一个寻常家饭，当随事而警惕。信人④者，人未必尽诚，己则独诚矣；疑人⑤者，人未必皆诈，己则先诈矣。念头宽厚的，如春风煦⑥育，万物遭之而生；念头忌刻的，如朔⑦雪阴凝，万物遭之而死。

【重点注释】

①无尽藏：比喻无穷的道德和财富。

②公众物事：指社会大众的事。

③接引：迎接、引导。

④信人：相信别人。

⑤疑人：怀疑别人。

⑥煦：温暖。

⑦朔：北。

【白话翻译】

古人说过："放弃自己家中的大量财富，却模仿乞丐拿着饭碗沿门沿户去讨饭。"又说："突然暴富的穷人不要老向人家夸耀自己的财富，哪家的炉灶烟囱不冒烟呢？"前一句话告诫人们不要妄自菲薄，后一句话是告诫人们不要自我夸耀，所说的这两种情况都应该作为做学问的鉴戒。真理是一件人人都可以去追求和探索的事情，应该随着个人的性情来加以引导；做学问就像每个人吃的饭那样普遍，应该随着事情的变化留心观察和提高警惕。肯信任别人，虽然别人未必全都是诚实的，但是起码自己却先做到了诚实；常怀疑别人，虽然别人未必都是虚诈，但是最少自己已经先成为虚诈的人。一个胸怀宽大仁厚的人，就像温暖和煦的春风，能让万物充满生机；而心胸狭窄刻薄的人，就像呼啸阴冷的冰雪，万物遭到它的摧残会枯萎凋谢。

【深度解读】

不自我夸耀，谦让才是美德

古人云："满得损，谦受益。"骄傲自满容易自大，会使人陷在荣誉和成功的喜悦中不能自拔，沾沾自喜于一得之功，不再进取；而谦虚谨慎的品格，能使一个人面对成功、荣誉时不骄傲，把成功视为一种激励自己继续前进的正能量。

战国时魏国有一位大臣李克，一天，魏文侯问他："吴国是因为什么灭亡的？"李克马上回答说："是因为屡战屡胜。"魏文侯听后很迷惑，他不解地问："屡战屡胜是国家最吉利的事，怎么会使国家灭亡呢？"李克回答说："屡战，人民就会疲困；屡胜，君主就会骄傲。以骄傲的君主去统治疲困的人民，这就是灭亡的原因。"

魏文侯明白地点了点头，并对李克的远见卓识极为赞赏。

我很喜欢犹太人的一句谚语："你需要在口袋里经常放两张纸条。一张写的是'我只是一粒尘埃'，另一张写着'世界为我而造'。"为人处世，

需要自信，但更需要懂得谦卑和敬畏，一个能从容地谦卑与敬畏的人，常常能更多地拥有自信。

三国时的吕岱位高权重，名声显赫，但能虚心听取批评意见。他的朋友徐厚为人忠厚耿直，常常毫不留情地批评吕岱的缺点。吕岱的部属对徐厚不满，认为徐厚太狂妄，并将此告诉了吕岱。可吕岱反而更加尊重和亲近徐厚。徐厚死后，吕岱失声痛哭，边哭边诉："徐厚啊！以后我从哪儿去听到自己的过失啊！"

可见，有真才实学的人往往虚怀若谷，谦虚谨慎；而不学无术、一知半解的人，却常常骄傲自大，自以为是，好为人师。谦虚是一种品德，是进取和成功的必要前提。这种谦逊做人的美德，符合人才成长的规律，彰显着事业成功的真谛。

清雍正年间，江水被推荐到朝廷做官。皇上召见时，他紧张哆嗦，不能对答，于是推荐他的学生戴震。戴震口若悬河，分析问题切中要害，说得清清楚楚。皇上大为兴奋。问戴震说："你和老师比，谁的才能高？"戴震回答："我的水平低。"皇上又问："那水平高的反而不能回答，为什么？"戴震说："老师年老，耳朵有些背，可他的学问，超过我一万倍。"皇上赞赏他的谦让精神，赐为翰林。

总之，一切真正伟大的东西，都是淳朴而谦逊的。世上凡是有真才实学者，凡是真正的伟人俊杰，无一不是虚怀若谷、谦虚谨慎的人。

 勤者敏于德义，俭者淡于货利

【原典再现】

为善不见其益，如草里冬瓜，自应暗长；为恶不见其损，如庭前春雪，当必潜①消。遇故旧之交，意气要愈新；处隐微②之事，心迹宜愈显；

待衰朽之人③，恩礼当愈隆。勤者敏④于德义，而世人借勤以济其贫；俭者淡于货利，而世人假俭以饰其吝。君子持身之符，反为小人营私之具矣，惜哉！

【重点注释】

①潜：偷偷地、秘密地。

②隐微：隐私。

③衰朽之人：指年老体衰的人。

④敏：努力、奋勉。

【白话翻译】

做了好事不一定能立即看出它的益处，但是好事的益处就像长在草丛中的冬瓜，不知不觉就长大了；做了坏事也许不会立即看出它的害处，但恶行的灾祸就像春天院中的积雪，只要被阳光照射，就会融化而渐渐地显现出来。遇到多年不见的老朋友，情意特别热烈真诚；处理隐秘细微的事情，态度要更加光明磊落；对待年老体衰的人，礼节应当更加恭敬周到。勤奋的人应尽心尽力在品德和义理上下功夫，可大多数人却仰仗勤奋来解决自己的穷困；俭朴的人应该把金钱财物看得很淡泊，可大多数人却以俭朴来掩饰自己的吝啬。勤奋和俭朴本是君子修身立德的标准，却成了市井小人营私谋利的工具，真是可惜啊！

【深度解读】

感恩父母，善待老人

"孝"是儒家伦理思想的核心，是千百年来中国社会维系家庭关系的道德准则，是中华民族的传统美德，是中华民族文化之精髓。几千年来，中国的孝子不可胜数，上起天子，下至百姓，有老年、中年和少年，各自体现古代孝德的某一方面。

东周时期，郯子是郯国这个小国家的国君，他的孝名远近传播。郯子的父母已年迈，都患了很严重的眼疾，为此，他非常焦急，为了救治父母的病想方设法四处求医。他听医生说，治这种病最好的办法是食用鹿乳。但是，鹿乳在市场上不能买到，到哪儿去找？即使到深山里去找，鹿见到人，早一溜烟儿逃走了。

郯子冥思苦想，终于想到了一个办法。他化了装，找来一张鹿皮披在身上，还在头上安了假角，然后趴在地上左蹦右跳的，远远看去，极像一头顽皮的小鹿。郯子就这样扮成小鹿，学着鹿走路的样子，"呦呦"地叫，骗取鹿的信任，混进了鹿群中，取母鹿的乳汁给父母亲治病。

有一次，混在鹿群中的郯子忽然发现林中有一支箭对准自己，那是猎人的箭，猎人并不知道他是"一只假鹿"。慌忙中他赶紧站起来，迎着利箭大喊："别射！别射！我是人！我是来取鹿奶回去孝敬父母的。"

猎人仔细一看，原来真的是一个人，幸好没有射箭。猎人得知郯子取鹿乳的事，非常感动，就帮他一起挤出鹿奶，并护送他出山。从此郯子鹿乳奉亲的孝顺故事成了千古佳话。

汉文帝刘恒是汉高祖第三子，为薄太后所生。高后八年（公元前180年）即帝位。他以仁孝之名闻于天下，侍奉母亲从不懈怠。母亲卧病三年，他常常目不交睫，衣不解带；母亲所服的汤药，他亲口尝过后才放心让母亲服用。

刘恒在位二十四年，重德治，兴礼仪，注重发展农业，使西汉社会稳定，人丁兴旺，经济得到恢复和发展，他与汉景帝的统治时期被誉为"文景之治"。

在我国，还流传着很多类似的孝顺的故事。可以说，孝是中华民族几千年来的传统美德。从古至今，它都指引着我国人民的思想和价值取向。让我们从中得到学习和思考。

"百事孝为先"的道德思想，始终根植在无数人民的内心深处。孝指引着我们行善，对待每一个人都用善意的眼光，让我们的周围充满温馨。我们要学会侍奉和感恩父母，善待老人。

恩宜自淡而浓，威宜自严而宽

【原典再现】

凭意兴作为者，随作则随止，岂是不退之轮①；从情识解悟者，有悟则有迷，终非常明之灯。人之过误宜恕②，而在己则不可恕；己之困辱宜忍，而在人则不可忍。能脱俗③便是奇，作意尚奇者，不为奇而为异④；不合污便是清，绝俗求清者，不为清而为激。恩宜自淡而浓，先浓后淡者，人忘其惠；威宜自严而宽，先宽后严者，人怨其酷。

【重点注释】

①不退之轮：佛家语，轮指法轮。

②恕：宽恕、原谅。

③脱俗：不沾染俗气。

④异：不同的、特殊的。

【白话翻译】

凭一时感情冲动去做事的人，等到热度一过事情也就跟着停下来，这怎能维持长久奋发上进呢？从情感出发去领悟真理的人，有所领悟，也会有所迷惑，所以这种做法也不是一种永久光亮的明灯。对于别人的过失和错误应该采取宽恕的态度，可是对自己的过失和错误却不可以宽恕；自己受到屈辱应该尽量忍受，可是别人受到屈辱就要设法替他消解，不能袖手旁观。能够超凡脱俗的人是奇人，如果刻意去标新立异就不是奇人而是怪人了；不肯同流合污的人就是高洁的人，如果以与世人断绝往来去标榜自

己的清高，那就不是清高而是偏激。对人施恩惠要先淡而逐渐变浓，假如先浓而逐渐变淡，就容易使人忘怀这种恩惠；树立威信要先严格而后宽容，如果先宽容而后严格，人们就会怨恨你的冷酷。

【深度解读】

多理性行事，少意气用事

做事不能只凭自己的感情，更不能只凭自己的感觉，意气用事必有麻烦。有时自己的直觉是错的，事情并不是想象的这般简单，表象总是容易迷惑人心。

想当年历史上赫赫有名的"夷陵之战"，就是由于刘备为报关羽被杀之仇，一意孤行，不听众位大臣的劝言，挥军东下与东吴交战，最终赔上张飞、黄忠和八十万大军的性命，自己也落了个含恨托孤的下场。若刘备不意气用事，历史肯定会重写。所以，意气用事会毁了自己。

而理性做事不至于反复折腾，不会出现大的差错，也才不会使自己后悔莫及。理性的人办事沉稳谨慎，环环相扣，思维严密，效率明显，成绩斐然，能活出自己精彩的人生。

当司马懿收到孔明寄来的女子衣服来羞辱自己时，他哈哈大笑，并没有因为自己被别人羞辱而意气用事，而是理智地面对，最后成功地保住了城池，保住了魏国的王朝。可见，做事理性好，这样就会少犯错误，少走弯路，更容易达到成功。

在生活中，即使我们遇到了什么突然事件，也不要头脑一热，不计后果。即使有些事情伤害了我们，我们也要相信，会有更好的解决问题的方法，而绝不应该兵戎相见。不得不说，谁都渴望平安幸福，没有痛苦和灾祸。有些时候，痛苦和灾难恰恰是我们自身的冲动所带来的。要自身平安，他人幸福，社会安宁，我们都需要多多理性行事，少意气用事。

心虚性现，意净心清

心虚①则性现，不息心而求见性，如拨波觅月；意净则心清，不了意而求明心，如索镜增尘。我贵而人奉之，奉此峨冠②大带也；我贱而人侮之，侮此布衣草履也。然则原非奉我，我胡③为喜？原非侮我，我胡为怒？为鼠常留饭，怜蛾不点灯，古人此等念头，是吾人一点生生之机④。无此，便所谓土木形骸⑤而已。

【重点注释】

①心虚：指心中没有杂念。

②峨冠：高冠。

③胡：疑问代词，怎么、为什么。

④生生之机：此指使万物生长的意念。

⑤形骸：人的形体。

【白话翻译】

只有内心没有一丝杂念时，人的善良本性才会显露出来，假如不使心神宁静就去寻找人的自然本性，就像拨开水中的波浪去捞月亮一样，只是一场空。只有在意念清纯时脑海才会清明，假如不铲除烦恼而想心情开朗，那就等于想在落满灰尘的镜子前面照出自己的样子，根本是照不清的。我有权有势人们就奉承我，这是奉承我的官位和纱帽；我贫穷低贱人们就轻视我，这是轻视我的布衣和草鞋。人们敬重的是官服不是我本人，我有什

么可高兴的呢？人们轻视的是布衣草鞋不是轻视我，我有什么可恼怒的呢？为了不让老鼠饿死，就留一点剩饭给它们吃，为了怕飞蛾的烧死，夜里就不点灯火，古人这种慈悲心肠就是我们人类繁衍不息的生机，没有这些，那么人类也就与那些树木泥土没有什么区别了。

【深度解读】

放下杂念

在非洲，土人用一种奇特的狩猎方法捕捉狒狒。在一个固定的小木盒子里面，装上狒狒爱吃的坚果，盒子上开一个小口子，刚好够狒狒的前爪伸进去，狒狒一旦抓住坚果爪子就伸不出来了。因为狒狒有一种习性，不肯放下已经到手的东西。虽然动物保护法已经废除这种行为，但是人们总会嘲笑狒狒的愚蠢，为什么不松开爪子放下坚果逃命？但是，审视一下也许就会发现，并不是只有狒狒才会犯这样的错误。

有人认为，放下是一种智慧，是一种境界；也有人认为，不放下是一种坚守，是一种精神。狒狒不能放下它贪婪的念想，才被人们轻易捕捉，它确实是在坚守，是坚守贪婪的内心，这种坚守实在是不敢恭维。看来，这种杂想邪念的坚守要必须放下，才能从自私自利、贪得无厌的泥潭中自拔；而真正该坚守的，应该是优秀的品德和崇高的精神。

人都有欲望，贪婪是人类的天性。可是，这贪婪的天性我们若始终不能抛弃，那必将会在权力、地位和钱财等欲望中迷失自己，酿成大的灾祸。贪念是一朵带有毒刺的玫瑰，如果你始终贪恋它的美丽，死不肯放手，那么受伤害的只能是自己。

蒙克夫是一位国际著名的登山家，他经常在没有携带氧气设备的情况下，成功地征服海拔 6500 米以上的高峰，这其中还包括了世界第二高峰——乔戈里峰。

其实，许多登山高手都以不带氧气瓶而能登上乔戈里峰为第一目标。但是，几乎所有的登山好手来到海拔 6500 米处，就无法继续前进了，因為這里的空气非常稀薄，几乎令人窒息。

对登山者来说，想靠自己的体力和意志独立征服 8611 米的乔戈里峰峰顶，确实是一项极为严峻的考验。然而，蒙克夫却突破障碍做到了，他在接受表彰的记者招待会上，说出了这一段历险的过程。

蒙克夫说："想要登上峰顶，你必须学会清除杂念，脑子里杂念愈少，你的需氧量就愈少；你的欲念愈多，你对氧气的需求便会愈多。所以，在空气极度稀薄的情况下，想要登上顶峰，你就必须排除一切欲望和杂念！"

不得不说，生活中最难做到的，不是寻找最后的结果，而是在寻找的路途上能不受诱惑，并奋力不懈地直达目标。因为任何停滞与迟疑的念头，都会让人忘记前进，甚至失去了起步时勇往直前的冲劲。已经走到半山腰的你，还记得开始时你对自己所喊的加油声吗？

找回你盎然的活力，全力向前冲刺，就像蒙克夫说的，忘记所有杂念。只要坚守最初非成功不可的意志，我们最终都会完成每一项人生考验。

悉利害之情，忘利害之虑

【原典再现】

心体便是天体。一念之喜，景星庆云①；一念之怒，震雷暴雨；一念之慈，和风甘露；一念之严，烈日秋霜。何者少得，只要随起随灭，廓然②无碍，便与太虚③同体。无事时，心易昏冥，宜寂寂而照以惺惺④；有事时，心易奔逸，宜惺惺而主以寂寂⑤。议事者，身在事外，宜悉利害之情；任事⑥者，身居事中，当忘利害之虑。士君子处权门要路，操履要严明，心气要和易，毋少随而近腥膻⑦之党，亦毋过激而犯蜂虿⑧之毒。

【重点注释】

①景星庆云：景星，代表祥瑞的星名。庆云，又名景云，象征祥瑞的云层。

②廓然：广大。

③太虚：泛指天地。

④惺惺：机警、警觉。

⑤寂寂：安静、沉静。

⑥任事：负责某事。

⑦腥膻：比喻操行不好的人。

⑧虿：蝎子一类的毒虫。

【白话翻译】

人心的本性与大自然宇宙的本体是一致的。人在一念之间的喜悦，就像大自然的天空出现瑞星祥云；人在一念之间的愤怒，就像是大自然中雷雨交加的天气；当心中有慈悲的念头时，就像是春风雨露滋润天下万物；当心中有严厉的念头时，就像寒霜烈日冷热逼人。有哪些又能少得了呢？只要人类的喜怒哀乐可以在兴起之后立即消失，心体如同天体广袤无边毫无阻碍，便可以和天地同为一体了。平时闲居无事时，心情最容易陷入迷乱状态，这时应在沉静中保持自己的机警；当有事忙碌时，感情最容易陷于冲动状态，这时应控制冲动的感情。评论事情的得失，只有置身事外，才能了解事情的始末，通晓利害；如果是当事人，就要暂时忘怀个人的利益，才能专心策划一切和推动所负的任务。具有高深才德的人，身居政治舞台上的重要位置时，操守要严谨方正，行为要光明磊落，心境要平和稳健，气度要宽宏大量，绝对不可接近或附和营私舞弊的奸党，也不要过于激烈地触犯那些阴险之人而遭其谋害。

【深度解读】

君子也要防小人

小人让人憎恶，小人让人痛恨。怎样识别小人，从而去防小人，这需要我们在实际工作和生活中去观察和了解。有的人以为自己心底坦荡荡，不把歪风邪气当回事，这样很容易遭小人之害，甚至带来杀身之祸。

秦桧是大名鼎鼎的奸臣，徽、钦二帝被金兵抓到北方时，他也在其中。他为人险恶狡猾，善于见风使舵，金太宗派他在其弟挞懒的部下做官。后来，秦桧夫妇趁机逃离了金军，跑到宋高宗越州的行宫，在宰相范宗尹的推荐下，秦桧见到了宋高宗。

当时，宋高宗正想与金军议和，秦桧投其所好，与高宗一拍即合，高宗立即任命秦桧为礼部尚书，不久又升他为宰相兼枢密使。

秦桧掌握了大权之后，一心要与金人议和，他把坚决抗金的岳飞视为心腹大患。他看到岳飞北伐即将成功，就大耍阴谋，假传圣旨，让岳飞停止追击金兵。并把韩世忠、岳飞调回京城，让高宗任命韩世忠为枢密使，岳飞为副枢密使，虽然职务是升迁了，但实际上夺了他们的兵权。

秦桧怕岳飞日后对自己不利，就产生了杀害岳飞之心。他把爱说岳飞坏话的右谏大夫万俟卨任命为言官，万俟卨心领神会，立即组织人向朝廷诬告岳飞。岳飞见秦桧党羽陷害自己，就主动提出辞职。

不久，岳飞就被改任两镇节度使。秦桧仍不罢休，他知道大将张俊素与岳飞不合，就煽动张俊诬告岳飞的部将张宪阴谋兵变，高宗得知岳飞有兵变之心，非常震怒。秦桧趁机下手抓了岳飞、岳云和张宪。

秦桧派御史中丞何铸审讯，没有审出什么问题，又派万俟卨来审，也没有审出需要的东西。案子持续了几个月，仍没有结果。

年底，雪花飞舞，秦桧夫妇一起喝酒，秦桧为没有证据杀死岳飞而犯愁，在一旁的王氏插言道："缚虎容易放虎难。"秦桧怕时间长了引起公愤，就写个纸条，命人将岳飞、岳云和张宪秘密杀害于狱中。

就这样，一代抗金名将就这样惨死在小人奸臣之手。直到高宗死后，

岳飞的冤案才得到昭雪。

俗话说："防人之心不可无。"小人就像埋在你人生之路的地雷，总是在你毫无防备的情况下炸伤你。识别防范你身边的小人，避免被小人所伤，应是你成就大业过程中的一件大事。

所以，小人不能不防。

 # 一念慈祥，寸心洁白

【原典再现】

标节义者，必以节义受谤；榜道学①者，常因道学招尤。故君子不近恶事，亦不立善名，只浑然和气②，才是居身之珍。遇欺诈之人，以诚心感动之；遇暴戾③之人，以和气薰④蒸之；遇倾邪私曲之人，以名义气节激励之。天下无不入我陶冶中矣。一念慈祥，可以酝酿⑤两间和气；寸心洁白，可以昭⑥垂百代清芬。阴谋怪习，异行奇能，俱是涉世的祸胎。只一个庸德庸行，便可以完混沌⑦而招和平。

【重点注释】

①道学：泛指学问、道德。

②浑然和气：纯朴敦厚，儒雅温和。

③戾：凶暴、猛烈。

④薰：一种香草，此作感化的意思。

⑤酝酿：酿，此指制造、调和。

⑥昭：明显、显著。

⑦混沌：比喻自然、淳朴的心神。

【白话翻译】

喜欢标榜自己有节义的人，必然会因为节义受人毁谤；喜欢标榜道德学问的人，常会因为道德学问招致他人的指责。因此一个有德行的君子，既不做坏事，也不去争美名，只要做到纯朴敦厚，这才是立身处世的无价之宝。遇到狡猾、诈欺的人，就要用赤诚之心来感动他；遇到性情狂暴、乖戾的人，就要用温和的态度来感化他；遇到行为不正、自私自利的人，就要用道义气节来激励他。假如能做到以上几点，那全天下的人都会受到我的感化了。慈悲祥和的念头可以创造人际关系间的和平之气，纯洁清白的心地可以使美名流传千古而不朽。阴险的诡计、古怪的陋习、奇异的行为和庸俗的能力，都是涉身处世时招致祸害的根源。只要谨守平凡的品德和简朴的言行，就可以有合乎自然的本性给自己带来和平的氛围。

【深度解读】

做一个平凡的人

有人曾经问一个学生："你愿意做伟人轰轰烈烈地活着，还是愿意做平凡人简简单单地过一生？"

学生回答："我选择后者。"

"为什么呢？"

学生说："因为做一个平凡人也不容易。我希望获得，但要知道满足；我好逸恶劳，但要知道一分耕耘，一分收获；我求取利益，但要知道利义之分；我希望平静，但不要去扰乱别人；我爱好自由，但不要违反法纪；我事事为家着想，但要明白覆巢之下无完卵的道理。这是平凡人最起码的条件，听来容易，做起来却不简单啊！"

的确，做一个平凡的人需要勇气，我们要敢于做一个平凡的人，不被权势障眼，不为利欲熏心。低头走路，抬头看天，这是平凡者豁达的心态。

著名作家魏巍写过一篇散文，叫《谁是最可爱的人》。文章中描写了一次壮烈的松骨峰战斗。在那些带火扑敌的烈士中，有一位名叫李玉安的。

然而，这位"烈士"并没有死，至今还活着。他被人救起之后，回到家乡黑龙江，当了一名普通的粮库工人。

几十年来，他一直勤勤恳恳地工作着，丝毫没有向任何人夸耀过自己的过去。直到1990年，当人们知道他就是当年朝鲜战场上的英雄时，许多人都大为不解，甚至为他没能得到应有的待遇而感到遗憾。

然而，李玉安舍弃了自己本来可以得到的各种优厚待遇，选择了做一个平凡而普通的工人，默默地奉献着自己毕生的精力，这平凡的生命同样闪烁着耀眼的光辉。

全情投入工作，视平凡的工作为毕生的事业，充分焕发热情，你就会感受人生充满热忱时的喜悦，由此你也会享受到人生中梦想成真的浪漫。

1872年，有一个医科大学毕业的应届生，他在为自己的将来烦恼：像自己这样学医学专业的人，一年有好几千，残酷的择业竞争，我该怎么办？

争取到一个好的医院就像千军万马过独木桥，难上加难。这个年轻人没有如愿地被当时的著名医院录用，他到了一家效益不怎么好的医院。可这没有影响他成为一位著名的医生，他还创立了世界著名的约翰·霍普金斯医学院。

他就是威廉·奥斯拉。他在被牛津大学聘为医学教授时说："其实我很平凡，但我总是脚踏实地在干。从一个小医生开始我就把医学当成了我毕生的事业。"

读到这里，有人也许会问这样一个问题：影响一个人的因素是什么？是这个人的学历还是这个人的工作经验呢？其实是人对工作的态度。无论我们现在正从事着什么工作，都要将它视为毕生的事业来对待。正确地认识自己平凡的工作就是成就辉煌的开始，也是我们成为出色员工的最起码的要求。

登山耐侧路，踏雪耐危桥

语云：“登山耐侧路，踏雪耐危桥。”一耐字极有意味，如倾险之人情，坎坷之世道，若不得一耐字撑持过去，几何不堕入榛莽①坑堑②哉？夸逞功业，炫耀文章，皆是靠外物做人。不知心体莹③然，本来不失，即无寸功只字，亦自有堂堂正正做人处。忙里要偷闲，须先向闲时讨个把柄；闹中要取静，须先从静处立个主宰④。不然，未有不因境而迁⑤，随时而靡者。不昧己心，不尽人情，不竭物力。三者可以为天地立心，为生民立命，为子孙造福。

【重点注释】

①榛莽：榛，杂木。莽，草木深邃的地方。

②坑堑：护城河，壕沟。

③莹：玉石的光彩。

④主宰：主见。

⑤迁：转移、变更。

【白话翻译】

俗话说：“爬山要能耐得住险峻难行的路，踏雪要耐得住危险的桥梁。”一个“耐”字具有极深远的意义，例如险诈奸邪的人情、坎坷不平的人生道路，没有这一个“耐”字撑下去，有几个不会坠落到杂草丛生的深沟里呢？夸耀自己的功业，炫耀自己的文章，这些都是依靠身外之物来博取他

人赞誉。殊不知只要保持心地的纯净，不失自然的本性，即使没有半点功业，没有片纸文章，也自然可以堂堂正正做人。在很忙时也要抽一点时间，让身心获得舒展，要做到这一点，必须在空闲的时候有一个合理的安排和考虑。要想在吵闹喧嚣的环境里保持清醒头脑，就必须在心情平静时事先把事情策划好。否则，一旦遇到事情就会手忙脚乱，结果往往把事情弄成一团糟。不泯灭自己的良心，不做绝情绝义的事，不过分浪费物力，做到这三件事，就可以在天地之间树立善良的心性，为民众创造命脉，为子子孙孙造福。

【深度解读】

成功就是比忍耐

古人习惯隐忍、甘于平凡，而现代人则不然，尤其是新生代的年轻人，更是注重个性的施展，追求卓尔不群。于是，造就了一批不安分的人，他们或是自我欣赏、目中无人，或是锋芒毕露、不可一世。在他们眼里"士可杀，不可辱"，谦虚永远是懦弱的代名词。其实，大丈夫是需要能屈能伸的，学会低头忍耐也就学会了生存。

在很多人眼里，忍耐中包含着较多的软弱成分，其实它或许是绵里藏针，含而不露。忍耐是一种曲折隐晦的生存之道，是一种明哲保身的自我克制，它不是消极，不是颓废，而是在沉淀中等待厚积薄发的飞跃。百忍成金，只有懂得忍耐，生命才会更具张力。

佛家思想之所以频频提倡"忍"，是因为忍耐是世上最好的修行。为人处世，只有明白了"忍"的真谛，领悟了"忍"的精髓，才能百忍成金，达到旷达从容的人生境界。忍耐，它是一种韬光养晦，是一种蓄势待发。时机成熟，你将在沉潜中突破自我，脱颖而出。痛苦和困境都不能将你打败，你要做的就是当忍则忍。

阿拉伯有句谚语："为了玫瑰，也要给刺浇水。"可见，如果你想要让自己的人生开出美丽的花，就不得不去忍受那些扎在心头的芒刺，并在忍受中将其化为刺激自己前进的动力，如此，方能为自己博得幸福，博得成功。

西汉时，司马迁在汉武帝时任太史令，但因为触怒了汉武帝，被下狱处以腐刑。后来出狱后，他并未因此消沉，而是忍辱含垢，发愤著述，历尽艰辛，花费了十八年的心血，终于完成了我国第一部纪传体通史《史记》。

这部史书记载了上自传说中的黄帝、下至汉武帝时代的三千多年的历史，共计五十二万余字，一百三十篇。这巨著凝聚了司马迁一生的汗水和心血。

再看一个类似的事例。

康熙是清世祖第三子，他八岁登基，大权落入鳌拜之手。鳌拜专权擅政，根本不把康熙放在眼内。康熙强忍怒火，暗下决心，等待时机。平时装着贪于玩耍，不问朝政。实则掩人耳目学习摔跤，亲兵习武。鳌拜称病不上朝，康熙登门慰问，表示诚意，目的是稳住对手，同时察看实情，探听虚实。

经过数年的准备，待条件成熟，康熙便把鳌拜诱进宫中，将鳌拜及其爪牙一网打尽。此时康熙才只有十六岁。

假如司马迁没有忍耐，那么，就不会有《史记》巨著的诞生，假如康熙没有忍耐，他就不可能除掉鳌拜。在这里，忍耐就是一种谋略，是一件隐藏自己的隐形外衣，它不但可以躲避灾祸，还可以迷惑对手，让你在对手的迷茫不知所措里暗中积蓄力量，最终一举成功。

可以说，忍耐是欲成大事者必须修炼的高超境界和不凡品质。没有忍耐，你可能无法坚持寒窗苦读，难以掌握充足的学识；没有忍耐，你就无法面对困境，难以磨砺身心；没有忍耐，你就无法赢得积弱成强的时间；没有忍耐，你就无法认清自己，更无法认清局势。因此，要想获得人生的幸福和事业的成功，我们首先就要学会忍耐。

唯公生明，唯廉生威

【原典再现】

居官有二语，曰：唯公则生明，唯廉则生威。居家有二语，曰：唯恕①则情平，唯俭则用足。处富贵之地，要知贫贱的痛痒②；当少壮之时，须念衰老的辛酸。持身不可太皎洁③，一切污辱垢秽，要茹④纳得；与人不可太分明，一切善恶贤愚，要包容得。休与小人仇雠⑤，小人自有对头；休向君子谄媚，君子原无私惠。纵欲之病可医，而势理之病难医；事物之障可除，而义理之障难除。

【重点注释】

①恕：用自己的心推想别人的心。
②痛痒：指痛苦。
③皎洁：洁白明亮。
④茹：含。
⑤雠：仇敌、仇人。

【白话翻译】

做官必须遵守两句箴言："只有公正才能清明，只有廉洁才能威严。"治家也有两句话必须遵守："只有宽容才能心情平和，只有节俭家用才能富足。"富有时要了解贫家的痛苦，年轻力壮时要理解年老身体衰弱以后的悲哀。立身处事不能太清高，对于一切羞辱、委屈、毁谤都要容忍。与人相处不可善恶分得太清，不管是好人、坏人、智者、愚者都要包容才行。

不要与行为不正的小人结下仇怨，小人自然有他的冤家对头；不要向君子去讨好献媚，君子本来就不会因为私情而给予恩惠。放纵欲念的毛病还可以医治，而固执己见的毛病却难以纠正。一般事物的障碍还能够除去，但是义理方面的障碍却难以消除。

【深度解读】

严格执法，不徇私情

法律的生命在于实施，如果不能有效实施，再好的法律也会是一纸空文，依法治国就会成为一句空话。

明太祖朱元璋重视法律，称帝不久，就让李善长等人编写了《大明律》，后又颁布了《大诰》。《大明律》和《大诰》的制定使国家做到了有法可依。但是仅制定出法律还不够，还必须严格执法。

朱元璋在法律的执行上是十分严格的。早在明朝建立前，朱元璋率军渡江之后不久，因为粮食供应出现了困难，朱元璋下令禁酒，以减少粮食的消耗。

大将胡大海的儿子却在京违反禁令饮酒，朱元璋下令将他处死。都事王恺认为如果杀掉胡大海的儿子，可能会引起胡大海的不满。而胡大海正率军攻越，一旦前线有变，就会动摇军心。因此，王恺为胡大海的儿子向朱元璋求情。

朱元璋愤怒地说："宁可使胡大海反了，不可坏了我的法令！"说完，他亲自拔刀杀死了胡大海的儿子。

我们再看一个事例。

朱元璋曾命令陕西、四川一带的官府收来茶叶与西部少数民族商人交易，换取马匹。明朝内地从中获得利益很多。后来，有商贩私自贩茶，使茶价下跌，马价上升。明政府下令严禁私贩茶叶，如果有人敢私运茶叶，从重治罪。

欧阳伦是马皇后亲生女儿安庆公主的丈夫，他仗恃自己是驸马，公然违反禁令，让其家人到陕西贩运茶叶。他的家人仗势欺人，搞得地方上鸡犬不宁，封疆大吏也怕他们，对他们毕恭毕敬。

欧阳伦有个家奴名叫周保，更是横行霸道，每到一地，强迫当地政府派车五十辆。走到兰县河桥巡检司，周保还打了负责的官员。官员忍无可忍，向朝廷奏报了此事。

朱元璋大怒，不但赐死欧阳伦，还因布政使司知情不报将其赐死，周保也被杀死，茶和财物没收归公。河桥巡检司官员因不避权贵，朱元璋派人携带圣旨前往嘉奖和慰劳。

当然，朱元璋也有残忍的一面，但他执法严明，不徇私情，对稳定明初统治起了非常大的作用。

百炼成金，轻发无功

【原典再现】

磨砺当如百炼之金，急就者，非邃①养；施为宜似千钧之弩②，轻发者，无宏功。宁为小人所忌毁，毋为小人所媚悦③；宁为君子所责备，毋为君子所包容。好利者，逸④出于道义之外，其害显而浅；好名者，窜⑤入于道义之中，其害隐而深。受人之恩，虽深不报，怨则浅亦报之；闻人之恶，虽隐不疑，善则显亦疑之。此刻之极，薄之尤也，宜切戒之。

【重点注释】

①邃：深远。

②弩：一种利用机械力量发射箭的弓。

③媚悦：此指用不正当的行为博取他人欢心。

④逸：超出、超越。

⑤窜：躲藏。

【白话翻译】

磨砺身心要像炼钢一样反复锻炼，急于求成就不会有高深修养；做事就要像拉开千钧的大弓一般，随便发射就不会建立宏大的功业。做人做事宁可遭受小人的猜忌和毁谤，也不要被小人的甜言蜜语所迷惑；宁可遭受君子的责难和训斥，也不要被君子原谅和包涵。贪求利益的人，所作所为就会超越道义的界限，所造成的伤害虽然明显但不深远；而贪图名誉的人，所作所为隐藏在道义之中，所造成的伤害虽然不明显却很深远。受人恩德，虽然深厚却不去报答，而对人有一点怨恨就进行报复；听到他人的坏事虽不明显也坚信不疑，而明知他人做了好事却持怀疑的态度。这实在是刻薄到了极点，这样的行为一定要避免。

【深度解读】

看淡名利，随心而动

如今社会，很多人总是在追名逐利，整天计较得失，即便有着极好的物质生活，却仍身心劳累。其实，非淡泊无以明志，非宁静无以致远。唯有淡泊名利，方能活得心神自在，并站得更高，走得更远。

宋真宗时，朝廷上演了一场"天书封禅"的闹剧，一些大臣与无耻文人便借机趋炎附势，呈献谀文，林逋对朝廷这种劳民伤财的乱政表示不满，于是他依然辞去，归隐孤山，并终身不仕不娶，以梅为妻，以鹤为子，淡然一生。他轻轻地低吟道："幸有微吟可相狎，不须檀板共金尊。"

当代大学者钱锺书，终生淡泊名利，甘于寂寞。他谢绝了所有新闻媒体的采访。20世纪80年代，美国著名的普林斯顿大学特邀钱锺书去讲学，每周只需钱锺书讲四十分钟课，一共只讲十二次，酬金十六万美元。食宿全包，可带夫人同往。待遇如此丰厚，可是钱锺书却拒绝了。

钱锺书的著名小说《围城》发表以后，不仅在国内引起轰动，而且在

国外反响也很大。新闻和文学界有很多人想见见他，一睹他的风采，都遭他的婉拒。

不管是林逋还是钱锺书，他们都淡泊名利。唯有淡泊才能放下世间的包袱，一心投入自己热爱的事业中；唯有淡泊，才能拒绝各种诱惑，免遭堕入欲望的深渊；唯有淡泊，才能找到自身价值所在，发光发热。保持淡泊之心，在人生的路上走得更远。

不得不说，淡泊于名利，是做人的崇高境界。没有包容宇宙的胸襟，没有洞穿世俗的眼力，是很难达到这种境界的。淡泊于名利，方能成大器，方能攀上高峰。在物欲、名利横流的当今，有志者更应守住淡泊，向自己的目标前进！

第六章　清心寡欲，知足常乐

影响一个人快乐的，有时并不是物质的贫乏与丰裕，而是一个人的心境如何。欲望太多，拥有再多也仍然无法满足，相反，如果能丢掉无止境的欲望，就会珍视自己所有的东西，并从中获得快乐。所以快乐与否的决定权就在于你自己，贪心人心里永远没有知足的时候，自然也不会觉得自己快乐。

不畏谗言，却惧蜜语

【原典再现】

谗夫毁士，如寸云蔽日，不久自明；媚子阿人[1]，似隙风[2]侵肌，不觉其损。山之高峻处无木，而溪谷回环则草木丛生；水之湍急处无鱼，而渊潭停蓄[3]则鱼鳖聚集。此高绝之行，褊急之衷，君子重有戒焉。建功立业者，多虚圆[4]之士；偾[5]事失机者，必执拗之人。处世不宜与俗[6]同，亦不宜与俗异；作事不宜令人厌，亦不宜令人喜。日既暮而犹烟霞绚烂，岁将晚而更橙桔芳馨[7]。故末路晚年，君子更宜精神百倍。

【重点注释】

①阿人：指谄媚取巧、曲意附和的人。

②隙风：指从门窗、墙壁的小孔吹进的风。

③停蓄：指水静止不流动。

④虚圆：谦虚圆通。

⑤偾：败。

⑥俗：指一般人。

⑦芳馨：香气四溢。

【白话翻译】

用恶言毁谤或诬陷他人的人，就像浮云遮住了太阳，只要风吹云散太阳自然重现光明；用甜言蜜语或卑劣手段去巴结别人的人，就像从门缝中吹进的邪风侵害皮肤，使人们不知不觉中受伤害。高耸云霄的山峰地带不长树木，溪谷环绕的地方却草木丛生；水流湍急的地方没有鱼虾栖息，只有宁静的深水湖泊鱼类才能大量繁殖。可见过分的清高行为和过分的偏激心理，对一个有德行的君子来说，是应当努力引以为戒的。凡是能够建功立大业的大人物，大多是处世谦虚圆融的人；凡是惹是生非遇事错失良机的人，必然是那些性格倔强不肯接受他人意见的人。为人处世既不要同流合污，也不要自命清高、标新立异；做事时既不可以处处惹人讨厌，也不可凡事都曲意奉承博取他人欢心。太阳快要落山的时候，晚霞放射出灿烂的光彩；晚秋季节，橙桔正在结出金黄的果实。所以一个有德行的君子到了晚年，更应该精神百倍地充满生活的信心。

【深度解读】

为人处世要圆融圆通

在现实中，一个人如果过分方方正正、有棱有角，必将会碰得头破血流，我们在为人做事时，要学会圆融圆通，这样就能让自己变得自信坚强。

圆融就是圆满通达的意思。事理圆融，中庸处世，不偏不倚，不前不后，不上不下，中正不易，做人做事恰到好处。

我们提倡为人之圆，但这个"圆"绝不是圆滑世故，更不是平庸无能，而是圆通，是一种宽厚、融通，是大智若愚，是与人为善，是居高临下、明察秋毫之后，心智的高度健全和成熟。不因洞察别人的弱点而咄咄逼人，不因自己比别人高明而盛气凌人。这需要极高的素质、很高的悟性和技巧，这是做人的至高境界。

中国有句老话，叫作"识时务者为俊杰"。所谓"识时务"，就是要认清形势，适时而动，顺势而为，与时俱进。

纵观古今，许多人在人生早期的自我设计都有一定的盲目性：马克思曾经想当诗人，安徒生想当演员，高斯曾想当作家……但后来他们都放弃了自己的初衷，寻找新的发展方向，在新的领域里取得了很大的成就。究其原因，在于他们能及时调整自己奋斗的方向，这也是他们比常人高明的地方。

管子说过："圣人只能顺应时势而不能违背时势，聪明的人虽然善于谋划，但总不如顺应时务更高明。"运用圆融圆通之法处世，不仅可以保护自己，融入人群，与人们和谐相处，也可以让人暗蓄力量，悄然潜行，在不显不露中成就事业；不仅可以让人在卑微时安贫乐道，豁达大度，也可以让人在显赫时持盈若亏，不骄不狂。

诸葛亮兵法有云："善将者，其刚不可折，其柔不可卷，故以弱制强，以柔制刚。纯柔纯弱，其势必削；纯刚纯强，其势必亡；不柔不刚，合道之常。"刚柔并济是理想性格的最佳状态，但是要做到刚柔适度则很不容易。在为人处世上要立于不败之地，必须学会能刚且柔的人生哲学，这需要一段时间的锻炼，才能有几分的火候。只有刚柔并济，进退有度，我们才能在为人处世中发挥圆通和变通的无比威力。

如果你感觉自己处处碰壁，做什么都不顺，那么多半是因为你做人不够"圆"，做事不会"变"。所谓"圆"和"变"并不全是圆滑、投机取巧，而是一种做人的智慧和谋略。做人一旦够"圆"，做事一旦会"变"，人生自然路路通畅、事事通达。

 以心拂处为乐，终可换得乐来

【原典再现】

鹰立如睡，虎行似病，正是它攫人噬人手段处。故君子要聪明不露，才华不逞，才有肩鸿①任钜②的力量。俭，美德也，过则为悭吝③，为鄙啬，反伤雅道；让，懿④行也，过则为足恭⑤，为曲谨，多出机心⑥。毋忧拂意⑦，毋喜快心，毋恃久安，毋惮初难。饮宴之乐多，不是个好人家；声华之习胜，不是个好士子；名位之念重，不是个好臣士。世人以心肯^⑧处为乐，却被乐心引在苦处；达士以心拂^⑨处为乐，终为苦心换得乐来。

【重点注释】

①肩鸿：指担负大责任。

②钜：通"巨"，大。

③悭吝：小气、吝啬。

④懿：美、好。

⑤足恭：过分恭敬。

⑥机心：诡诈狡猾的用心。

⑦拂意：不如意。拂，违背、不顺。

⑧心肯：指心愿得到满足。

⑨拂：违背。

【白话翻译】

老鹰站着装睡，老虎走路装病，这些正是它们准备取食的高明手段。所以一个具有才德的君子，要做到不炫耀聪明，不显露才华，这样才能够有能力承担艰巨重大的任务。节俭朴素本是一种美德，然而过分节俭，就会成为斤斤计较的守财奴，如此反而会伤害朋友之间的往来。谦让本来是一种美德，可是过分谦让，就会变成卑躬屈膝、处处谨慎，给人一种好用心机的感觉。不要为不如意的事而发愁，不要为短暂的快乐而高兴，不要由于长久的安定生活而有所依赖，不要由于一件事情一开始遇到困难就裹足不前。经常举行酒会宴客作乐的，绝对不是一个正派人家；喜欢靡靡之音和华丽艳服的，绝对不是一个正派读书人；对于地位非常看重的，绝对不是一个好官吏。世人以满足自己的欲望为快乐，然而却常常被寻求快乐的心引诱到痛苦中去。一个豁达明智的人在平时能信心百倍地忍受各种不如意，最后用自己的劳苦换到真正的快乐。

相信自己的能力

每个人的一生都是起伏不定的，没有任何人能保证自己一帆风顺，总会遇到这样那样的挫折，在挫折面前，有人畏缩不前，有人哀叹不止，其实，挫折不可怕，可怕的是从此失去了自信，因为自信是成功路上的垫脚石，是奋斗路上的一盏明灯。

爱默生曾经说过："自信是成功的第一秘诀。"萧伯纳也曾经说过："有信心的人，可以化渺小为伟大，化平庸为神奇。"自信是成功的助燃剂，是我们战胜困难和挫折的重要保障。

自信是所有成功人士必备的素质之一。想要成功，首先应建立起自信心。若是想在自己内心建立信心，应该像洒扫街道一般，将相当于街道上最阴湿黑暗的角落的自卑感清除干净，然后再种植信心，并加以巩固。信心建立之后，新的机会才会随之而来。

相传，在春秋时期的楚国，有个叫卞和的人在楚山中拾到一块玉璞，便把它奉献给了楚厉王。厉王让辨别玉的专家来鉴定，鉴定的结果说是石头。厉王大怒，以欺君之罪名，砍掉了卞和的左脚。

不久，厉王死了，武王即位，卞和又把这块玉璞奉献给武王。武王也让辨别玉的专家来鉴定，结果同样说是石头，武王又以欺君之罪砍掉卞和的右脚。

武王死后，文王即位。卞和抱着玉璞到楚山下大哭，一直哭了三天三夜。眼泪哭干了，最后哭出了血。

文王听说后，就派人问他："天下被砍掉脚的人很多，都没有这样痛哭，你为什么哭得这样悲伤呢？"卞和回答道："我不是为我的脚被砍掉而悲伤，我所悲伤的是有人竟把宝玉说成是石头，给忠贞的人扣上欺骗的罪名。我相信我是对的！"

于是，文王就派人对这块玉璞进行加工，果然是一块价值连城的宝玉，并把这块宝玉命名为"和氏璧"。

如果不是卞和的执着与自信，可能和氏璧现在还依然被丢弃在深山之中，无法光照史册了。

其实，人与人之间其实没有多大的区别，只是有人敢做，有人敢说，有人敢想，要相信别人能做成的事你也能做。曾有位诗人说过："人类体内蕴藏着无穷能量，当人类全部使用这些能量的时候，将无所不能。"尽管诗歌往往源于一些超现实主义，并有明显夸大之嫌，但一定程度上说明自信对一个人是何等重要。

人生中有很多艰难险阻，这往往是人生最大的障碍，很多人为此在等待老天开眼，希望能得到他人的援助。可是，更多人在这种等待中垂垂老矣，一事无成。一个人有什么样的付出，他的人生才会有什么样的收获。一个人社会地位的高低，身份的尊卑，乃至事业的成败，往往源于他对自己的定位。

总之，坚强的自信，便是伟大成功的源泉，不论才干大小、天资高低，成功都取决于坚定的自信。命运掌握在我们自己的手中，只要相信自己的能力，就会成为一个成功的人！

心和气平，百福自集

【原典再现】

居盈①满者，如水之将溢未溢，切忌再加一滴；处危急者，如木之将折未折，切忌再加一搦②。冷眼观人，冷耳听语，冷情当③感，冷心思理。仁人心地宽舒，便福厚而庆④长，事事成个宽舒气象；鄙夫⑤念头迫促，便禄薄而泽短，事事得个迫促规模。闻恶不可就恶⑥，恐为谗夫⑦泄怒；闻善不可急亲，恐引奸人进身。性躁心粗者，一事无成；心和气平者，百福自集。

【重点注释】

①盈：充满。

②搦：压制。

③当：主持、掌管。

④庆：福。

⑤鄙夫：鄙陋之人。

⑥就恶：立刻厌恶。

⑦谗夫：陷害别人，说别人坏话的小人。谗，说别人的坏话。

【白话翻译】

生活在幸福中，就像已经装满的水缸，再增加一滴就会立刻流出来；生活在危险急迫中，就像已经快要折断的树木，再施加一点压力树木就有立刻折断的危险。要用冷静的眼光去观察他人的行为，要用冷静的耳朵去细听他人的言语，要用冷静的情感来主导意识，要用冷静的头脑来思考问题。仁慈博爱的人胸怀辽阔舒畅，才能享受长久的福分，这是因为事事都宽宏气度的缘故。反之心胸狭窄的人眼光短浅，所得到的利禄都是短暂的，这是因为凡事都只顾眼前的缘故。听到人家做了坏事，不要马上就起厌恶之心，要经过自己冷静的观察，判断是否有人诬陷泄愤；听到某人做了好事，也不要立刻就相信而亲近他，要经过自己冷静的观察，以免被那些奸人作为谋求升官的手段。性情急躁、粗心大意的人，最后没有一件事情能够做得成功；心地平静、性情温和的人，往往各种福分都会降临到他的头上。

【深度解读】

满招损，谦受益

"满招损，谦受益"的意思是劝世人凡事都要适可而止，因为人的欲望永远不会满足。所谓"人心不足蛇吞象"，永远不知满足也就永远生活在痛苦之中，所以只有知道满足的人才会得到人生乐趣，"知足者常乐"

就是指此而言。

孙叔敖成为楚国政府部门的长官，全国上上下下的吏民全都来道贺。但有一老者，穿着粗布衣，戴着白色帽子，最后来到孙府没有道贺，而是吊问。

孙叔敖并没有怪罪他，反而正衣帽非常礼貌地出去见他，对他说："楚王不知道我无德无才，是个不肖之徒，让我当政府长官，使吏民都来道贺，而先生您独来吊问，难道有什么说法吗？"

老者说："当然有说法。身份已经很高贵但对人态度骄横的，百姓会除掉他；官位已经很尊贵但擅揽大权的，国君会厌恶他；俸禄已经很丰厚但还不知足的，是不能长久下去的。"

孙叔敖再次拜谢说："敬受命，希望能听到阁下更多的教诲。"

老者说："官位越高而越应该没有架子，官职越大而越应该小心，俸禄越丰厚越应该谨慎地不敢多取。您能严谨地遵守这三条，足可以使楚国大治了。"

谦逊的人，平易近人，尊重别人，别人乐于跟他打交道。谦逊是一种极为难得的美德，它能够促使人不断地进取。孙叔敖就因为谦恭待人，无意之中获得了三条宝贵意见。

公元前 701 年春，楚国掌管军政的屈瑕率军在郧国的城邑蒲骚（今湖北应城西北）与随、蓼等诸侯国的联军作战。由于对方盟国众多，屈瑕准备请求楚王增派军队。将军斗廉认为，敌方盟国虽多，但人心不齐，只要打败郧国，整个盟国就会分崩离析，他建议集中兵力迅速攻破蒲骚。屈瑕采纳了斗廉的建议，大获全胜。

屈瑕本就是个看重外表且无自知之明的人，有了这次的胜利，他就骄傲起来，自以为是常胜将军，不把任何人放在眼里。

过了两年，楚王又派屈瑕率军去攻罗国。出师那天，屈瑕全身披挂，威风凛凛的。送行的大夫伯比觉得屈瑕太骄傲了，这次出征是要吃败仗的，就去求见楚王，建议楚王给屈瑕增加军队，但楚王并没有采纳他的建议。

回宫后，楚王无意中将此事告诉了他的夫人邓曼。邓曼是一个非常聪明的女子，她听了楚王的话，认为伯比说得很有道理，也建议楚王应该赶

紧派兵去援助，否则就来不及了。

楚王听了夫人邓曼的话，这才恍然大悟，立即下令增派部队前去支援，但是已经晚了。屈瑕到了前线，不可一世，武断专横到了极点。结果遭到了罗军与卢濡的军队两面夹攻，楚军死伤惨重，屈瑕也因战败自杀身亡了。

要想获得成功，应保持谦逊。缺乏这样的素质，没有这样的准备，就难以成就大业。骄傲的人，往往眼高于顶，拒人于千里之外。易引起别人的反感，甚至遭人厌弃。何况物极必反，凡事不急流勇退，等到穷途末路就悔不当初了。身后有余忘缩手，眼前无路想回头。人如果能明白这个盈亏循环的道理，才不至于招致失败。

 用人不刻，交友不滥

【原典再现】

用人不宜刻①，刻则思效者去；交友不宜滥②，滥则贡谀③者来。风斜雨急处，要立得脚定；花浓柳艳处，要著得眼高；路④危径险处，要回得头早。节义之人济以和衷⑤，才不启忿争之路；功名之士承⑥以谦德，方不开嫉妒之门。士大夫居官，不可竿牍⑦无节，要使人难见，以杜⑧幸端；居乡，不可崖岸太高，要使人易见，以敦旧好。大人不可不畏，畏大人则无放逸之心；小民亦不可不畏，畏小民则无豪横⑨之名。

【重点注释】

①刻：刻薄、苛刻。

②滥：随便、过度、无节制。

③贡谀：指说好话逢迎讨好。

④路：这里均指世路。

⑤和衷：温和的心胸。

⑥承：辅助。

⑦竿牍：书信。

⑧杜：杜绝。

⑨豪横：豪强蛮横。

【白话翻译】

用人要宽厚不能太刻薄，如果太刻薄，那些想为你效力的人会离去。交朋友不能没原则，如果胡乱交友，那么善于逢迎献媚的人就会来到你的身边。在风暴雨的恶劣环境中，要站稳自己的脚跟，才不会跌倒；在花莺柳燕的温柔乡，要放眼高处，才不会被眼前的美色冲昏头脑；在遇到危险的时候，要猛然回头，才不会深陷其中。有品行的人要用谦和与诚恳来调和，才不会留下引起激烈纷争的隐患；功成名就的人要保持谦恭和蔼的美德，这样才不会招人嫉妒。读书人在做官的时候，与别人的书信往来不可漫无节制，对有所求的人要尽量少见，以避免那些投机取巧的人有机可乘；退职赋闲的时候，不能过于清高，要态度平和使人容易接近，才能和亲族邻里增进感情。对于德高望重的人不能不敬畏，因为敬畏他们就不会有放纵轻浮的想法；对于平民百姓也不能没有敬畏之心，因为敬畏平民百姓就不会有豪强蛮横的恶名。

【深度解读】

掌握分寸，适可而止

生活中没有了分寸，就好比鱼儿失去了水，它将使我们的人生出现许多磕磕碰碰。科学界有一个关于分寸的定论叫"黄金分割"，就是最具有美学价值的比例，也是我们人类的视觉感到最舒服的造型。其实在生活当中，黄金律几乎无处不在：旗帜的长宽，人体上下部的长短，窗子的大小，一天当中气温冷暖的比差，甚至阳光的强弱……都有一个科学的定律在发挥作用，这也就是人生的分寸。

东汉以后开始出现佛祖的塑像，但究竟要塑成什么样子，直到魏晋南北朝时还没有确定。据说，南朝刘宋宗室子弟曾经铸造了一座铜佛像，准备安置在寺内供人瞻仰祭拜。当这个一丈六尺高的佛像铸成之后，前来瞻仰的人都觉得佛像怪怪的，不够庄严。大家七嘴八舌，说什么的都有，都认为应该对佛像进行修整。

这项工程执行起来不是那么容易的，有人提议请知名的隐士戴颙出出主意。戴颙看了之后对众人说："不是脸太瘦，而是肩膀太肥。"于是，工匠们就照着戴颙的指点，立刻将佛像的肩膀进行消减。经过一番削削打打之后，佛像的比例最终协调起来，佛像的脸庞也不再显得瘦削，大家都觉得相当满意。

这种比例和度，就是我们经常所说的分寸。比例适合、分寸适度，美感、格调自然就会显现出来。

儒家中庸之道的精髓，即"不偏不倚""过犹不及"的思想。说到底也是分寸的问题。为人处世、待人接物，无不渗透着分寸和火候的掌握。说话的生疏深浅、办事的轻重缓急、人际关系的亲疏远近、处世的高低姿态，都体现在分寸的把握上。做人做到恰如其分，是人生的最高境界。做事做到恰到好处，是人生的最大学问。把握好了做事的分寸，就等于掌握了自己的命运。

俗话说得好，"佛争一炷香，人争一口气"。这个社会竞争日益激烈，每个人都想着如何能够出人头地，都想着技压一筹，成为人上之人，所以不免要高调行事，不免要高调做人。可是，越高调反而越容易成为他人攻击的对象，越强势越容易被人排挤。

一个人如果拥有过人的能力，拥有高于常人的智慧、地位、财富和名声，这些都是很好的竞争优势，但是如果不能善用这些优势，那么优势最终很可能会成为劣势。所以做人还是应该掌握分寸，要懂得隐藏自己的锋芒。只有这样才会让其他人放下防备之心，才能够为自己赢得更多的生存空间。

生命闪光处，不一定是草长莺飞时；人生得意时，不一定是踏花归来处。人生的成败兴衰，浓淡缓急，无不在把握分寸中见分晓。总之，只有把握好分寸，才能实现做人做事的最高境界。

拂逆消怨，怠荒思奋

【原典再现】

事稍拂逆①，便思不如我的人，则怨尤②自消；心稍怠荒，便思胜似我的人，则精神自奋。不可乘喜而轻诺，不可因醉而生嗔③，不可乘快而多事，不可因倦而鲜终④。善读书者，要读到手舞足蹈处，方不落筌蹄⑤；善观物者，要观到心融神洽时，方不泥⑥迹象。天贤一人，以诲⑦众人之愚，而世反逞⑧所长，以形人之短；天富一人，以济众人之困，而世反挟所有，以凌人之贫。真天之戮民哉！

【重点注释】

①拂逆：不如意。

②尤：指责、归罪。

③嗔：生气、发怒。

④鲜终：指有头无尾、有始无终。

⑤筌蹄：即荃蹄。荃，捕鱼的工具。蹄，捕兔的工具。

⑥泥：拘泥。

⑦诲：教导、指教。

⑧逞：炫耀、显示。

【白话翻译】

当事业不如意时，想想那些不如自己的人，这样就不会再怨天尤人。心中一出现懒怠松懈的念头时，想想比自己更强的人，精神自然振奋起来。

不要乘着一时高兴而轻率对人许诺，不能借着醉意而乱发脾气，不能由于一时冲动而惹是生非，不能因精神疲倦而有始无终。真正懂得读书的人，要读到心领神会的境界，才不会只背辞章文句而不明白书中真理；擅长观察事物的人，必须把全部精神都投入到事物当中，跟事物结合成一体，才不会只看到事物的表面。上天给予一个人聪明才智，是要让他来教诲解除大众的愚昧，没想到世间的聪明人却卖弄个人的才华，来暴露别人的短处；上天给予一个人财富，是要让他来帮助救济大众的困难，没想到世间的有钱人却凭仗自己的财富，来欺凌别人的贫穷。这两种人都是上天的罪人。

【深度解读】

别让抱怨害了你

人是有欲望的，人的欲望得不到满足或生活不如意时，往往就会产生抱怨。有人说，抱怨没什么大不了的，从情绪发泄上来看，抱怨未尝不可，起码是一种宣泄或释放；而有人说，抱怨终归是不好的，是不可取的生活态度，因为抱怨不仅无益，而且还令人消极，使人走向无法自拔的境地。

我们应当把抱怨收起来，因为一切抱怨都是无益的。客观事物不会以我们的主观意志为转移。我们需要做的是，问问自己现在能够做些什么、能够做好什么。

虽然抱怨可以赢得同情，但是这里有一个度的问题，如果你认定抱怨一定会赢得他人的同情，无疑是大错特错。最典型的例子就是鲁迅先生笔下的祥林嫂。

祥林嫂一生坎坷，两任丈夫都因病去世，儿子也惨死狼口，为了排解心中的痛苦，她逢人便讲儿子的死和自己的悲惨遭遇，逐渐被乡里人所厌恶，甚至远远地见到她便躲开。再后来，连东家鲁四老爷也厌恶她，先是不让她插手祭祀，后来一怒之下将她赶出鲁家。流落街头的祥林嫂，很快便结束了她贫穷、艰难的一生。

当然，我们并不能据此说是抱怨害死了祥林嫂，毕竟真正造成这一悲剧的是万恶的封建制度，但是我们至少可以从侧面看出，一味地抱怨非但换不来同情，反而会招人反感。可见，还是及早放弃抱怨为妙。

在人生旅途中，有数不尽的磨难，也有赏不完的风景。如果心理状态一直都是负面的，一直被抱怨所占据，我们的生活就会是灰色的，这样的人生轨迹又岂能美好？

抱怨总是让人有失败的感觉。这种失败往往不是别人给的，而是我们自找的。我们总是羡慕、嫉妒那些看起来成功、光鲜的人，却不曾看到他们的付出。

在我们无聊地用肥皂剧打发时间、慵懒地翻着杂志时，这些人刚刚熬完一个通宵，喝掉一杯用来提神的咖啡并开始新的工作。其实，抱怨就是比较之后得出的消极结论——差距让人心焦，努力又是那么难。上天对所有人都是一视同仁的，只是我们在抱怨中错失了太多。

抱怨命运不公、抱怨环境不好、抱怨他人不配合，无非是想掩饰自己的失败，失败背后真正的原因也同时被掩藏，无助于个人进步和事业提升。拿破仑·希尔曾经说过："千万不要把失败的责任推给你的命运，要仔细研究失败的案例。如果你失败了，那么继续学习吧。"

任何人都梦想自己有成功的那一天，但是成功的素质却未必人人都具备。何为成功的素质，或许见仁见智，但是可以肯定的是：当你抱怨的时候，成功已经对你敬而远之。

第二次世界大战后期，在一次战役前夕，盟军统帅艾森豪威尔在莱茵河畔遇到了一位士兵，听到他在抱怨："唉，马上又要打仗，真是烦死了！"

作为盟军统帅的艾森豪威尔完全有理由训斥士兵，但艾森豪威尔只是拍了拍士兵的肩膀，说："嘿，你跟我想到一块儿去了！我们一起散散步吧，这样或许对我们有所帮助。"

就这样，艾森豪威尔的亲切、乐观感动了士兵，结果这个士兵在战斗中表现出色，战斗也取得了胜利。

成功的人首先要具备不怨天尤人的品质，因为成功的人都知道：没有不经历风雨的花开，没有不经历曝晒的麦熟，没有不经历痛苦的珍珠，更没有不经历挫折的成功。所以任何时候，成功的人都不会选择抱怨，他们

选择思考，选择应对，选择战胜。当困难来临时，轻轻嘘一口气，也许它就会烟消云散。

当然，在人生的漫漫长途中，失败是不可避免的，与其为此无谓地抱怨，为失败寻找借口，倒不如静下心来，坦然接受失败，整理思绪、吸取教训、总结经验，然后继续往前走，用一颗实在的心去创造成功。

生活本来就不是事事如意，生活本来就不会十全十美，相反，起起落落、悲欢离合才是家常便饭。俗话说得好：愁一愁，白了头；笑一笑，十年少。不要抱怨，每个人的人生都不会是一帆风顺的，而正是因为有这些波波折折，才炼就出异彩纷呈的人生。

 守口不密，泄尽真机

【原典再现】

至人①何思何虑，愚人不识不知，可与论学，亦可与建功。唯中才的人，多一番思虑知识，便多一番臆②度猜疑，事事难与下手。口乃心之门，守口不密，泄尽真机；意乃心之足，防意③不严，走尽邪蹊④。责人者，原⑤无过于有过之中，则情平；责己者，求有过于无过之内，则德进。

【重点注释】

①至人：至，达到了顶点。至人指高人一等的人。

②臆：主观想象和揣测。

③意：意识。

④邪蹊：指不正当的小路。

⑤原：原谅、宽恕。

【白话翻译】

　　智慧道德都高人一等的人，对任何事物都无忧无虑，遇事没有猜疑之心。天赋愚鲁的人，糊里糊涂，遇事不懂得钩心斗角。所以可以和他们研究学问，也可以和他们创建功业。只有那些天赋中等的人，智慧不高却什么都懂一点，遇事多疑，所以什么事都难以和他们合作完成。口是心的大门，如果不能管好自己的口，就会泄露心中的秘密；意是心的双脚，如果防守得不够严谨，那么就会走上邪道。对待别人要宽厚，善于原谅他人的过错，这样才能使他心平气和地走向正路；要求自己要严格，在自己无过错时也要设法找出自己的过错，如此才能使自己进步。

【深度解读】

管好自己的嘴

　　中国自古就有"祸从口出"一说，在讲究个性张扬的年代，古人的这句训语早就被人遗忘。也许你以为言者无惧则世上无人可惧；也许你以为心直口快可显血气方刚；也许你以为藏不住话无伤大雅……也许到已没有也许时，你就该开始为你说出的"不慎"之语还债了！

　　在你说任何话之前，先问问你自己，是否必要；若是不必要就别说。因为如果你无法对自己的嘴巴有任何的控制，你又如何能期望对你的心有任何控制呢？如果在说话之前，未经考虑便口无遮拦，想说什么就说什么，大则误国误民，小则误人误事。一旦事实既成，再欲图补救，只怕也是悔之晚矣！生活中，许多人并不是败在自己的能力上，而是败在了没有管住自己的嘴。

　　贺若敦为南北朝北周时的大将，以威猛出名，曾任金州总管，在平定湘州之战中立有大功。他自以为能受朝廷封赏，但没想到因被奸人所诬，不赏反被降职。他心中愤愤不平，当着使者的面大怒，大发怨言。

　　当时北周权臣宇文护早就对他不满，有除之而后快之意。这次听到使者回来一说，马上把贺若敦调回，迫其自杀。临死之前贺若敦对儿子贺若

弼说："吾必欲平江南，然此心不果，汝当成吾志，且吾以舌死，汝不可不思。"说完拿锥子狠狠地刺破儿子的舌头，想以痛感让贺若弼记住他的临终遗言和血的教训。

转眼十几年过去，已是大隋天下。贺若弼也成了隋的右领军大将军，以吴州（今扬州一带）总管镇守江北，成为灭陈的前线。他在灭陈战役中任行军总管，灭陈后和韩擒虎争功。文帝杨坚心有不快，认为他贪功邀宠。贺若弼认为不如自己的杨素都坐上尚书、右仆射的高位，而他还是一个将军，不满之情溢于言表。一些好事之人把贺若弼说的气话告诉杨坚，杨坚把他下狱责备一番，后念他有功放了他。

换了别人，这样的教训已经足够让人清醒过来，低调行事。可贺若弼偏偏不领情，开始向别人夸耀自己功劳卓著，并大肆宣传自己与皇族的亲厚关系，甚至说："太子与我情同手足，连高度机密也告诉我。"他的对头立刻告发了他，并添油加酱，说他早有谋反之心，常常说些大逆不道的话。

后来，隋文帝忍无可忍，把贺若弼贬为庶民。虽然一年后复其爵位，但不重用。杨广篡位后贺若弼因议其太奢侈，最终被隋炀帝所杀。

贺若弼父子的悲剧告诉我们：不当说则不说，不能意气用事，更不能发一些徒劳无益、于事无补的怨言。

古训说得好，"慎言者立"。慎言的"慎"字有个"心"字旁，正是告诫人们，不得不说之前要先思考后说话，光说话不思考肯定付出更大的代价。

"如果你考虑两遍以后再说，那你说得一定比原来好一倍。如果你考虑三遍以后再做，那你做的一定比原来好一倍。"这是西方哲人总结的，这句话的含义不是强调数字，而是强调思考的重要性，强调"话从脑出"。所以，我们一定要管好自己的嘴，防止祸从口出。

火力不到,难成令器

【原典再现】

　　子弟者，大人之胚胎①；秀才者，士大夫之胚胎。此时若火力不到，陶铸不纯，他日涉世立朝，终难成个令器②。君子处患难而不忧，当宴游而惕③虑，遇权豪而不惧，对茕独④而惊心。桃李虽艳，何如松苍柏翠之坚贞？梨杏虽甘，何如橙黄桔绿之馨⑤列？信乎，浓夭不及淡久，早秀不如晚成也。风恬浪静⑥中，见人生之真境；味淡声稀处，识心体⑦之本然。

【重点注释】

①胚胎：指开端、根源。

②令器：指美才。

③惕：担心。

④茕独：孤苦伶仃的意思。无兄弟曰茕，无子曰独。

⑤馨：芳香，多指花草。

⑥风恬浪静：比喻生活平静。

⑦心体：指心的深处。

【白话翻译】

　　小孩是大人的雏形，秀才是官吏的雏形。但如果在这个阶段锻炼得不够，陶冶得不够精纯，以后走向社会或做官，难以成为一个有用的人才。君子面临危难的环境也不会忧虑，在安乐宴饮时却时刻警惕，不沉迷于其中，遇到有权势或蛮横的人也不畏惧，而遇到那些孤苦无依的人却产生同

情心，不会无动于衷。桃树和李树的花朵虽然鲜艳，但怎比得上苍翠的松树柏树那样坚贞呢？梨和杏的滋味虽然香甜，但怎比得上橘子和橙子飘散着的清淡芬芳呢？的确不错，容易消失的美色远不如清淡持久的芬芳，同理，一个人少年得志远不如大器晚成。在安闲平静的时候，可以显现出人生的真实境界；在平淡宁静的时候，才能体会心性的本来面目。

【深度解读】

成功靠后天努力

一个人的成功除去天生的因素，后天的锻炼也很重要。若锻炼的火候不够，陶冶得不纯，那么以后也难成大器。所以，生命的意义在于拼搏，因为世界本身就是竞技场。除了全力以赴的拼搏外，再没有别的途径可以获得成功。死拼是人生中无法替代的力量。任何伟大的事业，成于拼，毁于怠。

"勤能补拙"一词一直广为流传，从古至今，它被人熟知的领域如此广泛，一定程度上也证明了它的正确与重要性。努力不一定能够获得一切，但不努力的人一定一事无成。努力是一种向上的能量，这种能量能够改变一切，能令周遭的一切事物产生变化。

一个努力的人或许今天还默默无名，可就像是滴水穿石、精卫填海一般，下定决心努力的话，笨蛋也能够成为优秀的人才。努力可以改变一个人的命运，令他从一个一事无成的人变成一个成功者。

罗伯特·布鲁斯是古代苏格兰的国王。在他统治苏格兰期间，英格兰国王向苏格兰发动了战争，带着强悍的军队入侵苏格兰。

布鲁斯带领军民全力反抗，激烈的战斗一次接一次打响。可是由于领导的失误以及其他各方面的原因，布鲁斯率领军队与敌人作战六次，全部以失败告终。最后，布鲁斯也走到了崩溃的边缘，他被迫躲进了一间废弃的小茅屋。

有一天，外面下着倾盆大雨，疲惫和伤心缠绕着布鲁斯，他已经准备放弃了。他认为，再做什么都已是徒劳，现在已没有任何希望可言了。无意间，他看见墙角有一只蜘蛛正在结网。他随手一挥毁坏了它即将要结好的网。然而，蜘蛛并不在意，依然努力结网。当布鲁斯再次把它的网破坏后，蜘蛛又一次结另一个新网，如此反复了六次。

布鲁斯震惊了，自言自语道："我被英格兰打败了六次，已经准备放弃了。但我把蜘蛛的网也破坏了六次，它都没有放弃。我又有什么理由放弃呢？"

布鲁斯大叫："我也要去试第七次！"他从柴草床上一跃而起，火速召集了一支新的军队，继续战斗。在随后的日子里，布鲁斯和他的军民，就像那只蜘蛛一样，不言放弃，死拼到底，最终将英格兰人赶出了苏格兰，取得了胜利。

可见，只有不留退路、不遗余力地拼搏，才能积极进取不致消沉，勤勉奋发拔除惰性，坚持不懈褪掉肤浅，以时不我待的紧迫感、务实创新的责任感、矢志不渝的使命感在奋斗中攻坚破难，成就事业。

鲁迅先生说过："真的猛士，敢于直面惨淡的人生，敢于正视淋漓的鲜血。"只要我们在工作和生活中能以积极的态度面对困难，不被困难所吓倒，就一定能够战胜一切，使自己成为一名真正的勇士。

人生不过短短几十年，似水一样流淌，不可遏阻。我们要认真过好每一天。毕竟，生活并不是那么矫情，容不得我们任性！你最想干什么，就努力去，这样才能距离你的梦想越来越近。

乐者不言，言者不乐

【原典再现】

谈山林之乐者，未必真得山林之趣①；厌名利之谈者，未必尽忘名利之情。钓水②，逸事也，尚持生杀之柄③；弈棋，清戏也，且动战争之心。可见喜事不如省事之为适，多能不若无能之全真④。莺花茂而山浓谷艳，

总是乾坤之幻境；水木落而石瘦崖枯，才见天地之真吾⑤。岁月本长，而忙者自促；天地本宽，而鄙者自隘；风花雪月本闲，而劳攘⑥者自冗⑦。

【重点注释】

①趣：味。

②钓水：指垂钓。

③柄：权力、权柄。

④全真：保全真实的本性。

⑤真吾：真实的本来面目。

⑥劳攘：形体、精神的劳碌与困扰。

⑦冗：忙，繁忙。

【白话翻译】

经常说起隐居山林生活的乐趣的人，未必就能完全领悟山林中的真正乐趣；整天高谈讨厌功名利禄的人，心中未必就能完全放下对名利的贪念。钓鱼本是件清闲洒脱的活动，然而它却手握鱼儿的生杀大权；下棋本是高雅轻松的娱乐，但它却存在争强好胜的心理。可见，多一事不如少一事让人更加闲适，多才多艺还不如平凡无才能够保全自己的真实本性。百花盛开，百鸟齐鸣，溪谷充满了迷人景色，然而这一切不过是大自然的一种幻象；泉水干涸树叶凋落，石面清冷，这种山川的一片荒凉，才正好能看出自然界的本来面貌。时间本来是很长的，而忙碌的人觉得很紧迫；天地本来宽阔无限，心胸狭窄的人却感觉到局促抑压；春花秋月本来是供人欣赏调剂身心的，而庸碌的人却无事找事，徒增忙碌和烦恼。

【深度解读】

喜怒不形于色

在生活中，喜怒不形于色的人是能够成大事的。这种人并非是卑躬屈膝，装出笑脸，更不是为了奉承上司，强露笑齿，而是始终保持自然的神态，喜怒不形于色。

汉高祖四年，刘邦在成皋战场作战失利，急需把韩信、彭越调来支援，不料韩信却派人对刘邦说："齐国伪诈多变，是个反复无常的国家，请汉王假装答应我为王，以便镇抚它。"刘邦当时心性不顺，生气地骂道："我被困在这儿，日夜盼望着他来，他却自己想要称王？"他怒从心起，真想把韩信"解决"掉，但张良和陈平则极力劝导，告诉他目前情况绝不可施怒于韩信。于是聪明的刘邦就说："干吗把你假装为齐王？我封你个真齐王多好？"

刘邦在一转念中，忍住了怒火，才没有因自己一时冲动而失去济世良才。

人受怒气的支配，往往会丧失理智，干出一些悔之莫及的蠢事。为此，林则徐曾悬"制怒"条幅于堂，时时以此警诫自己。在为人处世中，人要做到喜怒不形于色，胸怀雅量、包容乾坤，这样才能让我们不为喜怒所扰，自在逍遥。

做到喜怒不形于色，能体现一个人的阅历和性格。这其实是做人的一种境界，若想做到这一点就要让自己尽快成熟起来，遇事做到先听，再看，后想，不要急于表态，事事都要考虑周全。

楚汉相争时，有一次刘邦和项羽在两军阵前对话，刘邦历数项羽的罪过。项羽大怒，命令暗中潜伏的弓弩手几千人一齐向刘邦放箭。一支箭正好射中刘邦的胸口，刘邦伤势沉重，痛得把身体伏了下来。主将受伤，群龙无首。如果楚军趁着人心浮动的时候攻击，汉军必然全军溃败。

刘邦突然镇静起来，他巧施妙计，在马上用手扣住自己的脚，喊道："碰巧被你们射中了，幸好伤在脚趾，没有重伤。"军士听了，顿时稳定下来，最终也没有被楚军攻陷。

其实，喜怒哀乐是人的基本情绪，世界上没有一个人能真正地做到心如止水，没有喜怒哀乐。对于每个人来说，要想拥有一片属于自己的天空，做到这一点是很重要的。所以，不管是沉默还是有必要的争论，都必须就事论事，做到喜怒不形于色，为人处世才会达到理想的效果。

 得趣不在多，会景不在远

【原典再现】

得趣不在多，盆池拳石①间，烟霞俱足；会景不在远，蓬窗竹屋下，风月自赊。听静夜之钟声，唤醒梦中之梦；观澄潭之月影，窥见身外之身②。鸟语虫声，总是传心之诀；花英草色，无非见道之文。学者要天机清澈，胸次玲珑③，触物皆有会心处。人解读有字书，不解读无字书；知弹有弦琴，不知弹无弦琴。以迹用④，不以神用，何以得琴书之趣？心无物欲，即是秋空霁⑤海；坐有琴书，便成石室丹丘⑥。

【重点注释】

①盆池拳石：比喻空间狭小。

②身外之身：此指佛家所说的真如自性。

③玲珑：此指光明磊落。

④迹用：运用形体。

⑤霁：天放晴。

⑥石室丹丘：此处引申为神仙居住的地方。

【白话翻译】

生活的乐趣不在于东西的多少，一个池塘和几块石头，云烟日霞，景色就已经齐全；领悟大自然景色不必远求，在自己家的草窗竹屋之下，也可以享受到清风明月的悠闲情趣。夜深人静，听到远处传来的钟声，可以把我们从人生的大梦中唤醒；从清澈的潭水中观察明亮的月夜倒影，可以发现我们肉身以外的灵性。鸟语虫鸣，是它们表达感情的方法；花艳草青，蕴藏着大自然的奥妙文章。所以我们读书研究学问的人必须使灵智清明透彻，胸怀磊落，跟事物接触，才能收到豁然领悟之效。人们只会读懂用文字写成的书，却无法读懂大自然这本无字的书；只知道弹奏有弦的琴，却不知道弹奏大自然这架无弦之琴。知道用有形的东西，而不懂领悟其神韵，这样怎么能懂得弹琴和读书的真正乐趣呢？心中没有功名利禄的欲望，就会像秋天的天空和晴朗的海面一样明朗辽阔；在闲坐时有琴弦和书籍为伴，生活就会像居住在山洞中的神仙一样逍遥。

【深度解读】

善于发现生活的美

美国作家梭罗在《瓦尔登湖》里提出一个概念，即"黎明的感觉"，就是每天早晨醒来睁开眼睛看到黎明，看到天边的曙光，就像获得新生一样。

黎明，晨曦初露，鸟儿在树枝间啼出最清亮的声音，树叶在风中摇下晶莹剔透的露珠，花园里弥漫着杂草和花朵的清香，阳光金亮照在你的窗棂上……一切都充满生机，都拥有活力！走在黎明中，你会觉得世界是新的，生活充满希望。

其实，生活的本质就在日常的一粥一饭之中，只要用心去体会，就会发现琐碎事物的奥秘。英国诗人布莱克在诗中说过："在一颗沙粒中见一个世界，在一朵鲜花中见一片天空，在你的掌心中把握无限，在一个钟点里把握无穷。"

的确，山不在高，有仙则名；水不在深，有龙则灵。美好的景致不在远近、高低、深浅、多少，贵在能够心领神会。精神的富有超过物质的享受，高雅的情调并不决定于财富的多少。所以，享有生活情趣的人，一草

一木也关情，没有生活乐趣的人，即使让他处在名山大川中，又怎能抒发出悠然雅趣，生发热爱大好河山的激情呢?

不得不说，好的风景就在身边，并不是缺少美，而是缺少一双发现美的眼睛。我们将自我封闭在狭小的空间，每天重复着单调而平凡的生活，失去了发现美的眼睛，家里——单位，两点一线；上班——下班，为生活而忙碌的同时却降低了生活的品质，甚至缺失了对美的审视能力。人，需要有一双能够发现美的眼睛，需要时时用那双眼睛去发现生活中的美，用心寻找，用心体会，用心品赏，这样，才会不断给自己带来惊喜，给人生带来无尽的享受。

日本作家川端康成写过一篇题为《美的存在与发现》的文章，文中说到他住在檀香山海滨的时候，有天早晨，发现餐厅里的一张长桌上排列着许多玻璃杯，清晨的阳光洒在上面，晶莹剔透，光芒四射，美丽极了，他在文章中说，这美丽会在他心中铭刻一生。

真正的幸福是在家长里短之中，吵吵闹闹之下，一颦一笑之间。而那些无所不能的仙境永远只是终将苏醒的梦。与其成天做梦，不如经营好现实，也许某天就会发现，现实比梦境更美好。如果还不够好，那是因为还不够实在。

一个人幸福不幸福，在本质上和财富、地位、权力没有必然的关系。幸福由思想、心态决定。只要拥有平和淡泊、豁达乐观的阳光心态，在面对生活的种种困境时，我们才能坦然处之，发现生活中的美。

会得个中趣，破得眼前机

【原典再现】

宾朋云集，剧饮淋漓，乐矣，俄而漏尽烛残，香销茗①冷，不觉反成呕咽，令人索然无味。天下事，率类此，人奈何不早回头也？会得个中趣，五湖之烟月②尽入寸里③；破得眼前机，千古之英雄尽归掌握。山河大地已属微尘，而况尘中之尘；血肉身躯且归泡影，而况影外之影。非上上智④，无了了心。石火光中争长竞短，几何光阴？蜗牛角上⑤较雌论雄，许大⑥世界？寒灯无焰，敝⑦裘无温，总是播弄光景；身如槁木，心似死灰，不免堕在顽空。

【重点注释】

①茗：茶。

②烟月：指自然景色。

③寸里：心里。

④上上智：最高的智慧。

⑤蜗牛角上：比喻地方极小。

⑥许大：多大。

⑦敝：坏、破旧。

【白话翻译】

朋友聚在一起，酣畅痛饮，多么快乐，可事过之后，只是燃尽的残烛，烧尽的檀香，冰凉的茶水，一切快乐已经烟消云散，回想刚才的一切，真

让人感到毫无乐趣。天下的事，大多和这相似，识时务的人为什么不及时回头呢？能够体会天地之间所蕴含的乐趣，那么五湖四海的山川景色便可纳入我的心中；能够看破眼前的机运，那么所有古往今来的英雄豪杰都可归于我掌握。山川大地与广袤的宇宙相比，只是一粒细小的尘土，血肉之躯相对无限的时间来说，只是相当于一个一闪即逝的泡影，功名富贵不过是泡影外的泡影。所以说，没有绝顶高超的智慧，就不能有彻悟真理之心。人生就像用铁器击石所发出的火光一样一闪即逝，在这期间去争名夺利究竟有多少时间？人类在宇宙中所占的空间就像蜗牛触角那么小，在这块地方上争强斗胜究竟有多大世界？微弱的灯火没有光焰，破旧的棉衣丧失了温暖，这是造化在玩弄世人；衰败的身体像干枯的树木，空虚的心灵像燃透的灰烬，这样的人不免陷入冥顽的空境。

【深度解读】

识时务者为俊杰

人的一生是不可能一帆风顺的，道路是坎坷的，困难就像前进道路上的种种障碍物，需要你去用各种方法去清除它们。一般来说，一个在大是大非面前有原则的人是一个可靠的人，如果能识时务，就会获得意外的精彩和美好。

在险恶的官场中，若想立身于其中，更要识时务，曾国藩自始至终都明白这一点。所谓"天有不测风云"，审时度势，看清形势，才能把握先机，从而智珠在握，成竹在胸，驾轻就熟而得心应手地驾驭瞬息万变的动态世界。所以，曾国藩无论在惊心动魄的政治斗争中，还是在刀光剑影的军事搏杀中，都能在千钧一发之际化险为夷，这的确是他做人处世的绝技。

"盛极必衰，物极必反"是事物发展的必然规律。然而真正能够懂得其深刻含义的人却未必多，因为人人都向往着高官厚禄、幸福荣华。如果只知进不知退，可能会使一生功绩毁于一旦，身败名裂，遗恨终生。

战国时代的政治家商鞅，以历史上有名的"商鞅变法"的功绩，奠定了自己的地位，同时巩固了秦国的统治。当初，他在秦孝公的支持下，断然采取了极其严厉的政治改革措施，虽然为秦国政治清明、富国强兵做出了根本性的贡献，但是，改革也触动了新兴地主阶级的利益，一时间朝野上下树起了数不清的政敌。

据《史记》载，有位叫赵良的人引用"以德者荣，求力者咸"之典故力劝商鞅隐退，可是商鞅不以为然，固执己见。秦孝公去世后，新王即位，反对派们再不用有所顾忌了，纷纷策谋陷害他，他最终被以谋反罪名处以极刑。

商鞅惨遭毒手，是因为他太不识时务，只知进，且"好生事"，故而引起众怒。所以，我们只有居危思安，高瞻远瞩，认清形势，才能保实力、求发展。

唐朝时，唐太宗李世民从历史的正反经验中得出结论：分封皇亲贤臣，是使子孙绵延、社稷长治久安的办法。于是唐贞观十一年，他就定下制度，将皇室子弟荆州都督李元景、安州都督吴王李恪等二十一人，加上功臣司空赵州刺史长孙无忌、尚书左仆射宋州刺史房玄龄等十四人，一并封为世袭刺史。

这一重大举措，立即遭到臣属们的议论，许多大臣建议李世民收回成命，并放弃分封制度。李世民认为，周朝分封宗室子弟，王位传袭八百多年；秦朝废除分封制，到秦二世就灭亡；汉初吕后想危害刘氏天下，最后也是靠刘氏宗室子弟的力量才获得安定。他定的制度是借鉴历史的经验，遵从古代的法规，没有错，所以不愿意放弃。

后来，礼部侍郎李百药上了一道奏折，他在其奏章中慷慨陈词，分析了商周时代实行分封制之所以成功的时代背景，总结了晋代分封失败的教训，然后一针见血地指出：不具体分析前朝前代的历史，不注重当朝当代的实际，只是笼统地说某种制度优、某种制度劣，一味地遵从古制，那就无异于刻舟求剑，作茧自缚。

李世民看过奏章，觉得李百药态度中肯，道理深邃，论据可信，认识到自己没有注重古今区别，墨守成规而行世袭封爵，幡然醒悟。便采纳了

李百药的意见，取消了宗室子弟及功臣世袭刺史的诏令。

　　李世民的开明之处，在于他能够很快改正错误并回到正确的轨道上来，从而避免了让整艘社稷大船走向不可预测的航道。可见，如果一个人不能随着形势的变化而变化，势必会落伍，甚至处处碰壁。反之，一个人能够识时务，遇事善于灵活变通，择势而为，那么他必能在社会中游刃有余。

 # 休无休时，了无了时

【原典再现】

　　人肯当下休，便当下了。若要寻个歇处，则婚嫁虽完，事亦不少；僧道虽好，心亦不了。前人云："如今休去便休去，若觅了时无了时。"见之卓矣。从冷视热①，然后知热处之奔驰无益；从冗②入闲，然后觉闲中之滋味最长。有浮云富贵之风，而不必岩栖穴处③；无膏肓泉石之癖，而常自醉酒耽④诗。竞逐⑤听人，而不嫌尽醉；恬淡适己，而不夸独醒。此释氏⑥所谓"不为法缠，不为空缠⑦，身心两自在"者。

【重点注释】

①热：指名利权势。

②冗：忙，繁忙。

③岩栖穴处：指居住在深山洞穴中。

④耽：沉溺，爱好而沉浸其中。

⑤竞逐：竞争。

⑥释氏：佛祖释迦牟尼的简称。

⑦缠：扎束困扰。

【白话翻译】

当我们决定停手不干时，就要立即结束。如果想找个好时机再停止，那就像结婚一样，婚礼虽然结束，以后的问题还很多；出家的和尚虽然暂时获得清静，其实内心的烦恼却不见得一时能够消除。古人说："现在能够停止就赶快停止，如果去寻找一个可以完结的时候便永远无法停止。"这真是真知灼见啊。从名利场中退出来以后，再冷静地回头看那些热衷于名利的人，才发现热衷于争名夺利对生活毫无意义；从忙碌的工作环境回到闲适的生活环境中，才会发现在安逸悠闲生活中的滋味最长久。能把荣华富贵看成是浮云的人，根本就不必住到深山幽谷去修养心性。不酷爱山石清泉的人，总是作诗饮酒，也自有乐趣。别人争名夺利与自己无关，也不必因为别人的醉心名利而就疏远他。恬静淡泊是为了适应自己的个性，因此也不必向别人夸耀自己的清高。这就是佛家所说的"不被物欲蒙蔽，也不被虚幻所迷惑，身心俱逍遥自在"的人。

【深度解读】

做事不拖泥带水

生活中，思前想后、犹豫不决固然可以免去一些做错事的可能，但也可能会失去更多成功的机遇。想要做一件事，如果等所有的条件都成熟才去行动，也许要永远等下去。拿定主意后，果断行动，做事不拖泥带水，这不仅是成功的关键，也会让你的气质更加出众。

果断，是一种性格，也是一种气质，它会让身边的人体验到雷厉风行的处事作风。果断型性格的人易赢得机会，这种性格的人做事果断，只要认为可行，就会毫不犹豫、大刀阔斧地去实施，绝不会拖拖拉拉。

一个具有果断性格的人，往往是一个让人钦佩、羡慕，并能对其产生信赖感的人。这是因为，果断的性格往往能够让一个人在危难之中，迅速做出正确的抉择，带给身边的人安全感，使人感到希望更加明朗。

美国著名企业家的成功典范、石油大王洛克菲勒曾经说过："智者真正的智慧在敢于快速地行动。在行动中紧跟形势，保持自己的优势。"所以，成功不是将来才有的，而是从决定去做的那一刻起，持续累积而成，要相信自己，果断行动。一个人的成功与他善于抓住有利时机、果断做出决策相关。

不管事情大小，果断出击总比怨天尤人、犹豫不决更为有益。果断决策、绝不拖延是成功人士的作风，而犹豫不决、优柔寡断则是平庸之辈的共性。不同的态度会产生不同的结果，如果你具备了果断决策的能力，必然会在残酷而又激烈的竞争中脱颖而出。

很多时候，无论我们怎样谨慎地选择，终归都不会是尽善尽美，总会留有缺憾。但缺憾本身也是一种美。既然做了选择就不要再后悔，只要是最适合自己的，就是明智、理性和智慧的选择。

 # 知足者仙境，不知足者凡境

【原典再现】

延促①由于一念，宽窄系之寸心。故机闲者②，一日遥于千古；意广者，斗室宽若两间。损之又损③，栽花种竹，尽交还乌有先生；忘无可忘，焚香煮茗，总不问白衣童子。都来眼前事，知足者仙境，不知足者凡境；总出世上因，善用者生机，不善用者杀机④。趋炎附势之祸，甚惨亦甚速；栖恬守逸之味，最淡亦最长。松涧边，携杖独行，立处云生破衲⑤；竹窗下，枕书高卧，觉时月侵寒毡⑥。

【重点注释】

①延促：延，延长、伸长。促，短促。

②机闲者：忙中偷闲的人。

③损：减少。

④杀机：危机。杀，败坏。

⑤衲：僧衣。

⑥毡：用毛制成的毡子。

【白话翻译】

时间的长短是出于人的主观感受，空间的宽和窄是基于心理的体验。所以对忙里偷闲的人来说，一天比千年还长，对心境开阔的人来说，斗大的屋子像天地间一样宽广。要把生活中物质的欲望降到最低程度，每天种些花竹，将一切世间的烦恼都忘到九霄云外。要把生活琐事忘掉，每天面对着佛坛烧香，手提水壶亲自烹茶，自然就会使自己进入忘我的神仙境界。凡是对现实生活感到知足的人，就会觉得像生活在仙境，不知足的人就只能始终处在凡俗的世界；总结世上的一切原因，假如能善于运用就处处充满生机，假如不善运用就处处充满危机。攀附权势的人，所带来的祸害往往是最悲惨最迅速的；坚持恬静淡泊的生活，虽然很平淡，但趣味却最悠久。在松涧边，拿着手杖悠闲散步，这时从山谷中浮起一片云雾，笼罩在自己所穿的破袍上；在简陋的竹窗之下读书，疲倦了就枕着书呼呼大睡，等一觉醒来月光照亮了毛毡。

【深度解读】

知足才能常乐

在现实生活中，人生的道路充满坎坷，要实现自己的理想，不是每个人都能一帆风顺的。有的人面对挫折和失败，常常怨天尤人，怪自己怀才不遇：为什么别人的命运那么好？金钱、荣誉、地位都有！要知道，人生没有十全十美的，人各有命，一个人的能力有大小，怎么能攀比呢？

很多人一生都在追求名利，在汲汲营营中过完了忙碌的一生，到头来却发现自己被这些身外之物压得透不过气来。而放空了名利心，就放下了各种烦恼，就能收获一份轻松。正如邹韬奋所说："一个人光溜溜地到这处世界来，最后光溜溜地离开这个世界而去，彻底想起来，名利都是身外物。只有尽一人的心力，使社会上的人多得他工作的裨益，是人生最愉快的事情。"

中国古代典籍《增广贤文》中说过，"知足常乐，终身不辱"，这是照耀古今的真知灼见。寡欲才能清心，心淡才能智明。对个人来说，过于富有的生活不一定有多少好处，财富对能力和品德也是一种考验。老子在《道德经》中说过："罪莫大于欲，祸莫大于不知足，咎莫大于欲得。故，知足之足，恒足也。"讲的是知足常乐的人生哲学。

曹操攻取汉中后，许多人劝他乘胜攻打益州。此时曹军身心疲惫，且蜀道艰险，难于进军。曹操深知这一点，并没有急功近利，说道："既得陇，何复往蜀焉。"这句话道出了曹操对获得的成就感到暂时的满足。

NBA 巨星杜兰特也是因他的知足之心获得了人们的好评。在他刚刚打破迈克尔·乔丹的纪录后，他并没有向下一纪录展开挑战，而是果断放弃，不再去想打破纪录，忠心为球队打球，以球队整体利益为重。这种满足是为了整体的利益，展现了大局风范，更重要的是他有一颗知足的心。

知足，是一种心态。广厦千间，夜眠不过七尺；珍馐百味，日食只需三餐。简单，再简单一点，这就是生活。也许有人会说，知足，意味着满足现状，不再追求，会对社会发展不利。但我所说的知足，不是意味着没有进取心，安于现状，而是在物质追求上不要计较太多。知足常乐，无疑是一剂心灵的良药，帮助我们在纷繁的生活中形成一个良好的心态。

常常看到有些人为了谋到一官半职，请客送礼，煞费苦心地找关系、托门路，机关用尽，而结果还往往事与愿违；还有些人因未能得到重用，就牢骚满腹，借酒浇愁，甚至做些对自己不负责任的事情。这样做太不值得了，他们这样做都是因为太看重名利，甚至把自己的身家性命都压在了上面。

其实，生命的乐趣很多，何必那么关注功名利禄这些身外之物呢？少点欲望，多点情趣，人生会更有意义，何况该是你的跑不掉，不该是你的争也白费力。只要放下名利物欲之心，就能拥有豁达的心胸，从而成为自己心灵的主宰。

"知足知止"是人生修养的至高境界，需要长期学习，逐渐养成重事业、淡名利的健康心态。知足常乐，虚怀若谷，最能显示一个人的涵养。知足就要经受各种诱惑和考验，不为世俗名利所累。我们只有保持淡泊人生、乐趣知足的心态，才能使自己体会出人生无尽的乐趣，达到人生的理想境界。

欲时思病，利来思死

【原典再现】

色欲火炽，而一念及病时，便兴似寒灰；名利饴①甘，而一想到死地，便味如嚼蜡。故人常忧死虑病，亦可消幻业而长道心。争先②的径路窄，退后一步，自宽平一步；浓艳的滋味短，清淡一分，自悠长一分。忙处不乱性，须闲处心神养得清；死时不动心③，须生时事物看得破。隐逸林中无荣辱，道义路上无炎凉④。热不必除，而除此热恼，身常在清凉台上；穷不可遣，而遣⑤此穷愁，心常居安乐窝⑥中。

【重点注释】

①饴：用米、麦制成的糖浆，糖稀。

②争先：此指争强好胜。

③不动心：镇定、不畏惧。

④炎凉：炎，热。凉，冷。炎凉比喻人情冷暖。

⑤遣：排除、排遣。

⑥安乐窝：指舒适的处所。

【白话翻译】

当性欲像烈火一般燃烧起来时，只要想一想生病的痛苦情形，那性欲的烈火就会立刻变成一堆冷灰；当功名利禄像蜂蜜一般甘美时，一想到死亡的情景，那就会像嚼蜡一般毫无味道。所以一个人要经常想到疾病和死亡，那么就可以消除虚幻的追求了。和人争先，道路自然就觉得窄，假如能退后一步让他人先走，道路自然宽广许多；追求浓艳华丽，那么享受到的滋味就会缩短，如果清淡一些，趣味反而更加悠久。想要在忙碌的时候也能保持冷静的态度，必须在平时培养清晰敏捷的头脑；想要面对死亡也毫不畏惧，必须在平日对人生有所彻悟。隐居山林之中的人生，没有荣耀与耻辱；追求仁义道德的道路上，没有人情冷暖，世态炎凉。消除夏天的暑热，只要消除烦躁不安的情绪，那你的身体就如同坐在凉亭上一般凉爽；消除贫穷，只要能排除为贫穷而愁的错误观念，那你的心境就宛如生活在快乐世界一般幸福。

【深度解读】

越简单越幸福

人的生活越简单就越幸福，这个道理并不是人人都懂。世人在现实生活中如果随波逐流，只去追求物质上的享受，就要经常面对各种生活压力与精神压力。长期下去，这样的精神负担将会使人苦不堪言。

其实，这个世界很简单，复杂的只是人心。人心其实也不复杂，只要别构思过度就行。余秋雨说过："我们的历史太长，权谋太深，兵法太多，黑箱太大，内幕太厚，口舌太贪，眼光太杂，预计太险。因此，对一切都'构思过度'。"受这种思维的影响，一些人忙着算计，把本来简单的生活过得太复杂。

事实上，我们并不需要想那么多，想那么远。更没必要把自己变成一个不停运转的机器。我们只需要静下心来，让思维跟生活变得有条理、有顺序，简单与惬意的生活就会向我们走来。

有许多人，与生俱来就有许多让他快乐和幸福的因素；也有许多人，一生漂泊一生落魄，好像注定与幸福无缘。然而，只要你用心去寻找，很快就会发现，快乐就在自己的手中，怎样对待生活，便会有怎样的快乐。其实，快乐很简单。活得轻松一些，就能在简单中寻找到快乐与幸福。

曾看到这样一则寓言故事：

传说，有一名准天使，身上背负着幸福的使命，他必须在凡间帮助一个人，才能最终成为一名真正的天使。

有一天，准天使蹲在一棵大树上寻找自己的目标。他透过一家人的窗户，看到那家人正在吃晚饭。男人气宇轩昂，举手投足间有领导风范，他的妻子在给他盛汤，女儿乖巧地将一双筷子递给爸爸。

准天使问这个男人："你觉得自己幸福吗？"男人想了想，说："不，我一点儿也不幸福。整天工作都快累死了，生活一点儿意思都没有，我真想成为世界上最幸福的人。"准天使听后，立刻施展自己的魔法，将男人拥有的一切全都拿走了。

准天使又问这个男人："现在你还想成为世界上最幸福的人吗？"男人不假思索地回答："不，我只想回到以前的生活就可以了。"准天使将男人的一切又还给了他。从此，这一家三口又过上了简单而快乐的生活。

可见，简单的幸福就是有和睦的家人、有温暖的阳光，这才是值得拥有的人生、值得享受的快乐。所以，心中存满阳光和感恩的人，生存得踏实滋润而又信心百倍，内心也便拥有了一种简单的幸福，这是一种积极的生活态度，更是一种智慧的生活方式。

幸福其实无处不在，幸不幸福在于你有没有一颗感知幸福的心，要对人生充满激情，而不是生活在抱怨中。只有当你以积极的心态对待生活中的事情时，你才会发现幸福其实无处不在，这样你才能感知你生活在幸福中，心情才能愉快。

其实，幸福更像一幅水墨山水画，平静淡雅无奇，没有多余的色彩进行渲染，更没有多余的笔画进行描绘，然而它确有大家的风范，韵味深刻，细细品味，越品越觉得神奇。当然，简单并不是无所事事，而是忙碌之中心灵的纯净，为人的真诚。

总之，简单的幸福无处不在，凡事不必强求，顺其自然，一切都会变得简单明了。没什么大不了，不要奢望，有一个好的心态，你就会幸福。不必抱怨生活中的幸福太少，让自己拥有一双感悟幸福的眼睛，没有谁能把日子过得行云流水。走过平湖烟雨，岁月山河，你会发现真实的幸福很简单。只要我们感受着、留心着，就会时时被简单的幸福所感动，也在自己的生活中贯穿着简单，进而营造着幸福。

进步处思退步，着手时图放手

进步处便思退步，庶免触藩①之祸；着手时先图放手，才脱骑虎之危。贪得者分金恨不得玉，封公②怨不授候，权豪自甘乞丐；知足者藜羹旨于膏粱③，布袍暖于狐貉，编民④不让王公。矜⑤名不若逃名趣，练⑥事何如省事闲。嗜寂者，观白云幽石而通玄；趋荣者，见清歌妙舞而忘倦。唯自得⑦之士，无喧寂，无荣枯，无往非自适之天。

【重点注释】

①触藩：进退两难。

②公：爵位。

③膏粱：珍美的菜肴。

④编民：指一般平民。

⑤矜：夸耀。

⑥练：训练、使熟练。此处有研究之意。

⑦自得：领悟人生。

【白话翻译】

当你的事业顺利进展时，应该有抽身隐退的准备，以免将来把自己弄得进退两难；当你刚开始做一件事时，就要先想在什么情况之下罢手，以免将来骑虎难下，无法控制而招来危险。贪得无厌的人，你给他金银他还怨恨得不到珠宝，你封他公爵他还怨恨没封侯爵，这种人虽然身居富贵之位却等于自愿沦为乞丐。自知满足的人，吃野菜汤也比吃山珍海味还要香甜，穿布棉袍也比穿狐裘貂裘还要温暖，这种人虽然身居平民地位，实际比王公更为高贵。喜欢夸耀自己名声的人，倒不如避讳自己的名声显得更高明；一个潜心研究事物的人，倒不如什么也不做来得更安闲。喜欢宁静的人，看到天上的白云和幽谷的奇石，就能悟出深奥的玄理；喜欢繁华热闹的人，听到悠扬的音乐看到美妙的舞姿，就忘掉一切疲劳。只有那些纯净自得的人，没有喧嚣或寂寞的烦恼，没有得志或失意的痛苦，何时何地都是他逍遥自在的天地。

【深度解读】

防患于未然

古人云："无事如有事，时提防，可以弥意外之变；有事如无事，时镇定，可以消局中之危。"所以，无论何时何地，都要未雨绸缪，防患于未然，切忌临渴掘井。

秦末，项梁从吴中起义，然后率领八千人渡江向西，加入消灭暴秦的行列。他听说有个叫陈婴的人已经占领了东阳县（今属浙江金华），就派人前去联络，想要和他一起联兵西进。

陈婴本来是东阳县的一个小官吏，由于他忠信恭谨，一直深受县民爱戴。后遇天下大乱，东阳县里的一些年轻人自发地组织起来，杀死了县令，还请陈婴来做他们的首领。陈婴推辞不过，只好答应了。他们又想推举陈婴为王。

陈婴的母亲听说要选陈婴为王，十分反对。她对陈婴说："我们陈家

虽是县里的望族，但从无做高官的人，现在一下子做什么王，名声太大了，容易招来祸害。况且，现在时局动乱，形势未明，出来称王，祸害比平时更大。如果成功了，你能得到封赏；如果不成功，人家也会把你当头儿抓。"

听了母亲的分析后，陈婴思量再三，觉得还是不为王的好。于是他就对众人说："我原本是个小官，威望不足以服众人。现在项梁在江东起事，引兵西渡，并派人来要和我们联合抗秦。项梁祖世就为楚将，名声显赫，我们想成就一番事业，就得依靠像项梁这样的人。"于是，陈婴带领两万多起义军投奔了项梁。

知子莫若母，母亲知道陈婴的性格不适合与各路枭雄争夺天下，不如依附在强者的势力之下，进可享受爵位，退可隐姓埋名，保有性命。可见，陈婴的母亲是相当务实的。而陈婴也能听从母亲的警告，居安而思危，实乃大幸。

未雨绸缪、防患于未然的思想在中国可以说是源远流长、妇孺皆知，其道理似乎已不言而喻。

唐贞观之初，唐太宗曾向名臣魏征垂询国家长治久安之道，魏征就写下了《谏太宗十思疏》，在这篇文章中，魏征紧扣"思国之安者，必积其德义"这一安邦治国的重要思想，具体提出了"居安思危，戒奢以俭"等十个建议，其中排在首位的就是居安思危。太宗基本上采纳了这些建议。这才有了中国历史上著名的"贞观之治"。也才有了让无数华夏子孙无比自豪的盛唐。

可见，小到一个人，大到一个国家，都要有忧患意识。孟子曾经说过："生于忧患，死于安乐。"也就是说，居安思危，才能再接再厉，达到事业的高峰。

人的一生总要发生很多事情，没有人知道自己的将来会发生什么。但一定要有居安思危的思想，才能防患于未然。这样在危险突然降临时，才不至于手忙脚乱。

第七章　不计得失，去留无意

　　无论是宠爱或者屈辱，都不会在意，人生之荣辱，就如庭院前的花朵盛开和衰落那样平常；无论是晋升还是贬职，都不去在意，人生的去留，就如天上的浮云飘来和飘去那样随意。

有意者反远，无心者自近

【原典再现】

孤云出岫①，去留一无所系；朗镜悬空，静躁两不相干。悠长之趣，不得于浓酽②，而得于啜菽饮水③；惆恨之怀，不生于枯寂，而生于品竹调丝④。故知浓处味常短，淡中趣独真也。禅宗曰："饥来吃饭倦来眠。"《诗旨》曰："眼前景致口头语。"盖极高寓⑤于极平，至难出于至易；有⑥意者反远，无⑦心者自近也。水流而境无声，得处喧见寂之趣；山高而云不碍，悟出有入无之机。

【重点注释】

①岫：山洞。

②酽：浓、味厚。

③啜菽饮水：啜，吃。菽，豆类的总称，此处指粗粮。啜菽饮水，比喻清淡的生活。

④品竹调丝：指欣赏音乐。

⑤寓：寄托。

⑥有：有形的事物。

⑦无：无我、忘我的境界。

【白话翻译】

一片云从山中飘出，自由自在地飞向天际；明月像镜子般挂在天空，人间的宁静或喧嚣都和它毫无关系。悠远绵长的趣味不从美酒佳肴中得来，而是在粗茶淡饭中得来；惆怅悲恨的情怀不是从孤寂困苦中产生，而是从声色犬马中产生。可见美食和声色的趣味往往很快消散，而平淡的事物才是最有趣味和最真实的。禅宗有言："饿了就吃饭，困了就睡觉。"《诗旨》里有一句是："多多运用眼前景致和俗言谚语。"这些都是将极深的哲理蕴含在极为平淡的日常生活当中，可见最难的东西也要从最简单处着手；凡事刻意去强求的人往往离真理更远，无心而任其自然的人反而会接近真理。江水不停地流动，但是两岸的人却听不到水流的声音，这样反倒能发现闹中取静的真趣；山峰很高，却不妨碍白云的浮动，这景观可使人悟出从有我进入无我的玄机。

【深度解读】

不要强求，顺其自然

1971 年，迪士尼乐园的路径设计被评为世界最佳设计。在迪士尼乐园将对外开放之际，各景点之间的路该怎样连接还没有具体方案，设计师格罗培斯心里十分焦躁。

有一天，格罗培斯乘车来到法国南部一个无人看管的葡萄园，在葡萄园里，人们自由自在摘葡萄的做法，使设计师格罗培斯深受启发。回到驻地后，格罗培斯给施工部下了命令：把空地全种上草，提前开放。

在提前开放的半年里，迪士尼乐园绿油油的草地被踩出许多小道，优雅自然，走的人多就宽，走的人少就窄。

第二年，格罗培斯就让工人按这些踩出的痕迹铺设了人行道。这是从未有过的优美设计，和谐自然地满足了行人的需要。格罗培斯真是位懂得顺其自然的人。凡事顺其自然，不必刻意强求，反倒会收到意想不到的效果。

为了尽善尽美，人们绞尽脑汁、殚精竭虑，最后不见得会有一个好结果。其实，我们遇上难越的坎儿，与其百般思量，不如顺其自然，反倒能够柳暗花明。

孔子曰："三十而立，四十而不惑，五十而知天命，六十而耳顺，七十而从心所欲。"现实生活中的每个人，或许在经历了人生几十年的拼

搏，到了不惑或者知天命的时候，才会顺其自然，有了"与世无争"的念头，也有了豁达、超然的人生境界。

不得不说，一切功名利禄都不过是过眼烟云，得而失之、失而复得这种情况都是经常发生的，把功名利禄看淡看轻看开些，一切顺其自然，就能做到"荣辱毁誉不上心"。

建文帝四年六月，朱棣攻下应天，继承帝位，改号永乐，史称成祖。论功行赏，姚广孝功推第一。成祖即位后，姚广孝位势显赫，极受宠信。永乐二年（1404年）四月拜善大夫太子少师。复其姓，赐名广孝。

成祖平时与他说话，都称少师而不呼其名以示尊重。然而当成祖命姚广孝蓄发还俗时，广孝却不答应。赐予府第及两位宫人时，仍拒不接受。他只居住在僧寺之中。每每冠带上朝，退朝后就穿上袈裟。人问其故，他笑而不答。

姚广孝终身不娶妻室，不蓄私产。唯一致力其中的，是从事文化事业。他曾监修太祖实录，还与解缙等纂修《永乐大典》。他在学术思想上颇有胆识，史称他"晚著道余录，颇毁先儒"，当然，他也曾招致一些人的反对。

永乐十六年（1418年）三月，姚广孝八十四岁时病重，成祖多次看视，问他有什么心愿，他请求赦免久系于狱的建文帝主录僧溥洽。成祖当初入应天时，有人说建文帝为僧遁去，溥洽知情，甚至有人说他藏匿了建文帝。虽没证据，溥洽仍被枉关十几年。

成祖朱棣听了姚广孝这唯一的请求后立即下令释放溥洽。姚广孝闻言顿首致谢，旋即死去。成祖停止视朝二日以示哀悼，赐葬房山县（今属北京）东北，命以僧礼隆重安葬。

顺其自然，是可贵的人生哲学，是一种心境，是寻求生命的平衡，是一种生活态度，是一种对生活的感悟，是一种洒脱的心态，是一种豁达的生活观，更是一种超然的境界。顺其自然，言之有易，做之不易。

人生本来极短，像流星划过天空一样。赤条条来，又将赤条条去，这么短暂的人生，何必为世间物所累？与人生俱来的身外物何其多，颇有诱惑力。我若得之，淡然处置，不忘乎所以；我若失之，不大悲大痛，身心不伤。如此这般，才会不被身外物所苦，不被身外物所累。

浓不胜淡，俗不如雅

【原典再现】

山林是胜地，一营①恋变成市朝；书画是雅事，一贪痴便成商贾②。盖心无染著，欲境是仙都；心有系恋，乐境成苦海矣。时当喧杂，则平日所记忆者，皆漫然忘去；境在清宁，则夙昔③所遗忘者，又恍尔④现前。可见静躁稍分，昏明顿异也。芦花被下，卧雪眠云，保全得一窝夜气；竹叶杯中，吟风弄月⑤，躲离了万丈红尘。衮冕⑥行中，著一藜杖⑦的山人，便增一段高风；渔樵路上，著一衮衣的朝士，转添许多俗气。固知浓不胜淡，俗不如雅也。

【重点注释】

①营：迷惑。

②贾：商人。

③夙昔：以前、过去。

④恍尔：恍然、忽然。

⑤吟风弄月：指填词吟诗。

⑥衮冕：指代官位。衮，皇帝祭祀时穿的绣有龙的礼服。冕，礼帽。

⑦藜杖：手杖。

【白话翻译】

山林是隐居的好地方，如果有了私心杂念，那么山林也成了俗市；欣赏书画是高雅的行为，可是一产生贪恋的狂热念头，那就跟商人没有什么两样了。所以只要心地纯真没有污染，即使身在物欲横流的环境中也如同在仙境一般；心中牵挂太多，那么即使处在快乐的环境中也如同坠入痛苦深渊。周围环境喧嚣杂乱时，平日所记的事就会忘得一干二净；周围环境安宁时，以前所遗忘的事又会忽然出现在眼前。可见安静和浮躁的分别，灵智的昏暗和明朗迥然不同。把芦花当棉被，把雪地当木床，把白云当蚊帐，睡起觉来虽然觉得有些寒冷，但是却能保全一分宁静的气息；以竹叶作酒杯，在清风明月下吟咏，可以摆脱尘世间的纷乱烦扰。在衣着华丽的达官贵人的行列中，如果出现一个手持藜杖隐居山中的隐士，便可以增加一种高雅的风韵；在渔人樵夫往来的路上，如果有一位穿着华丽朝服的达官显贵，反而会增添许多俗气。所以说浓艳比不上清淡，庸俗比不上高雅。

【深度解读】

心底无私天地宽

心地仁慈博爱的人，由于胸怀宽广舒坦，就能享受厚福而且长久，于是形成事事都有宽宏气度的样子；心胸狭窄的人，由于眼光短浅、思维狭隘，所得到的利禄都是短暂的。心底无私天地宽，坦荡做人，认真做事，其实并不难。

《吕氏春秋》有云："天无私覆也，地无私载也，日月无私烛也，四时无私行也。"意思是说：天无私，所以它才能覆盖整个世界，否则就只能覆盖部分地域了；地无私，所以它能承载世间的万物，否则也只能承载少数的器物；日月无私，所以能普照世间，否则也只能偏照一方；春夏秋冬四时无私，所以它们总是自在运行，否则，如果某一个季节，比如春天或者夏天的时间过长，四季就颠倒了。因此，人要想放宽心量，就应该效法天地，去除私心。

有一个人被带去参观天堂和地狱。他先去看了魔鬼掌管的地狱。看上去，情况并没有人们想象中的那样糟糕，所有的人都坐在华丽的酒桌旁，桌上摆满了丰盛的佳肴。当他仔细观察时，才发现地狱里没有一张笑脸，而且个个瘦得皮包骨头。这个人看到每人的左臂都绑着一把叉，右臂捆着一把刀，刀和叉都有四尺长的把手，即使每一样食物都放在他们手边，他们也吃不到。然后，他又去了天堂，景象完全一样——同样的食物、刀、叉与那些四尺长的把手。然而，天堂里的人却都在唱歌、欢笑。

原来，在地狱里的每个人都试图喂自己，可是刀和叉子上四尺长的柄，让这件本来简单的事情变得不可能。而在天堂里，每一个人都尽力喂对面的人，彼此协助，轻松地吃到了美食。

做人不能自私自利，只为自己活着。世上的事，有时是无所谓聪明，无所谓愚笨的。自私的人不可谓不聪明，但自私到了极点，就是愚笨。人们大多不喜欢自私的人，就算是出于个人的私利，那么至少也要以互惠互利为前提，只有这样才能受到世人的支持和推崇。

念头少，伪装少，争得就少。心情舒畅，平日就少有忧虑烦恼。有些人聪明过了头，用尽心机，烦恼接踵而至。那些污秽贪婪的小人，心地狡诈，行为奸伪，凡事只讲利害，不顾道义，只图成功，不思后果，这种人的行为不足取。仁人待人之所以宽厚，在于诚善，在于忘我，所以私欲少而烦恼少。我们生活中的待人之道确应有些度量，少为私心杂念打主意。不强求硬取不属于自己的东西，烦恼何来？

俗话说："心底无私天地宽。"自己天地宽广了，你才能见到大世面，才能见多识广，有了知识有了远见，才能让自己的境界不断升高。境界越高天地就越宽，视野越开阔就越有见识。人生本来就不应该受到约束，只因私心的重轭压在人的身上，所以我们应当摆脱私心的束缚，跳出自私的牢笼，向着远方那片更高更广的天空奔跑。

出世涉世，了心尽心

【原典再现】

出世之道，即在涉世中，不必绝人以逃世；了①心之功，即在尽心内，不必绝欲以灰心。此身常放在闲处，荣辱得失谁能差遣我？此心常安在静中，是非利害谁能瞒昧②我？竹篱下，忽闻犬吠鸡鸣，恍似云中世界；芸窗③中，雅听蝉吟鸦噪，方知静里乾坤。我不希荣，何忧乎利禄之香饵④？我不竞进⑤，何畏乎仕宦之危机？

【重点注释】

①了：懂得、明白。

②瞒昧：隐瞒。

③芸窗：指代书房。芸，古人藏书用的一种香草。

④香饵：引诱人的东西。

⑤竞进：争夺、竞争。

【白话翻译】

远离凡尘俗世修行的道理，应在尘世中寻找，不必离群索居与世隔绝；要想完全明白智慧的功用，还是要用此心去体会领悟，不必断绝一切欲望使心情犹如死灰一般寂然不动。把自己的身心放在闲适的环境中，世间所有荣华富贵与成败得失都无法左右我；把自己的身心放在安宁的环境中，人间的功名利禄与是是非非就不能欺骗愚弄我。在竹篱下忽然听到鸡鸣狗吠的声音，恍然让人觉得置身于神仙世界之中；坐在书房里面悠闲地听着蝉鸣鸦啼，就会觉得宁静中的天地别有一番超凡脱俗的雅趣。我如果不希望荣华富贵，又何必担心他人用名利作饵来引诱我呢？我如果不和人竞争高下，又何必恐惧在官场中所潜伏的宦海危机呢？

【深度解读】

不要一味追求形式

形式主义，顾名思义，即"重形式而轻内容"。形式主义者，最喜欢"表面功夫"，最爱好"花拳绣腿"。

"认认真真搞形式，扎扎实实走过场。"形式主义的主要特征，就在于"哗众取宠"。这种"假、大、空"的手段，只讲原则，不拿办法；只求轰动，不计成本；只图名利，不务实效。

不要以为穿上袈裟就能成佛，不要以为披上道氅就能全真，同理，披上件蓑衣、戴上斗笠未必是渔夫，支根山藤坐在松竹边饮酒吟诗也未必一定是隐士高人。追求形式的本身未必不是在沽名钓誉。

只有从实处着眼、用实干考量、以实际说话，让形式主义尝不到"甜头"、捞不着"彩头"，才能彻底铲除其滋生蔓延的"土壤"。

比如，在每年的全球祭孔日来临之际，祭孔活动在各地隆重开展。苏州千年府学文庙都纷纷举行祭拜孔子典礼，以此表达对"先贤"的尊敬和追思。然而，与苏州千年府学文庙的繁盛景象不同，其他大多数城市的文庙内，祭拜孔圣人的人实在少之又少。

可见，祭孔典礼是一种形式，也是唤起人们对孔子追思和尊敬的形式，其出发点是好的。但祭拜孔子不应只是停留在祭孔典礼上，没有典礼，不统一组织，很多人便忘记了这个日子，甚至忘记了这一传统文化，对于国人来说，实在可悲。因此，真正让弘扬传统文化入心入脑，不应停留在形式上，而应融入国人从小到大、每时每刻的宣传教育中。

山泉去凡心，书画消俗气

【原典再现】

徜徉于山林泉石之间，而尘心渐息；夷犹①于诗书图画之内，而俗气潜消。故君子虽不玩物丧志，亦常借境调心。春日气象繁华，令人心神骀②荡，不若秋日云白风清，兰芳桂馥③，水天一色，上下空明，使人神骨④俱清也。一字不识，而有诗意者，得诗家真趣；一偈⑤不参，而有禅味者，悟禅教玄机。机动⑥的，弓影疑为蛇蝎，寝石视为伏虎，此中浑是杀气；念息⑦的，石虎可作海鸥，蛙声可当鼓吹，触处俱见真机。

【重点注释】

①夷犹：流连忘返。

②骀：舒缓荡漾。

③馥：香，香气。

④神骨：精神和形体。

⑤偈：佛经、禅语中的唱词和诗句。

⑥机动：多虑。

⑦念息：心中没有非分的欲望。

【白话翻译】

漫步在山川树林清泉怪石之间，俗念就会逐渐消失；流连在诗词书画的情趣之中，庸俗的气质就会慢慢消失。所以有才德修养的人，虽然不会沉迷于飞鹰走狗而丧失本来志向，但是也需要经常找个机会接近大自然来调剂身心。春天万象更新，充满了一片蓬勃朝气，使人感到精神舒适畅快；却不如秋高气爽，白云飘飞，兰桂飘香，水天一色，天地澄澈清明，使人的身体和精神都感到清爽舒畅。不识字的人，说起话来却充满诗意，这种人才算得到诗人的真正情趣；偈语都不明白的人，说起话来却充满禅机，这种人才算真正了解禅宗的高深佛理。好用心机的人，在杯中看到弓影会怀疑是毒蛇，将横躺着的石头当成蹲趴在地上的老虎，内心中充满了杀机。内心平和的人，能把凶恶的石虎化作温顺的海鸥，把聒噪的蛙声当成吹奏的乐曲，所接触到的都是真正的机趣。

【深度解读】

让内心回归平和

宁静的心灵有很大的力量，它可以缓解你紧绷的神经，调节你烦躁的情绪，以便你有更多的精力去应付接下来的复杂生活；也可以让你的思绪沉淀，消除心灵的迷惑，走出内心的困境。

在竞争激烈的今天，平和的心态非常难得。用平和的心态来对人对事，会想得开，不计较生活中的得失。淡泊平和，就会拥有一份好的心情和好的心境。当然，这样的心态，不是心灰意冷，也不是随波逐流。

平和心态是一种人生修养，一种人生境界。人的一生，会遇到各种各样的不顺心，或是烦恼事情，或是不如意。那么，请用一颗平和心态来面对吧，平和的心态会让我们心情轻松，不会因为面前的不顺心而影响了心情，影响了做事的冷静和理性。宽阔的心胸，平和的心态，可以让我们学会知足常乐，知道生命的意义。

《大学》中写道："静而后能安，安而后能虑，虑而后能得。"当一个人处于宁静状态之中，他对世间万物的本相都能得到清醒的认识，对于自己的思想行为也能产生一个最公正的评价。在安静中能够沉淀和清除精神上的杂质，能够保持内心的澄明，这样就更容易分清是非对错，也更容易把握自我，并控制自己的情绪和行为。

随着生活节奏越来越快，竞争的压力也日益增长。在面对人生中一个又一个的挑战的同时，金钱、权力的诱惑也在不断拷问人类脆弱的灵魂。生活的烦琐、工作的重重压力，已经使我们内心的心灵之泉日渐干涸，使我们心灵的花朵日趋凋零。所以，在繁忙的生活中，让自己有一段清闲的时光，坐下来，只是喝喝茶、品品书，什么都不去想，你就会发现生活处处都充满美好的感悟。

不得不说，内心平和，才能在心里装下满满的幸福。平和的人，看得开，放得下，想得明白，过得洒脱。能容，能忍，能让，能原谅，平心静气。一个人，若思想通透了，行事就会通达，内心就会通泰，有欲而不执着于欲，有求而不拘泥于求，活得洒脱，活得自在。守住属于自己的一份平淡生活，我们就是幸福的。

总之，我们应该保持平和的心态，无论遇到什么情况和复杂的环境，都要处变不惊，学会如何平衡自己的心态，保持积极的乐观向上的人生态度，学会宽容和为人厚道；无论遇到了什么挫折和困难，每天都要有一个好的心情。只有这样才会坦然面对我们所遇到的复杂环境，也会在坎坷的人生道路上，走好自己的每一步，让生命的亮色点缀整个孤寂的天空。

 不系之舟，既灰之木

【原典再现】

身如不系之舟①，一任流行坎止；心似既灰之木，何妨刀割香涂。人情听莺啼则喜，闻蛙鸣则厌，见花则思培之，遇草则欲去之，俱是以形气②用事。若以性天视之，何者非自鸣其天机，非自畅其生意③也？发落齿疏，任幻形④之凋谢；鸟吟花开，识自性之真知。欲其中者，波沸寒潭⑤，山林不见其寂；虚其中者，凉生酷暑，朝市不知其喧。多藏者厚亡，故知富不如贫之无虑；高步者⑥疾颠，故知贵不如贱之常安。

【重点注释】

①不系之舟：比喻自由自在。

②形气：躯体和情绪。

③生意：生机。

④幻形：指人的身体。

⑤波拂寒潭：寒冷平静的潭水被扬起波浪。

⑥高步者：指走路时昂首阔步、目空一切的人。

【白话翻译】

身体像没有缆绳的小船，自由自在地随波逐流；内心像一棵已经烧成灰的树木，不怕刀砍或者涂香，丝毫不觉痛痒。按人之常情来说，听到黄莺婉转的叫声就高兴，听得青蛙呱呱的叫声就讨厌；看到美丽的花朵就想栽培，看到野草就想铲除，这完全是根据对象的外形气质来主观地决定好恶。但如果以自然的本性来看待，哪一个动物不是随其天性而鸣叫，哪一种草木不是随其自然而生机？人老了，头发和牙齿都会逐渐稀落，这都是生理上的自然现象，任其自然退化而不必悲伤；在鸟语花香的春光时刻，要能够体悟本性恒常不灭的真理。充满私欲的人，即使在寒冷的深潭中心，也会烧起沸腾的波涛，就是处在深山野林中也无法使他心灵平静；无欲无求的人，即使在酷热的暑天也会感到浑身凉爽，就是在早晨热闹的集市上也感觉不到内心的喧嚣。财富聚集太多的人，整天忧虑自己的财产被人夺去，可见富有不如贫穷那样无忧无虑；身份地位很高的人，整天患得患失，担心自己会丢官，可见为官不如平民那样逍遥自在。

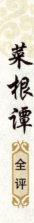

【深度解读】

张弛有度，收放自如

把生活过得像哲学，快乐又潇洒。快乐，潇洒，是因为顺应"双放"的心态：放手、放心。就在这种"收放自如"的睿智心态里，即使在人生最后一季的秋天，也让挂在树梢的叶子闪出了耀目的金黄。

济公和尚，可以说是不受绳之约束。他不守戒律，嗜好酒肉，似乎完全不受戒规的约束。有僧人向方丈告状，说道济违犯禅门戒规，应逐出山门。而方丈慧远口宣："法律之设原为常人，岂可一概而施！"并在首座呈上的单纸上批了："佛门广大，岂不容一颠僧！"

要像济公那样身如不系之舟，就得有济公那样的思想品德，也得有济公那样的环境。寺院本有清规戒律，而济公独不遵守。不仅没有被逐出山门，反受到方丈的"袒护"。这是济公能够有所为的前提。假如在别的寺院，或者遇到别的方丈，恐怕就不会这么宽容。现在的一些人，不要说他没有绳子系着，就是有绳子系着，也往往做不到一个人该做的事，做不到张弛有度。

真正有远大志向和做事有眼光的人，总是会在坚持某种原则的基础之上，运用灵活机动的方法去行事，这既保证了自己的权威和公信力，又不会把事态弄僵。这种古今相通的正确方法，已被越来越多的人奉为立身处世的准则。

有位哲人曾说过："知道怎样静等时机，是人生成功的最大秘诀。"这就像行船一样，要趁着潮水涨高那一刹那行动，这样非但没有阻力，并且能帮助你迅速成功。因此，"用之则行，舍之则藏"，初看似有消极之嫌，但在天不遂人愿、现实条件受到种种限制时，着实不失为一剂良方，据此则"随处可以做主人"。

儒家倡导积极入世，但同时也主张"行藏有度"，把人生的理想目标和具体实践策略结合起来，作为行动的指导原则。目标是明确的，信念是坚定的，但在具体策略上必须有灵活性。因为人生的命运遭遇既决定于主观因素，也决定于客观条件，主观上虽有济世利民的决心，但世事沉浮，人道沧桑，未必总能遂人愿。只有正确认识必然性，善于把握偶然性，才能主宰自己的命运。

儒家的基本特征是刚健进取、积极入世。儒家直面现实社会，力求探索一条改造客观世界的道路。道家的基本特征则是自然无为、贵柔守雌。道家面对残酷的现实，深入到人的心灵深处，从自然中寻找一条自我拯救的人生道路。以儒家中庸之道处事，以道家取得内心超脱，方能入世为儒，出世为道，或者熔儒道于一炉，张弛相济，进退自如。

在职场，勤勤恳恳、埋头苦干的敬业精神是很值得提倡的，但是，在工作时不可一味地苦干，还要注意改进工作的方法，提高工作的效率。

在我们身边，有很多人整天忙忙碌碌的，但辛苦了一辈子却什么也没干出来，不免在上司心目中留下"笨""脑瓜死"的印象。可见，这样的敬业者是不会得到上司的认同和同事的尊敬的。

上司所赏识的敬业者，应该是那种既懂得努力，又头脑灵活，知道随机应变、张弛有度的下属。作为下属，要收放自如，要毫不吝啬地将自己的精力和热情投入到工作中去。这样，既可以享受到工作带给自己的乐趣，又可以因自己的成就而受到上司的欣赏和同事的尊重，满足自己的心理需求。

人情世态，不宜太真

【原典再现】

读《易》①晓窗，丹砂研松间之露；谈《经》午案，宝磬②宣竹下之风。花居盆内终乏生机，鸟入笼中便减天趣。不若山间花鸟错集成文，翱翔自若，自是悠然会心。世人只缘认得我字太真，故多种种嗜好，种种烦恼。

前人云："不复知有我，安知物为贵？"又云："知身不是我，烦恼更何侵？"真破的③之言也。自老视少，可以消奔驰角逐之心；自瘁④视荣，可以绝纷华靡丽之念。人情世态，倏忽⑤万端，不宜认得太真。尧夫云："昔日所云我，而今去是伊。不知今日我，又属后来谁。"人常作是观，便可解却胸中罥矣。

【重点注释】

① 《易》：指《易经》。

② 磬：一种用石头或玉制成的乐器。

③ 破的：比喻说话恰当。

④ 瘁：毁败、困病。

⑤ 倏忽：极短的时间。倏，迅速、极快。

【白话翻译】

清晨坐在窗前读《易经》，用松树滴下来的露水来研朱砂批阅评点；中午在书桌上谈论《佛经》，竹林间的清风把清脆的木鱼声传向远方。花朵被栽在盆里终归要失去生机，鸟儿被关进笼中就少了天然情趣；这些都不如山间的花鸟那样艳丽自在，因为它们自由生存于大自然景色中，看起来总比经过人工修饰的显得赏心悦目。世俗之人把自我看得太重，所以才会产生种种嗜好和烦恼。古人说："如果已经不再知道我的存在，又怎么会知道东西是否贵重？"又说："如果知道自身并不属于自己所有，那么烦恼又怎能侵害我呢？"这真是一语切中要害。假如能从老年再回头来看少年时代的往事，可以消除争强斗胜的心理；假如能从没落世家回头去看荣华富贵的往事，可以断绝奢侈豪华的念头。人情冷暖、世态炎凉，对任何事都不要太认真。尧夫先生说过："以前所说的我，如今却变成了他；还不知道今天的我，到头来又变成什么人？"如果能抱这种看法，就可解除心中的一切烦恼。

【深度解读】

生活不要太较真

曾读过这样一个故事：

有两个人因一道乘法题大吵了一天，一个人说三八二十四，一个人说三八二十一。相争不下，告到县官堂上。县官听罢说："去，把'三八二十四'的拖出去打二十大板。""三八二十四"不服气地说："明明是他蠢，为何打我？"县官答："跟'三八二十一'的人竟然能吵一天，还说人家蠢？不打你打谁？"

你可能觉得这个县官很糊涂，但仔细一想，不得不佩服县官的高明。的确，能和"三八二十一"吵一天的人真是蠢到家了。俗话说得好，"宁可和明白人打顿架，也不跟糊涂人说句话"。但很多人在生活中常常忘记了这一点。

生活和工作中有不少场合，我们都不要去较真。如果你避开锋芒，或许矛盾反而迎刃而解，气氛一下子完全改变，打开新的局面，这才是人活得潇洒的原因所在。这说来容易，做起来难。需要的是思想的精深和灵魂的感悟，需要的是摒弃一切奢求、贪欲和妄想，卸掉一切外衣、面具和伪装。学会崇尚自然，返璞归真，让心灵变得更加纯朴、真实。

人非圣贤，岂能无过，对待别人的过失和缺陷，应该宽容大度一些，不要吹毛求疵，可以求大同存小异，甚至糊涂一些。连古人都说难得糊涂，其实难得糊涂是做人的最高境界。如果要一味地明察秋毫，眼里容不下沙子，过分挑剔，连一些鸡毛蒜皮的小事也要斤斤计较，那么你就会变成孤家寡人，相信没有人愿意和你交往。

古今中外，凡能成就一番大事业的人，都具有海纳百川的雅量，容别人所不能容，忍别人所不能忍。这并不是说我们都要成为伟人，都要干一番大事业。但人活在世上就应该活得精彩一点，要想活得精彩就要接触社会，所以交往各样的朋友就不能太较真。

毕竟，在人的一生中，期望与现实常常会发生冲突。我们期望的，未

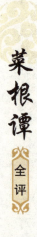

必能够获得，我们能获得的，却未必是所期望的。然而这就是生活。生活本身不可能事事如愿，人生也不是理想的化身，虽然我们也辛勤耕耘，但总有一些东西我们一生都不可能得到。我们与其一厢情愿地久久眺望远方的海市蜃楼，不如踏踏实实收获身边的每一份真实。

太较真就会对万事都看不惯，令自己与世隔绝。做人固然不应玩世不恭、游戏人生，但也不能太较真、认死理。做人不要太明白，生活不要太较真，一切事情也就不再复杂了。以一颗平静的心去对待世间的万事万物，才会让自己从烦杂的生活和扑朔迷离的关系中走出来，忘却烦恼，做个简单的人。

不得不说，生活本身就是一场又一场的苦难、磨难、挫折、伤害、不如意，不必感叹尘世的黑暗，世界本来就是又拥挤又嘈杂。所以何必较真呢？再说，没有过不去的坎，没有翻不过的山。那又何必再较真呢？不和自己较真、不和社会较真，这才是正确的。人生何必太较真，何不潇洒走一回？

常言道：人贵有一颗平常心。不要事事抢风头，应该潇洒一点，处事散淡一点，不要太较真。生活中的琐事本来就很多，所以不必太在意。这样，你渐渐会发现，生活本该是有滋有味的，人应该活出一种境界。

 热闹中着冷眼，冷落处存热心

【原典再现】

热闹中着一冷眼，便省许多苦心思；冷落①处存一热心，便得许多真趣味。有一乐境界，就有一不乐的相对待；有一好光景，就有一不好的相乘除②。只是寻常家饭，素位③风光，才是个安乐的窝巢。帘栊高敞，看青山绿水吞吐云烟，识乾坤之自在；竹树扶疏④，任乳燕鸣鸠送迎时序，知物我之两忘。知成之必败，则求成之心不必太坚；知生之必死，则保生之道不必过劳。

【重点注释】

①冷落：寂静、冷漠。

②乘除：消长。

③素位：安守本分。

④扶疏：枝叶茂盛。

【白话翻译】

热闹喧嚣的时候，如果能用冷静的眼光观察事物，就可以省去许多令人烦恼的事情；失意落寞的时候，如果能有奋发进取的决心，那就可以得到许多人生真正的乐趣。有一个安乐的境界，就一定有一个不安乐的境界和它相对；有一处美好的景色，就一定有一处不美的景色相参照。可见有乐必有苦，有好必有坏，只有平平凡凡、安分守己才是最快乐的境界。卷起窗帘眺望白云围绕着的山峦，看到烟雾弥漫、青山绿水的景色，才明白大自然该有多么美妙自在；窗前花木茂盛，翠竹摇曳生姿，燕雀和鸽子在报告着季节的变化，因而领悟到万物合一浑然忘我的境界。如果知道事情有成功就一定有失败，那么也许求取成功的意念就不会那么坚决；如果知道有生就会有死，那么养生之道就不必过于用心良苦。

【深度解读】

闹中取静，冷处热心

我们知道，事物总是辩证的，释家的出世、老庄的无为，固然是为了寻求一种心理的安宁、气质的超脱，但若是到了与世隔绝不食人间烟火的地步，自己未必快乐，别人却视为怪物。所以，我们对世事不能太激进走极端，否则会为自己带来痛苦，也会为众人造成灾害。

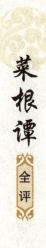

"闹中取静，冷处热心"，就是成功时要想到失败，失败时要保留奋争精神，这实际上是一种非常明智的进取。

"知止而后有定，定而后能静。"《大学》的这几句话让人很容易想起一个词：适可而止。在合适的时间，合适的地点，停住脚步，这样才能对眼前的形势和以后要走的路，有一个清醒的认识。

正如《菜根谭》里所说"花看半开，酒饮微醺"，这是一种境界，古诗有云："美酒饮教微醉后，好花看到半开时。"酒饮微醺，正得其醺醺然然的快感，若是狂饮烂醉，超过了微醺的度，那接下来不仅感受不到酒的好处，反而会头痛、呕吐，在生理上遭受痛苦。所以，凡事要留有余地，避免走向极端，特别是在权衡得失进退的时候，不能心浮气躁，一条道走到黑。

臆测、武断、固执、自以为是，这些都是一般人的痼疾。它是以"我"为核心表现出来的一种自我膨胀的极端心态。这种心态往往会发生致命的错误。

马谡聪明过人，他的父亲是个军事指挥家，战功卓著。他从小就受到父亲的熏陶，对军事理论特别感兴趣，过目不忘。但他性情张扬，常常对人夸夸其谈。马谡的能言善辩很得诸葛亮的赏识，可刘备却对诸葛亮说："马谡这个人平时爱高谈阔论，但他所说的与他的实际本领并不相符。你绝不能重用他。"

因为诸葛亮与马谡的父亲是至交，因此诸葛亮并没有将刘备的话放在心上。在祁山讨伐魏军的过程中，遇到魏国大都督司马懿的偷袭，诸葛亮就对部下们说："司马懿想要出关，必定要取街亭以切断我们的退路，你们之中有谁愿意带兵前去讨伐？"

当时正任参军的马谡说："末将愿带兵前往。"

诸葛亮说："街亭虽小，但它是我们的咽喉之路，位置很重要，不容有失。"

马谡说："我从小就熟读兵法，这么一个小小的街亭还难不倒我。"说完，马谡当场立下了军令状。

诸葛亮还是不放心，精选了两万五千精兵，以协助马谡。诸葛亮派去帮助马谡的上将军是以谨慎著称的王平。另外，他还对马谡、王平二人当面部署了防守街亭的布兵之策。

可马谡偏偏不争气。他被任命为先锋，官职在王平之上。刚到街亭他就自以为是起来，当着副将王平的面就数落诸葛亮说："丞相也太多心了，难道本将就不会部署兵力吗？"于是他就故意违背诸葛亮的策略来防守街亭，副将王平也奈何不了他。

结果，街亭失守，诸葛亮只得将马谡斩首了。

马谡自以为是，不懂得闹中取静、冷处热心，如果他能谦虚一点，懂得适可而止，就不至于丢了街亭、丢了性命了。俗话说得好，"凡事留一线，日后好见面"。凡事都能留有余地，方可避免走向极端。特别在权衡进退得失的时候，务必注意适可而止，见好便收，千万不要过犹不及。

 # 心上无风涛，皆青山绿树

【原典再现】

古德云："竹影①扫阶尘不动，月轮穿沼水无痕。"吾儒云："水流任急境常静，花落虽频意自闲。"人常持此意，以应事接物，身心何等自在。林间松韵，石上泉声，静里听来，识天地自然鸣佩；草际烟光②，水心云影，闲中观去，见乾坤最上文章。眼看西晋之荆榛③，犹矜白刃；身属北邙之狐兔，尚惜黄金。语云："猛兽易伏，人心难降；溪壑易填，人心难满。"信哉！心地上无风涛，随在皆青山绿树；性天④中有化育⑤，触处见鱼跃鸢⑥飞。

【重点注释】

①竹影：与月轮均指幻觉。

②烟光：迷蒙的景色。

255

③榛：丛生的荆棘。

④性天：天性。

⑤化育：善良的德行。

⑥鸢：一种鹰。

【白话翻译】

有位高僧说："竹子的影子在台阶上掠过而尘土不会飞扬起来，月影倒映池塘而水面不会生起丝毫波纹。"一位儒家学者也说："不论水流如何急湍，只要我能保持宁静的心情，就根本听不到水流的声音；花瓣虽然纷纷谢落，只要我的心经常保持悠闲，就不会受到落花的干扰。"一个人如果常保持这样的处世心态来为人处世，那么身心是多么自在逍遥啊。山林中松涛阵阵，泉石间水流淙淙，静静聆听，可以体会到天地之间大自然的美妙乐章；原野尽头上升起的迷蒙烟雾，水中央倒映的白云美景，悠闲地看去，是宇宙间最美妙的天然文章。两晋时代，眼看就要亡国，一些高官贵族还在那里炫耀自己的武力；东汉皇族，死后多半都葬在北邙山，尸体大多成为山中狐鼠的食物，在世时又何必那样爱惜财富呢？俗谚说："野兽虽然易制伏，可是人心却难已降服；沟壑虽然容易填平，人的欲望却难以满足。"这真是一句经验之谈。只要心中没有任何风波浪涛，处处都是一片青山绿水的美景；只要本性有善良的爱心，那么所看之物无不是鱼跃鸟飞的生动景观。

【深度解读】

心静了，世界就静了

俗话说："人生不如意的事十之八九，苦恼也是一天，快乐也是一天，我们何不快快乐乐地过好每一天呢？"愁眉苦脸、闷闷不乐是一种难以承受的精神折磨。而一个常挂笑脸的人，精神总是轻松、愉悦的。一个人的脸上笑容多了，烦恼就少了；快乐多了，忧愁就少了。

有时候，烦躁，是因为我们放不下，总是想要拥有一切，总是喜欢攀比，总想胜人一筹。殊不知，欲望是产生痛苦的根源。你的欲望越多痛苦越深。懂得放下，在生活中保持一颗平静的心，你就远离了烦躁，也就远离了痛苦。

原本，我们应该美好如花，澄静如水，然而放眼望去，一张张衰老面孔仿佛饱经风霜，目光浑浊，灵魂疲惫不堪。我们每天都挣扎在生活与工作的两点一线间，早已忘却享受人间的风景。是什么，让我们辜负掉了那么多岁月？

当生活琐事耗光了耐心，人生的无奈剥夺了笑容，温柔恬静变成焦虑，宽和善良变得尖酸刻薄，你对生活的热情也变得黯淡无光。我们一定要记得：所有的累都是心累。静心如禅，方能起伏若定，放下妄念，乃可觅得自在。唯有放下，才能得到静心。

不得不说，人生总是充满各种意想不到的对心灵的考验，或让人措手不及，或让人痛不欲生，或让人一帆风顺，或让人历尽磨难。有的人过得流光溢彩，有的人过得坎坷曲折。其实，无论是流光溢彩还是坎坷曲折，这都是你的心灵的呈现。在这个浮华的世界里，守好自己的心，好好去爱，去感悟，去体味，去生活。每一天都是新的，不要辜负了美好的晨光。

人生的意义不过是嗅嗅身旁的每一朵小花，享受人生旅途中的每一处风景而已。毕竟，昨日已成历史，明日尚不可知，只有"今天"才是上天赐予我们的最好礼物。生活总要继续，我们要如何带着压力和辛苦迎头而上？那就是让心静下来，内心如果平静，外在就不会有风波。不着急，不悲伤，在浮躁毁了你之前，让心静下来。在安静中，不慌不忙地坚强。心灵强大了，就没有人能伤害你，没有事能困扰你。这样一来，你的世界就安静了。

若人生是一场旅行，那么无论繁华与落寞，都是过眼烟云，留下的是看风景的心情。得而不喜，失而不忧，内心宁静，则幸福常在。人活得累，是因为能左右你心情的东西太多。天气的变化、人情的冷暖、不同的风景都会影响你的心情，而它们都是你无法左右的。看淡一些，心自然会静下来。沧海桑田，我心不惊，自然安稳；随缘自在，不悲不喜，便是晴天。

总之，心若沉浮，浅笑安然。人生境界，说到底是心灵的境界。若心是乱的，无论你走多远，都捕捉不到人生的本真，领略不到有韵致的风景。唯有心灵的安静，方能铸就人性的优雅。这种安静，是得失后的平和，是诱惑前的淡定，是困苦中的从容，是笑对不公的释然。

宠辱不惊，去留无意

【原典再现】

峨冠大带①之士，一旦睹轻蓑小笠，飘飘然逸也，未必不动其咨嗟②；长筵广席之豪，一旦遇疏帘净几，悠悠焉静也，未必不增其绻恋。人奈何驱以火牛，诱以风马③，而不思自适其性哉？鱼得水游，而相忘乎水；鸟乘风飞，而不知有风。识此可以超物累，可以乐天机。狐眠败砌④，兔走荒台，尽是当年歌舞之地；露冷黄花⑤，烟迷衰草，悉属旧时争战之场。盛衰何常？强弱安在？念此令人心灰！宠辱不惊，闲看庭前花开花落；去留⑥无意，漫随天外云卷云舒。

【重点注释】

①峨冠大带：指古代官服。

②咨嗟：感叹、赞叹。

③风马：发情的马。

④砌：台阶。

⑤黄花：菊花。

⑥去留：指归隐和为官。

【白话翻译】

身穿蟒袍玉带的达官贵人，一旦看到身穿蓑衣斗笠的百姓，心中未必不会产生失落的感叹；终日奢侈饮宴的富豪，一旦看见窗明几净的平民人家悠然闲适的样子，未必没有羡慕的心态。高官厚禄与高贵荣华既然不足贵，世人为什么还要枉费心机、放纵欲望追逐富贵呢？为什么不设法过那种悠然自适而能早日恢复本来天性的生活呢？鱼有水才能自由地游，它们却不明白自己为什么在水中？鸟借风力才能自由翱翔，它们却不知道自己正置身在风中。人如果能看清此中道理，就可以超然置身于物欲的诱惑之外，而且也只有这样才能获得真正的人生乐趣。狐狸做窝的破屋残壁，野兔奔跑的废亭荒台，都是当年歌舞升平的地方；遍地菊花在寒风中抖擞，一片枯草在烟雾中摇曳，都曾是英雄争霸的战场。兴盛和衰败哪里会长久不变？强弱胜负如今何在？想到这些不禁令人心灰意冷！无论是宠爱或者屈辱，都不会在意，人生之荣辱，就如庭院前的花朵盛开和衰落那样平常；无论是晋升还是贬职，都不去在意，人生的去留，就如天上面的浮云飘来和飘去那样随意。

【深度解读】

富者多忧

俗语说："谩藏诲盗。"又说："多藏厚亡。"金钱是招祸之根。在金钱储存太多的时候，如不设法预为退身之计，失败的时候往往是一塌糊涂，倒不如无钱时候的平安。

在路上迈高步的人，当他跌倒的时候，要比一般人来得快些。这好比地位高贵的人，不及身份卑贱的人常能保持安稳。世人多半知道富贵的利而不知其害；仅知道贫贱的苦而不知其乐，明白了贫富的利害得失，就知道富贵不足贪，贫贱亦不足厌。所以，一无所有的人了无牵挂，足以潇洒自在。无官一身轻，无财不担心。

清朝，在山西太原有一个商人，生意做得很红火，虽然请了好几名账

房先生，但总账还是靠他自己算。他天天从早晨打算盘熬到深更半夜，累得他腰酸背痛头昏眼花，夜晚上床后又想着明天的生意，一想到成堆的白花花银子又兴奋激动。久而久之，这老头患上了严重的失眠症。

在他的隔壁住着一户靠做豆腐为生的小两口，每天清早起来磨豆、点浆、做豆腐，说说笑笑，快快活活。墙这边的富老头对这对穷夫妻又羡慕又嫉妒，他的太太也说："老爷，我们这么多银子有什么用，整天又累又担心。还不如隔壁那对穷夫妻，活得开心。"

等太太话一落音，他便说："他们是穷才这样开心，一富起来他们就不能开心了，很快我就让他们笑不起来。"说着，他翻下床去钱柜里抓了几把金子和银子，扔到邻居豆腐房的院子里。

那两夫妻听到院子里"扑通""扑通"地响，提灯一照，只见满地是光闪闪的金子和白花花的银子，两口子都惊呆了。他们连忙放下豆子，慌手慌脚地把金银捡回来，心情紧张极了。他们从来没有见过这么多金银，不知把这些财宝藏在哪里才好。

发财后，他们也不需要再卖豆腐，也不想再住在这样又破又矮的房子里，但又不敢去买新房。怕人家疑心钱是偷来的，他们特别怕走漏风声，觉也睡不好，饭也吃不香。从此，再也听不到他们说笑，更听不见他们唱歌。

有一种永不满足现状的本性，叫作"生活在别处"。每个人总感到别人的生活方式更飘逸、更舒适。人们永远不停地在追求一种"再生之感"，其实，富者有更多的忧虑。当我们想到自己生老病死时只盼望能多活一天、只盼能在白云下散散步的情境，争名求贵、夺财争富之心自然会平息。

得失猖兴，冷情当之

【原典再现】

晴空朗月，何天不可翱翔，而飞蛾独投夜烛；清泉绿草，何物不可饮啄，而鸱枭①偏嗜腐鼠。噫！世之不为飞蛾鸱枭者，几何人哉！才就筏便思舍筏，方是无事道人；若骑驴又复觅驴，终为不了禅师②。权贵龙骧③，英雄虎战，以冷眼视之，如蚁聚膻④，如蝇竞血；是非蜂起，得失猖兴，以冷情当之，如冶化金，如汤消雪。

【重点注释】

①鸱枭：猫头鹰一类的鸟。

②不了禅师：指还没有开悟的和尚。

③骧：马抬着头快跑。

④膻：羊膻气。

【白话翻译】

晴朗的夜空，明月高照，天空可任意翱翔，而飞蛾却偏偏要在夜间扑向烛火；清泉流水，绿草野果，哪一种东西不能填饱肚子，而鸱枭却偏偏爱吃死老鼠。唉，世界上能不像飞蛾、鸱枭那样犯傻的人又有几个呢？刚踏上竹筏，就能想到过河后竹筏就没有用，这才是懂得不受外物羁绊的真人；如果已经骑在驴上却还想着找另外一头驴，便永远也无法成为了却尘缘的高僧。有权势的达官贵人，气概威武，英雄好汉如虎奔一般一决胜负。如果冷眼旁观，这些就如同蚂蚁被膻味引诱在一起，也

像苍蝇为争食聚集在一起。是非成败就宛如群蜂飞舞一般纷乱，人间的得失像刺猬毛密集，用冷静的头脑来应付，不过就像金属在炉中冶炼、冰雪被热火融化一样。

【深度解读】

学会取舍，善待得失

孟子说过："鱼，我所欲也；熊掌，亦我所欲也。二者不可得兼，舍鱼而取熊掌者也。"这句话其实是在告诫世人：面对大千世界的种种诱惑，每个人都应该学会有所舍弃，善待得失，勇于舍弃心中那些不合理的欲望，这样才能活出自在从容的人生。要知道，人生本来就是一场取舍与得失的旅程。在为人处世的过程中，心中负累太多，就会错过沿途的风景；只有放下心中的欲望，才能轻装上阵。

为什么有的人活得轻松，而有的人活得沉重？前者是拿得起，放得下；后者则是拿得起，却放不下。所以，人生最大的选择就是拿得起，放得下。只有这样，你才能活得轻松而幸福。

乾隆元年（公元1736年），"扬州八怪"之一郑板桥考中进士，做了县令。他刚直不阿、清正廉明，对人民的苦难生活深感同情，并且不满于那些残害人民的官僚，终因得罪达官显贵被罢官。

回到扬州后，郑板桥心静如水，体悟生命的乐趣。这种旷达超然的人生态度，在著名的《范县署中寄舍弟墨第二书》中体现出来：

"吾弟所买宅，严紧密栗，处家最宜，只是天井太小，见天不大。愚兄心思旷远，不乐居耳。是宅北至鹦鹉桥不过百步，鹦鹉桥至杏花楼不过三十步，其左右颇多隙地，幼时饮酒其旁，见一片荒城，半堤衰柳，断桥流水，破屋丛花，心窃乐之……清晨日尚未出，望东海一片红霞，薄暮斜阳满树。立院中高处，便见烟水平桥。家中宴客，墙外人亦望见灯火。南至汝家百三十步，东至小园仅一水，实为恒便。或曰：此等宅居甚适。只是怕盗贼。不知盗贼亦穷民耳，开门延入，商量分惠，有甚么便拿甚么去；

若一无所有，便王献之青毡，亦可携取质百钱救急也。吾弟当留心此地，为狂兄娱老之资，不知可能遂愿否？”

郑板桥的这一段话，可以说是他心胸旷达、不为物欲所累的最真实写照。他悟透了“不患得，斯无失”的人生真谛，所以生活得无拘无束，自由自在，惬意安乐。可见，我们要学会取舍，善待得失。

不得不说，人生一世，生不带来，死不带去，一切都是过眼云烟。不管是车子、房子、票子，还是名声、地位，所有的这一切最终都不属于你，所以你必须学会放下心中的纷扰，舍得外物的得失。

放下得失，是一种解脱的心态；放下得失，是一种清醒的智慧。只有勇于放下，你才能够腾出手来，抓住真正属于你的快乐和幸福。

人生在世，有些事情是不必在乎的，有些东西是必须清空的。该放下时就放下，你才能够腾出手来，抓住真正属于你的快乐和幸福。懂得放下的人，弱水三千，只取一瓢饮；懂得放下的人，事情再多，只拣最重要的完成；懂得放下的人，绝不会为了金钱、名利、荣誉这样的身外事物，牺牲自己的健康和快乐。

得之淡然，失之坦然，争其必然，顺其自然。其实，面对生活，我们每个人都需要这样一份淡定：记住该记住的，忘记该忘记的，改变能改变的，接受不能改变的。顺其自然，我们就能在进退得失中保持从容。

胸中无物欲，眼前有空明

【原典再现】

羁锁①于物欲，觉吾生之可哀；夷犹②于性真，觉吾生之可乐。知其可哀，则尘情立破；知其可乐，则圣境自臻③。胸中即无半点物欲，已如雪消炉焰冰消日；眼前自有一段空明④，时见月在青天影在波。诗思在灞陵桥上，

微吟就，林岫便已浩⑤然；野兴在镜湖曲边，独往时，山川自相映发。伏久者飞必高，开先者谢独早。知此，可以免蹭蹬⑥之忧，可以消躁急之念。

【重点注释】

①羁锁：束缚。

②夷犹：流连。

③臻：到达。

④空明：形容光明透彻。

⑤浩：广大。

⑥蹭蹬：失势的样子。

【白话翻译】

被物欲困扰的人，总觉得生命很悲哀；留恋于纯真本性的人，才会发觉生命的可爱。明白受物欲困扰的悲哀之后，世俗的情怀就可以立刻消除；知道什么很可爱，那么神圣的境界自然会达到完美。人的心中如果没有丝毫物质欲望，烦恼就像炉火把雪消融及太阳将冰融化一般快速；人如果能把眼光看得远一些，便可以时常看到皓月当空及其映在水波中的倒影。

在灞陵桥上使你文思奔放、诗兴大发时，连周围广大的山林也感染上了诗意；大自然的情趣荡漾镜湖之间，当你独自漫步在湖边时，清澈的湖水倒映着层层山峰，那种景色最能令人陶醉。潜伏得越久的鸟，会飞得越高；花朵盛开得越早，凋谢得也会越快。知道了这个道理，就不必为怀才不遇而忧愁，就可以消除急躁求进的想法。

【深度解读】

把眼光放长远

曾几何时，我们在众说纷纭中迷失自己，找不到哪条航道才能通向胜利的港湾。曾几何时，我们总将他人的评论作为衡量自己行为的标尺，总在懊恼中深刻地检讨自己。曾几何时，在听取了一个问题五花八门的答案后，我们仍是一头雾水，感到一片茫然。之所以会迷茫，是因为没有把眼光放长远，是因为太在意别人的评价而迷失自己。

你能看到什么，决定你能得到什么；你能看到多远，决定你能走到多远。没有抓不住的机会，只有没有眼光的人。机遇无时不在，无处不在，但只有独具慧眼的人才看得到平凡中的不平凡，简单中的不简单。

人的眼光会受到多种因素的影响，如胸怀、见识、胆略等，所处的地位不同，或者所站的角度存在差异，都会产生不一样的眼光。同样一元钱，放在商人那里，他就会想着如何去投资，而放在一个饿汉手里，他想的却是买烧饼还是买馒头。

20 世纪 80 年代初，摆个地摊就能发财，可很多人不敢。90 年代初，买个股票就能挣钱，可很多人不信。21 世纪初，开个网站就能赚钱，可很多人不试。思路决定出路，眼光决定未来。站得高，才会看得远；看得远，才会行得长。

有一位四十五岁左右的保险从业人员，由于遇上特殊时代，十五岁上大学，然后读研了，学的是机械模具设计，先留校当了老师，后来又做过一些技术方面的咨询工作，最后投身保险行业。结果在兼顾儿子高三出国准备的前提下，别人业绩下降，而她的业绩完成率达 300% 以上，升到了主任的位置。

有人向她请教如何拓展客户。她说，拓展客户的途径有很多，比如她在小区中大家休闲的地方做问卷调查，三十份调查，后来有八个被调查者成了她的客户。收到问卷调查后表示感谢，同时，平时有空就问候问候，大家有保险需求时自然就想到她了。甚至网上的一些招聘信息，都能成为她发展客户以及储备客户的方式。"虽然现在某些客户由于经济问题不会买保险或者只是买几百块钱的保险，但如果能保持良好关系取得客户的信任，说不定两三年后客户成了某集团总裁，就能拿到大单子了。"

这样长远的眼光，也正是她成功的重要基石。

做人要把目光放长远一点，把视野放开阔一些，把心胸放宽广一点。鼠目寸光必然行而不远，见识短浅必会漏洞百出，斤斤计较难免因小失大。想问题、做事情，都要学会全面地对待，并为长远打算，我们的人生才会更加充盈、灿烂。

在世出世，真空不空

【原典再现】

树木至归根，而后知华萼①枝叶之徒荣；人事至盖棺②，而后知子女玉帛之无益。真空不空，执相非真，破相亦非真，问世尊③如何发付④？在世出世，徇欲是苦，绝欲亦是苦，听吾侪善自修持！烈士让千乘，贪夫争一文，人品星渊⑤也，而好名不殊好利；天子营家国，乞人号饔飧⑥，位分霄壤⑦也，而焦⑧思何异焦声。饱谙⑨世味，一任覆雨翻云，总慵开眼；会尽人情，随教呼牛唤马，只是点头。

【重点注释】

①华萼：花萼。萼，指花瓣的最外部。

②盖棺：指死后入殓棺木。

③世尊：即佛陀。

④发付：发表意见。

⑤星渊：比喻差别极大。

⑥饔飧：饔指早饭，飧指晚饭。这里泛指食物。

⑦霄壤：霄指天空，壤指土地。形容相差极远。

⑧焦：苦。

⑨谙：熟悉、熟识。

【白话翻译】

树木落叶归根化为腐土时，人才明白茂盛的枝叶和鲜艳的花朵不过是一时的荣华；人到了将死的时候，才知道子女钱财都没有用处。超出一切色相意识的"空"的境界，并不就是放空一切，执着于事物外在形象并不能看清事物的本质，同样的，破除事物外在形象也不能看清事物的本质，请问佛陀怎样解释这个道理？身处俗世要能超脱于俗事之外，追求欲望是一种痛苦，断绝一切欲望也是一种痛苦，这就要靠我们自己好好领悟修持了。行为刚烈的义士可以将千乘之国礼让于人，贪得无厌的人却为一文钱而进行争夺，就人的品德来说真是天渊之别，但是前者喜欢公明和后者喜欢金钱，在本质上并没什么不同。当皇帝统治的是国家，当乞丐为的是讨一日三餐，就地位而言确实有天渊之别，但天子思虑国家事务的忧愁和乞丐求食物的苦恼却没有本质的区别。饱尝熟悉了世态炎凉，任由世间变化万千，总懒得睁开眼睛去看一下；看透了世间的人情冷暖，管他人叫我牛还是唤我马，只是一味点头称是而已。

【深度解读】

万物都在变化

什么事都不是绝对而不存在变化的。放纵人欲固然是一种大苦恼，灭绝人欲也未曾不是苦恼。置身火焰之中就会被烧死，但是如果完全跟火焰隔绝就会被冻死，所以对火最好是不即不离，善加运用。这里不去考究深奥的佛理，仅从做人待世的角度来看，出世和入世之间存在着必然联系，不应绝对化，行事不宜走极端。

不得不说，这个世界唯一不变的就是变化。人的一生总要遇到许多问题，比如财务出现危机、健康出现状况、感情的结束、亲人的离去、生活失去方向，当这个世界已经变得不是你想象的样子，你又该如何应对？在这个残酷的世界，我们怎样可以让自己过得更好？如何让生活有它本该有的样子？

也许，我们无法改变这个世界，但是最起码可以改变自己，改变自己的内心，改变自己的观念，世界会因为我们的改变而转变。不要因为遭遇不公平对待而气愤不已，不要因为一些不可理喻的事情而暴跳如雷，不要因为

不够自信而导致事情一败涂地，不要因为生活中的一点儿小事就闷闷不乐。

平凡的一生不代表碌碌无为，变得成熟也不意味着要丢掉初心。就算怀揣世上最伟大的梦想，也不妨碍我们得到一个普通人的快乐。这世上只有一种成功，那就是以自己喜欢的方式过一生。

即使世界再残酷，也挡不住我们前进的脚步。只要我们能温柔地对待自己，一样可以感受不一样的幸福，一样能把生活过得有滋有味。每个人都有适合自己的生活和角色，给自己多一点的时间，抬头看看前面的路，不再抱怨，我们就会发现，原来做一个普通人也很幸福！

面对生活中的变化，我们总是习惯过去的思维方法，其实，换个角度看问题，我们就会有足够的勇气和毅力来面对生活中将要发生的一切，也才会有不一样的发现和收获。

 前念后念，随缘打发

【原典再现】

今人专求无念，而终不可无。只是前念不滞①，后念不迎，但将现在的随缘打发得去，自然渐渐入无。意所偶会便成佳境，物出天然才见真机，若加一分调停布置，趣意便减矣。白氏②云："意随无事适，风逐自然清。"有味哉！其言之也。性天澄澈，即饥餐渴饮，无非康济③身心；心地沉迷，纵谈禅演偈，总是播弄精魂。

【重点注释】

①滞：停滞、停留。

②白氏：指白居易。

③康济：指增进健康。

【白话翻译】

现在的人一心想心无杂念，但终究也没有办法做到。只要先前的杂念不存心中，对于未来的杂念不去生起，把握现实，把目前的事做好，自然就会使杂念慢慢消除。心中偶然有所领悟才会达到最美妙的境界，事物要自然生成才能显现出真正的机趣，如果人为地安排布置，那么情趣意境就会消减。白居易诗云："意随无事适，风逐自然清。"这句话真值得体味！诗中所说的正是这个道理。天性纯真的人，即使无意修炼，饿了就吃，渴了就喝，这一切都是为了保持身心健康；心地沉沦随落的人，即使谈论佛经禅理，也只是在白白耗费自己的精力。

【深度解读】

把握现在，活在当下

古希腊学者库里希坡斯曾说过："过去与未来并不是'存在'的东西，而是'存在过'和'可能存在'的东西。唯一'存在'的是现在。"虽然道理是这样的，但生活中依然有很多人把大量的时间花费在消沉和抱怨之中，妄想着人生会与现实有所不同。

其实，今天有今天的事情，明天有明天的烦恼，很多事无法提前完成，过早地为将来担忧，于事无补。只有活在当下，全身心地投入到生活中，才会享受到越来越多的快乐。当你活在当下，没有过去拖你往后，也没有未来拉着你往前时，你全部的能量都集中在这一时刻，生命因此具有一种巨大的张力。

生命从降生的那一刻起，我们就开始了人生的整个过程，这个过程的长短是不以我们的意志为转移的。在这个世界上，有许多事情是我们难以预料的。我们无法预知未来，却可以把握当下。

大多数人劳碌了一生，时时刻刻为生命担忧，为未来做准备，一心一意计划着以后发生的事，却忘了把眼光放在"现在"，等到时间一分一秒

地溜过，才恍然大悟"时不我与"。所以，预支明天的烦恼，只能使今天活得不快乐。不去预支烦恼，人生的烦恼就会减少一半。

而事实上，大多数的人都无法专注于"现在"，他们总是若有所思，心不在焉，想着明天、明年甚至下半辈子的事。假若你时时刻刻都将力气耗费在未知的未来，却对眼前的一切视若无睹，你永远也不会得到快乐。

人的一生可浓缩为"三天"：昨天、今天和明天。昨天与今天有扇后门，今天与明天之间有扇前门，这"三天"中，"今天"最重要，过去的事情就让它过去吧，"明天"的事等它来了再说。

每个人的一生其实都是一次远行，重要的不是目的地，而是沿途的风景以及看风景的心情。无论是风和日丽还是风雨交加，无论通衢大道还是崎岖险径，无论成功还是失败，无论欢笑还是泪水，这都是生活的赐予。明天的生活不可预知，但今天的生活可以把握，懂得生活，把握当下，珍惜当下。

有一个小和尚，每天早上负责打扫寺庙里的落叶。这不是一个好差事，尤其是在深秋时节，树叶落得满地都是，小和尚要打扫很久才能清理干净。小和尚为此有些苦恼，他琢磨了很久，终于想到了一个能够让自己轻松一点的"好办法"。

在第二天打扫落叶之前，小和尚用力地摇树，把落叶都摇了下来打扫干净，他心想：这样的话，我明天就不用再扫落叶了。第二天，小和尚到院子里一看，顿时傻了眼：院子里的落叶和平时一样多，一点也没少。师傅走了过来，对他说："孩子，不管你怎么摇那棵树，明天的落叶还是会落下来的。"

小和尚听后突然明白了，这个世界上有很多事情都是没有办法提前的，只有认真地活在当下，做好现在的每件事，才是可取的。

小和尚渴望在今天把明天的落叶清扫干净，却没想到明天落叶依然会飘零。在生活中，很多人和小和尚一样，喜欢预支明天的烦恼，渴望早一步解决明天的烦恼。但是，他们从未认真地考虑过，明天的烦恼今天是无法解决的。其实，如果总是沉迷于过去的温暖回忆，过分地展望未来，向往未来的美好，就会忽视了当下所拥有的幸福。

"做人只能过一天算一天，只有当天才算数。只要当天天还没黑，就算今天，到了明天，就是又一个今天了。"这是海明威的短篇故事《最后一方清净地》中尼克明白的一个道理。事实上，人生就是如此——过去的已经过去，将来的还没来到，我们唯一能把握的就是现在。我们只有认真地活在当下，才能把握生命的美好。如果你还在为眼前的痛楚忧伤，那么不妨放下你的忧愁，带着快乐的心，珍惜当下吧！

活在当下，把握生命中的一点一滴。只有把握好了现在，我们才能更好地把握未来。把握现在，珍惜眼前人，做好眼前事，让每一天都活得充实、有意义，让人生因为有意义而变得更加灿烂、完满。活在当下，不去管他人如何评论，只管做最好的自己，坚定地走自己的路，才能享受当下生活的一切。

心有真境，即可自愉

【原典再现】

人心有个真境，非丝非竹而自恬愉，不烟不茗而自清芬。须念净境空，虑忘形释①，才得以游衍②其中。金自矿出，玉从石生，非幻无以求真；道得酒中，仙遇花里，虽雅不能离俗。天地中万物，人伦中万情，世界中万事，以俗眼观，纷纷各异；以道眼③观，种种是常。何须分别，何须取舍？神酣④布被窝中，得天地冲和⑤之气；味足藜羹饭后，识人生澹泊之真。

【重点注释】

①形释：指躯体的解脱。

②衍：扩展。

③道眼：超越世俗的眼光。

④酣：指熟睡。

⑤冲和：谦虚、和顺。

【白话翻译】

　　人的内心要有真实的境界，不需要音乐调剂也会感到舒适愉快，不需要焚香烹茶也能感到清香之气。只有使心中有真实感受，而且思想纯洁、意境空灵，就会忘却一切烦恼，解脱形体束缚，这样才能自如自在地生活在真实美妙的境界之中。黄金是从矿山中挖出来的，美玉是从石头中产生的，可见不经过虚无幻变就不能得到真悟；道理可以在饮酒中悟得，神仙能在声色场中遇到，这是说即使高雅也不能完全脱离凡俗。天地间的万物，人与人的感情，世上发生的事情，用世俗眼光去观察，是变幻不定令人头昏目眩的；用超越世俗的眼光去观察，统统一样，全部是平等的。有什么必要去区分，有什么必要去取舍呢？只要安然舒畅地睡在粗布棉被中，也可以吸收天地间的和顺之气；满足粗茶淡饭的人，才能体会淡泊人生的真实乐趣。

【深度解读】

烦恼都是自找的

　　在生活中，很多人被烦恼所困扰：有人因为工作不顺而烦恼，有人因为人际关系复杂而烦恼，有人因为迟迟不发财而烦恼，有人因为钱太多而烦恼，有人因为孩子学习不认真而烦恼，有人因为妻子太爱花钱而烦恼……

　　人们总喜欢为一些无关紧要的小事而烦恼，其实，人生只有短短几十年，何必太计较得失进退？只要尽力就好！看开一些，少些欲望，也就少些失望，多些满足。否则，你将被烦恼包围，慢性中毒，时间一长，就被侵蚀肺腑，神仙都救不了你。

孔夫子曾经说过："故不足以滑和，不可入于灵府。"意思是：不能让周围的事物来扰乱你祥和的本性，也不可以让那些事物来侵扰你的心灵。但人们在生活中总免不了有一些烦恼的事。有些烦恼来自外界，必须正视；而大多数困扰则源于内心，这就是所谓的"自寻烦恼"。

有位比丘，每次坐禅都幻觉有一只大蜘蛛跟他捣蛋，无论怎样也赶不走，他把这件事告诉了师父。师父让他下次坐禅时拿一支笔，等蜘蛛来了在它身上画个记号，看它来自什么地方。比丘照办了，他在蜘蛛身上画了一个圆圈。蜘蛛走后，他安然入定了。当比丘做完功后睁开眼睛一看，那个圆圈原来就在自己的肚皮上。

可见，许多我们推给他人或外物的过失，毛病竟在自己身上。而这种来自自身的困扰我们往往不易察觉，更难以用笔"圈"定。人生在世，有太多的不如意。正如痛苦、孤独、寂寞一样，烦恼也是与生俱来的。因此，能否正确地对待烦恼，能否正确地解除烦恼，成为人生中面临的最重要课题之一，成为影响人们幸福、快乐和走向成功的最重要因素之一。

不得不说，我们生活中的确有很多麻烦都是由己而起的。对所有的事都执着，对所有的烦恼都招惹，即使早已风平浪静，我们还要坚持，正所谓世上本无事，庸人自扰之，烦恼痛苦也因此而来。

《庄子》记载，南海的帝王名叫倏，北海的帝王名叫忽，中央的帝王名叫混沌。倏和忽常跑到混沌住的地方去玩，混沌待他们很好。倏和忽商量着报答混沌的美意，说："人都有七窍，用来看、听、吃、呼吸，而混沌偏偏没有，我们干吗不替他凿开呢？"于是倏和忽每天替混沌开一窍，到了第七天，混沌就死了。

人的本性是自然纯净的，如果有意地加上心机、智巧等小聪明，就偏离了清静无为的天性，自然就开始浮躁起来了。人一旦心浮气躁，自然烦恼日增，痛苦无穷。

谚语云："水有源，树有根"，烦恼亦然。在遇到烦恼的事情时，切忌冲动，切忌任其自然，切忌自怨自艾、自寻烦恼；而应静下心来，心态平

和地分析烦恼的原因，找出烦恼的根源，理智地做出决定，然后把决定付诸行动。这样，才能有效地解决烦恼。

很多时候，人总是用无形的枷锁将自己锁住，烦恼当然由心而生，从而搞得自己疲惫不堪。而且，人总是喜欢给自己套上枷锁后，又想依靠别人给自己去除。其实能够解救你的正是你自己。

古印第安人有一句谚语："别走得太快，等一等灵魂。"与古老的印第安人相比，现代社会中忙碌的人们就像一个个旋转不停地陀螺，来不及感受生活中所发生的一切，这一切就被瞬间翻过。让我们静下来过日子，让心灵腾出感知幸福的空间，烦恼自然会烟消云散。倘若心灵一片光明灿烂，烦恼与苦痛便会远遁他乡。

第八章 主宰自己，收放自如

白居易有诗云："不如放身心，冥然任天造。"晁补之有诗云："不如收身心，凝然归寂定。"放任往往使人狂放自大，过度收敛心又会归入枯寂。只有善于把持自己身心的人，控制的开关在自己手中，才能掌握一切事物的重点，达到收放自如的境界。

了心悟性，俗即是僧

【原典再现】

缠脱只在自心，心了则屠肆①糟廛②，居然净土。不然，纵一琴一鹤，一花一卉，嗜好虽清，魔障终在。语云："能休尘境为真境，未了僧家是俗家。"信夫！斗室中，万虑都捐③，说甚画栋飞云，珠帘卷雨；三杯后，一真自得，唯知素琴横月，短笛吟风。万籁寂寥④中，忽闻一鸟弄声，便唤起许多幽趣；万卉⑤摧剥后，忽见一枝擢秀，便触动无限生机。可见性天未常枯槁，机神最宜触发。

【重点注释】

①肆：店铺。

②廛：卖东西的店铺。

③捐：抛弃、放弃。

④寂寥：空虚、寂静。

⑤卉：草的总称。

【白话翻译】

能否摆脱烦恼的困扰，完全在于自己的内心，只要内心清净了，那么屠户、酒肆也会变成极乐净土。反之即使与琴、鹤相伴，满眼花草，内心不能安静，苦恼仍然会困扰你。所以佛家说："能摆脱尘世的困扰就等于到达真实境界，没能了却尘缘的僧人也和俗家人没有两样。"这句话千真万确。住在狭窄的小屋里，抛弃所有私欲杂念，哪里还美慕什么雕梁画栋、飞檐入云的华屋；三杯酒下肚之后，自觉领悟到道理悠然自得，于是只管对月弹琴，迎着清风吹笛。万物俱静，忽然听见一声鸟叫，就会唤起许多幽情雅趣。花草凋谢后，忽然看见一枝鲜花怒放，便会触动心灵产生无限生机。可见万物的本性并不会全部枯萎，生命的机趣应该不断激发。

【深度解读】

一念之间

上还是下？左还是右？去还是留？真还是假？乐还是痛？战还是和？生还是死……一切皆在一念之间。意之所向，无可阻挡。

一念之间，一线之隔，截然不同。好与坏，一念好，一念坏。成与败，一念成，一念败。得与失，一念得，一念失。善与恶，一念成佛，一念成魔。世俗的烦恼，或者净土的快乐，关键在于一念。只要自己能大彻大悟，即使是置身屠宰场，也像住在极乐净土一般。

一个偶然的意念，往往会改变许多事情，成为改变人生的一个重要决定。在人生的漫长旅途中，会遇到许多的转折点，而这些转折点正如"十字路口"一样，站在十字路口上，迷茫的方向，使人难以抉择。在无助的时候，也许只因为听到一句话，也许只因为读到一行字，也许只因为偶尔的一抬头，望见窗外的一朵云，都可以在一念之间做出选择，然后再继续前进，走出人生的另一条道路。

可见，当我们遇到困难时，往往在一念之间决定进退，所以平时需要锻炼意志，关键时刻才不会松劲泄气。

那些在一念之间选错方向的人，他们在十字路口迷失了方向，迷失了自我，虽然同样是一条宽阔的道路，却收到了不同的果实。他们在生活中经常做些违背常规的事情，误入了歧途，甚至不知悔改地做出更让人们不能理解的事情。他们一次又一次地放纵自己，成为千古的罪人。

一念之间，可以让一个人追悔莫及。那瞬时连起的烽火，燃烧了一个王朝，而美人一笑的背后，隐藏的是凶险的未来。它不同于秦始皇巩固边防的烽火，也不同于汉武帝保家卫国的烽火，它是粉碎了千万将士忠肝义胆的烽火。周幽王烽火戏诸侯的一念，亡了他的帝业，只留得一声声唏嘘和千古遗憾。

一念之间，一个看似普通的意念，却在人生的十字路口上担当了重要的角色；一个看似平凡的意念，却是人生中的考试卷，让人们选择方向。一念之间所做出的选择是重要的，因为一念之间往往反映一个人的品质，也往往决定一个人的人生。

善操身心，收放自如

【原典再现】

白氏云："不如放身心，冥然任天造。"晁氏①云："不如收身心，凝然归寂定。"放者流为猖狂，收者入于枯寂。唯善操身心者，把柄在手，收放自如。当雪夜月天，心境便尔澄澈；遇春风和气，意界②亦自冲融。造化人心，混合无间。文以拙进，道以拙成，一拙字有无限意味。如桃源犬吠，桑间鸡鸣，何等淳庞③。至于寒潭之月，古木之鸦，工巧中便觉有衰飒④气象矣。

【重点注释】

①晁氏：晁补之，宋朝人。
②意界：心间的境界。
③淳庞：淳朴而充实。
④飒：衰落、衰老。

【白话翻译】

白居易有诗云："不如放身心，冥然任天造。"晁补之有诗云："不如收身心，凝然归寂定。"放任往往使人狂放自大，过度收敛又会归入枯寂。只有善于把持自己身心的人，控制的开关在自己手中，才能掌握一切事物的重点，达到收放自如的境界。雪花飘落，皓月当空，人的心情也会随着清澈明净；和风徐徐，万物一片蓬勃生机，人的情绪自然会得到适当的调剂。可见大自然和人的心灵是浑然一体的。不论做学问或写文章都要用最笨的方法才有进步，尤其是修养品德，必须有朴实的态度才有成就，可见"笨拙"二字含有无穷奥妙。恰如陶渊明的《桃花源记》中所说的："阡陌相通，鸡犬相闻。"这该是一种多么淳朴之风。至于寒潭中映照的月影，枯老树木上的乌鸦，虽然工巧，却给人一种衰败的景象。

【深度解读】

把持自己身心

在这个世界上，什么都可以替代，唯独不能代替别人生活。因为一个人的生活完全要靠自己掌控。要掌控自己的生活，就要有一定的自控力，也就是说，自控力决定了一个人的活法，有什么样的自控力，就有什么样的生活。如果不务正业，生活必定放荡不羁；如果自由散漫，生活必定散乱无序；如果喜好虚荣，生活必定既累又失色；如果洁身自好，生活才会规律有序。

人生在世，最难又最简单的一件事情就是管好自己。要做到真正地管理好自己，就需要我们具有足够强的自控力，换言之，就是一个人必须具备自觉地调节和控制自我的能力。只有这样，我们才能够冷静地对待周围所发生的事情，有意识地控制自己的思想，约束自己的行为，提升自己。

稻盛和夫说过："控制自己的注意力、情绪和行为，能更好地应对压力、解决冲突、战胜逆境，身体更健康，人际关系更和谐，恋情更长久，收入更高，事业也更成功。"的确，生活的慌乱无序，内心的烦忧焦虑，

都是因为没有自控力。一切积极的改变，都从你的自控力开始。

简单说，自控力，即自我控制的能力。指对一个人自身的冲动、感情、欲望施加的控制，它是一个人成熟度的体现。没有自控力，就没有好的习惯，没有好的习惯，就没有好的人生。

八十二岁的大文豪托尔斯泰悄然离家出走，却因为缺乏自理能力，病倒在一个荒凉小站，几天后含恨辞世。这是为什么？美国第三十二任总统富兰克林·罗斯福，是美国历史上唯一一位残疾人总统，他创造了美国历史上空前绝后的纪录，总统任期长达十二年。这是为什么？

之所以会有不同的结局，都是因为自控力。毫无疑问，自控力对人的生活和命运影响极大。

在现代社会里，我们每天都忙于外界的事情，很难听到自己内心真实的声音，所以，就很难循着自己生活应有的轨迹前行。而自控力就是一种能够掌握自己内心的能力，它要求我们按照自己的本心去过真实而有意义的生活，真正做到掌握自己。

精彩的人生往往不是演绎出来的，而是自我掌控的结果。明星大腕的生活看上去很光鲜，其实许多时候，他们也是身不由己，他们的许多言行，甚至个人喜好都会受到约束。光鲜背后，他们身上承载了太多个人生活之外的东西。但这都需要他们要有超强的自控力，否则，一些不当的言行会有损自身的名声，对自己的舞台人生产生负面影响。

如果没有了自控力，生活就会变成一团乱麻。所以，我们总在抱怨生活的不幸、做人的痛苦，殊不知外界行为的混乱都是源于内心的混乱，外面的不顺畅实质也是因为内心的无序和不稳定。因此，自控力能够让我们牢牢地掌控自己的命运，做自己人生的主人。

作为普通人，我们不需要活给别人看，不需要太在乎别人的看法，那样会活得很累，只需要管好自己，活出真实的自己就可以了。许多事实证明，凡是能够掌握自己生活的人，都很幸福。

幽人清事，总在自适

【原典再现】

以我转①物者，得固不喜，失亦不忧，大地尽属逍遥；以物役②我者，逆固生憎，顺亦生爱，一毫便生缠缚。理寂则事寂，遣事执理者，似去影留形；心空则境空，去境存心者，如聚膻却蚋③。幽人清事，总在自适。故酒以不劝为饮，棋以不争为胜，笛以无腔为适，琴以无弦为高，会④以不期约为真率，客以不迎送为坦夷⑤。若一牵文泥迹，便落尘世苦海矣！

【重点注释】

①转：支配。

②役：役使、奴役。

③蚋：蚊子一类的昆虫。

④会：约会。

⑤坦夷：坦白快乐。

【白话翻译】

以自我为中心来把握和主宰事物，成功了不觉得高兴，失败了也没有忧愁，这样没有羁绊和挂牵地做人真是逍遥自在；若让事物来控制奴役我，那么不顺利时就会恼恨，顺利时又会喜欢，一点微小的事就能把自己束缚住。真理跟事物是血肉相连的，真理静止，事物也随着静止。排除事物而执拗于道理的人，就像排除影子而留下形体那样不通；心智和环境也是血肉相连的，内心空虚环境也跟着空虚，排除环境的干扰而想保留内心宁静的人，就好像以聚集腥臭来驱赶蚊蝇一样可笑。清高的人和高雅的事都为了顺应自己的本性，所以饮酒以不劝饮最为快乐，下棋以不相争最为高明，吹笛以自得其乐最为快意，弹琴以信手拈来最为雅，相会以没有邀约最为真诚，宾客往来以不迎送最为坦荡。反之假如有丝毫受到世俗人情礼节的约束，就会落入烦嚣尘世苦海而毫无乐趣了。

【深度解读】

活出自我

人生一世，重要的并不在于能苟延残喘地活多久，而在于能否在一波接一波的洪流与冲击中活出自我。

活出自我是一种勇气。人生难免有挫折与苦痛，每个人都会面临某种危机。但有的人却能在挫折下迸发生命的光彩，在苦难中成就生命的伟大。因为他们有勇气，敢于直面真实的人生；他们有担当，勇于承担自己的责任；他们有希望，从不放弃自己的梦想；他们有信念，从不动摇自己的抉择！

在生活中，我们也许会有迷失自己的时候，但你千万不能因此丢掉自己，也不能因为时过境迁就自暴自弃。无论在多么恶劣的环境里，无论在什么样的年纪，大胆地做出为自己而活的决定，就是了不起的事情。

台湾著名作家、成功学家刘墉曾这样说过："伟大的人之所以伟大，是因为他们通常有这样的信念：'我不要做一个普通人，我要超越！超越我那看来有限的自己。'于是在这种不信自己办不到的愤懑和努力下，他们将自己提升了。且随着不断地提升、不断地超越，为人类历史创造出一个又一个辉煌成就！"是啊，一个人只有不断提升、不断超越自己，才不枉来这个世界一遭，千万不能因为担心年龄而畏首畏尾，不敢做出正确的决定，那才是对生命的亵渎。

世界瞬息万变，人生漫漫近百年，谁也无法预料几十年后的自己将会是怎样一副模样；情感、事业、家庭，无时无刻不拨弄着我们的心弦，影响着我们的生活。我们应该树立一个远大的目标。这样，我们的人生就会変得明确而有意义，就不再害怕世事的变迁了。

林肯曾经说过："喷泉的高度不会超过它的源头，一个人的事业也是这样，他的成就绝不会超过自己的信念。"这是很有道理的。人的一生，总有大大小小的期望。有了追求，生活才有盼头。

在追求梦想的道路上，没有人比你更优秀，没有人比你更成功，不要戴上"完美"的枷锁，我们只做最好的自己。生活不一定完美，但是我们却可以尽力做到最好。活出真实快乐的自己，人生就是精彩的。

科学家曾做过一个著名的"温水煮青蛙"实验：把青蛙投入煮沸的开水中，青蛙能够奋力跳出而成功逃生，但如果把青蛙放入温水中慢慢加热，青蛙反会被困死。青蛙如此，人又何尝不是这样。我们其实很容易被安逸的环境所迷惑，终至安于现状、故步自封。所以，不去冒险其实比冒险更危险，忠于内心只是迈出了追求理想的第一步，只有豁出去，才能活出自我，成为自己喜欢的样子。

林清玄说过："我，宁与微笑的自己做搭档，也不与烦恼的自己同住。我，要不断地与太阳赛跑，不断地穿过泥泞的路，看着远处的光明。"的确，不管外面天气怎样，别忘了带上自己的阳光，愿我们成为自己想要成为的样子，不畏将来，不念过去，以自己喜欢的方式过一生。

一性寂然，可超物外

【原典再现】

试思未生之前有何象貌，又思既死之后作何景色，则万念灰冷。一性寂然，自可超物外而游象先[1]。遇病而后思强之为宝，处乱而后思平之为福，非蚤[2]智也；幸福而先知其为祸之本，贪生而先知其为死之因，其卓见乎。优人[3]傅粉调朱，效妍丑于毫端，俄而歌残场罢，妍丑何存？弈者

争先竞后，较雌雄④于著子，俄而局尽子收，雌雄安在？风花之潇洒，雪月之空清，唯静者为之主；水木之荣枯，竹石之消长，独闲者操其权⑤。

【重点注释】

①象先：指超越各种形象。

②蚤：同"早"。

③优人：戏子。

④雌雄：胜败。

⑤权：引申为评量得失。

【白话翻译】

试想一下人没出生之前长着什么样子呢？想一想死了以后又会怎样？一想到这些就不免万念俱灰。不过生命虽然短促，精神却是永恒的，只要能保持纯真本性，自然能超脱物外，遨游于天地之间。生病时才想到身体强壮最为宝贵，身处在动乱才想到太平安稳的幸福，这不算是先见之明；能预先知道侥幸获得的幸福是灾祸的根源，虽然爱惜生命可是却能预先明白有生必有死之理，这样才算是超越凡人的真知灼见。演戏的伶人涂抹胭脂口红，将美丽和丑陋再现得惟妙惟肖，歌舞结束之后，那些美丽和丑陋哪里还会存在？下棋的人争先恐后，比个高低，棋局结束，刚才的胜负又在哪里呢？微风中花朵随风飘舞，雪夜中明月皎洁，只有内心宁静的人才能发现这景致；河边树木的繁茂或枯败，竹林间石头的消退增长，只有意态悠闲的人才能把玩欣赏。

【深度解读】

保持一颗纯真的心

有一次，美国著名主持人林克莱特访问一名小男孩，他问道："你长大后想要做什么？"小男孩天真地回答："我想当一名飞行员！"林克莱特接着问："如果有一天，你的飞机飞到太平洋上空，突然间所有的引擎都熄灭了，你会怎么做？"小男孩想了想，说："我会先告诉坐在飞机上的人都绑好安全带，然后我挂上降落伞跳下去。"

现场观众大笑，他们觉得这个孩不替别人着想。但林克莱特没有笑，他发现孩子的两行热泪夺眶而出。于是，他继续问："你为什么要这样做呢？"小男孩回答说："我要去拿燃料，我还要回来的！"

纯真的心就是阳光心态，拥有一颗纯真的心，我们可以感受到别人的爱心和信心，从而也让我们坚定信念；纯真的心是善良而美好的，拥有纯真的心的人会积极地看问题，并不断把快乐和阳光带给周围的人。

随着一天天地长大，人们的各种欲望会充斥着人的心灵，平庸、虚伪、贪婪、憎恨和争斗会变成一连串不和谐的音符。当人们将真实的自我尘封，戴上一张虚伪得可怕的假面，以此来迷惑世人，那么社会将黯淡无光，人与人之间所谓的真爱、真情将化为乌有。

原本以为拥有假面是快乐的，能像变色龙一样在不同环境生存，其实，纯真才是尤为可贵的。倘若人人都成为契诃夫笔下的那种"变色龙"，仗着本性见风使舵，那人们的生活也将成为一出经典的闹剧。

仰望蔚蓝的天空，渴望心灵抵达返璞归真的殿堂，世界变成简单真实的纯真年代。摘下假面，将心扉敞开，人与人之间真诚相待，期盼心与心的交流，不再是没有硝烟的阴谋之战。在心灵里加一点纯真，世界的明天才会更灿烂。愿我们都努力保持一分纯真，这样我们的生活才会更加有意义。

笙歌正浓，拂衣长往

【原典再现】

田父野叟①，语以黄鸡白酒则欣然喜，问以鼎食②则不知；语以温饱短褐则油然乐，问以衮服则不识。其天全③，故其欲淡，此是人生第一个境界。心④无其心，何有于观。释氏曰："观心者，重增其障。物本一物，何待于齐？"庄生⑤曰："齐物者，自剖其同。"笙歌正浓处，便自拂衣长往，羡达人撒手悬崖；更漏⑥已残时，犹然夜行不休，笑俗士沉身苦海。

【重点注释】

①叟：古代对老人的称呼。
②鼎食：形容美味的食物。
③天全：天然的本性。
④心：思考。
⑤庄生：庄子。
⑥更漏：古代计时的仪器。

【白话翻译】

在乡下跟老农夫谈论饮食，谈到黄鸡白酒时，他就特别高兴，问他山珍海味，他就全然不知了；谈起衣着时，一提起长袍短袄，他就会不由得流露出欢乐表情，问他黄袍紫蟒等官服，他就一点也不懂了。因为他们保持了纯真自然的本性，所以欲望淡泊，这是人生的第一等境界。人心如果不产生任何妄念，又何必要去操心呢？佛家所说的观心，反而是增加修持的障碍。天地间的万物原本是一体的，何必等待人去整齐划一？庄子说："物我齐一，是把本属同一体的东西给分开。"当歌舞盛宴达到最高潮时，整理衣衫毫不留恋地离开，那些胸怀旷达的人就能在这种紧要处猛回头，真是令人羡慕；夜阑人静时仍然忙着应酬，那些目光短浅的人已经坠入无边痛苦中而不自觉，说来真是可笑。

【深度解读】

做一个胸怀旷达的人

林则徐曾经说过："海纳百川，有容乃大。"人就像大海一样，只有广泛吸取周围的河流，包容天下的雨水，它才会那样广阔无垠，如果人不能像大海一样心胸宽广，而像羊肠小道那样心胸狭窄，不愿容纳别人的一点过失，他永远都是井底之蛙，看不到广阔的天空。

《金刚经》中记载："一切法得成于忍。佛陀最高的智慧，来源于忍辱。"世间福报也是如此，所谓"吃亏是福"。越不计较个人得失，最终回馈的也就越多！

相传，唐朝宰相陆贽有职有权时，听信谗言，认为太常博士李吉甫结伙营私，便把他贬到明州做长史。

不久，陆贽被罢相，贬到了明州附近的忠州当别驾。后任的宰相明知李、陆有私怨，便玩弄权术，特意提拔李吉甫为忠州刺史，让他去当陆贽的顶头上司，意在借刀杀人。

谁知道李吉甫不记旧怨，而且"只缘恐惧转须亲"，上任后，特意与陆贽饮酒结欢，使那位现任宰相借刀杀人的阴谋成了泡影。

陆贽深受感动，便积极出点子，协助李吉甫把忠州治理得井井有条。就这样，李吉甫不搞报复，宽待了别人，也帮助了自己。

俗话说："金无足赤，人无完人。"容不得别人的错误和短处势必不能很好地与人相处。"鲍管分金"的故事就非常耐人寻味。

春秋时期，鲍叔牙与管仲是好朋友，他们俩合伙做生意的时候，鲍叔牙本钱出得多，管仲出得少，但是在分配赚到的钱的时候，管仲总是会多拿。鲍叔牙并没有觉得管仲很自私，他认为管仲家里条件不太好，多拿一点儿也没有关系。

后来，鲍叔牙把管仲推荐给齐桓公做大夫，辅助齐桓公完成了在争霸战争中的角逐，取得了胜利，管仲也因此载入史册，为后人所熟知。

管鲍之交的故事流传到后世，鲍叔牙就是对宽容豁达之人最好的诠释。我们设想一下，如果鲍叔牙斤斤计较，丝毫容不得管仲的缺点，管仲的才华就很可能被埋没。

莎士比亚在《威尼斯商人》中写道："宽容就像天上的细雨滋润着大地。它赐福于宽容的人，也赐福于被宽容的人。"毫无疑问，宽容是美丽的情感，宽容是良好的心态，宽容是崇高的境界。能够宽容别人的人，其

心胸像天空一样宽阔、透明，像大海一样浩瀚、深沉。

总之，一个人胸怀宽广、性格豁达，才能纵横驰骋。若纠缠于无谓鸡虫之争，非但有失儒雅，还会终日郁郁寡欢，神魂不定。唯有对世事心平气和、宽容大度，才能和谐圆满。

 混迹风尘，可欲不乱

【原典再现】

把握未定①，宜绝迹尘嚣，使此心不见可欲而不乱，以澄吾静体；操持既坚，又当混迹风尘，使此心见可欲而亦不乱，以养吾圆机。喜寂厌喧者，往往避人以求静，不知意在无人便成我相，心著于静便是动根，如何到得人我一视②、动静两忘的境界？山居胸次③清洒，触物皆有佳思：见孤云野鹤，而起超绝之想；遇石涧流泉，而动澡雪④之思；抚老桧寒梅，而劲节挺立；侣沙鸥麋鹿，而机心顿忘。若一走入尘寰⑤，无论物不相关，即此身亦属赘旒⑥矣！

【重点注释】

①把握未定：指意志不坚定。

②人我一视：我和别人属于一体。

③次：中。

④澡雪：沐浴洗涤，指除去一切杂念。

⑤寰：广大的地域。

⑥赘旒：多余的。

【白话翻译】

意志不坚定时，就应该远离尘世的烦嚣，使这颗心不受欲望的诱惑，这样就不会迷乱，然后能够清醒地体悟纯净的本性；如果内心的修持已经足够坚定时，又应该混居于滚滚红尘中，使这颗心接受欲望的诱惑也不会迷乱，这样便能修养自己圆通的智慧。喜欢寂静而厌恶喧嚣的人，常常逃避人群以求得安宁，却不知道有意离开人群便是执着于自我，刻意去求宁静实际是骚动的根源，这怎么能够达到将自我与他人视为一体、将宁静与喧嚣一起忘记的境界呢？居住在山野时心胸清新开阔洒脱，接触到任何事物都会产生遐想：看见一片孤云飘荡、一只野鹤飞翔就会产生超越一切的念头，遇到山谷中清泉流动会产生洗涤一切凡俗的想法，抚摸着苍老的松树和寒冬中的梅花会有挺立傲雪的情致，和海鸥、麋鹿在一起游玩可以忘却一切心机。一旦再回到尘世中，不单任何事物都和我无相关，即使这个身体也觉得是多余的。

【深度解读】

做一个意志坚定的人

人的一生要经历许许多多的挑战，没有哪一个人的一生是完美无缺的。面对生活中种种不可避免的挑战，我们要以微笑和自信来迎接与战胜它们。困难就像一个弹簧，你强它就弱，你弱它就强。只要勇敢地去面对，努力地去奋斗，才有可能取得成功。

俗话说："意志创造人。"大脑是你在这一世界上取得成功的唯一源泉。在你的大脑中，储藏着取之不尽的财富。通过提高意志力，你可以获得人生的富贵，拥有生活中的各种成就。这种意志之力，默默地潜藏在我们每个人的身体之内。

在这个世界上，真正创造人生奇迹者乃人的意志之力。意志是人的最高领袖，意志是各种命令的发布者，当这些命令被完全执行时，意志的指导作用对世上每个人的价值将无法估量。

对于美国作家海明威的《老人与海》，我们都不陌生。故事的情节并不出彩，情节的铺叙也相对简单，只描绘了一次出海的经历。但是故事中细致入微的心理描写注定了它是一部伟大的作品，直到今天它仍被各国的读者津津乐道。

故事的主角是名老人，他与大海搏斗的故事中透着一种难以名状的孤独。老人是平凡的，但他在与大自然搏斗时所流露出的坚韧不拔的品质早已超越了其本身。不论是面对着和船差不多大的大马林鱼还是伺机而动的鲨鱼群，老人都从未退缩过。虽然他丢掉了称手的鱼叉和尖刀，但转眼一柄断桨又成了得力的武器。他从没放弃过战斗，伤痛不能击垮他的意志，这种坚定的意志使他在角逐中胜出。

当他回到港口时，已是两手空空，且身心疲惫。虽然故事到此已戛然而止，但我相信下一次太阳升起的时候，海岸边仍能出现老人坚毅的背影。

困难其实不可怕，可怕的是逃避困难，只有战胜自己，才能打开胜利的大门。当下一次挑战来临的时候，别再躲躲闪闪，别再仓皇逃窜，要主动向它发起攻击。只要你肯相信自己，不断地努力付出，哪怕你现在的人生是从零开始，你都可以做得到。

总之，只要你勇敢迈出第一步，并坚定地走下去，你就会变成你想成为的样子，未来的美好也会超出你的想象。希望我们每个人在对待选择的时候，都不再那么纠结。愿努力生活的你我，每一天都坦然无悔！

人生福祸,念想造成

【原典再现】

兴逐时来，芳草中撒履闲行，野鸟忘机时作伴；景与心会，落花下披襟兀坐①，白云无语漫相留。人生福境祸区，皆念想造成。故释氏云："利欲炽然即是火坑，贪爱沉溺便为苦海。一念清净，烈焰成池；一念警觉，

航登彼岸②。"念头稍异，境界顿殊，可不慎哉！绳锯木断，水滴石穿，学道者须加力索；水到渠成，瓜熟蒂落，得道者一任天机③。机息时，便有月到风来，不必苦海人世；心远处，自无车尘马迹，何须痼疾④丘山。

【重点注释】

①兀坐：静坐。兀，不动的意思。

②彼岸：佛家语，指成正果。

③一任天机：完全靠天赋的悟性。

④痼疾：经久难愈的疾病，引申为长期养成的不容易克服的习惯。

【白话翻译】

心血来潮时，在草地上脱鞋漫步，小鸟也会忘记被人捕捉的危险，飞来和我做伴；当景色和思想融为一体时，在飘落的花朵下披着衣裳独自静坐，白云也似乎无言地停留在头上不忍离去。人生的幸祸都是由自己的观念所造成，释迦牟尼说过："名利的欲望太强烈就等于使自己跳进火坑，贪婪之心太强烈就等于使自己沉入苦海。一丝纯洁观念就会使火坑变成水池，一点警觉精神就能使苦海到达彼岸。"念头稍不一样，那么所得的境界有天渊之别，不能够不谨慎啊！绳子长时间摩擦木头可锯断木头，水滴长时间落在石头上可穿透石头，同理，做学问的人也要努力用功才能有所成就；水流到时自然形成沟渠，瓜果熟透时自行落下，同理，要想悟得真理也需任运自然。当妄念止息后，便能感受到皎月清风缓缓而来，不会再将人间看成是苦海；当心境远离尘俗时，自然不会有车马喧嚣的嘈杂，哪还需要找个僻静的山林？

【深度解读】

祸福苦乐，一念之差

祸也好、福也好、苦也好、乐也好，看起来差别很大，其实追其源头都是来自于你的一个念想而已，人生福祸皆念想造成。很多人渴望成功，

渴望幸福，花了很多时间学习各种技巧，积累经验和财富，但忽视心灵的作用，那么，技巧和财富都不会变成正面的能量，反而是负累。要知道，通向幸福的道路，最终只是在心灵的深处。

幸福也罢，成功也罢，归根结底，是心灵的问题。或者说，对于心灵澄澈的人而言，成功或幸福，都不是问题。所以，人生的根本问题，乃是心灵的问题。修好了这颗心，就会拥有美好的生活。

祸福苦乐，一念之差。有什么样的念头，就会有什么样的人生。比尔·盖茨说过："人和人之间的区别，主要是脖子以上的区别。"根据生物学家的实验数据，一般人的大脑在智能方面并没有多大的区别，那么人和人的命运为什么不同呢？那是因为使用大脑的方式不同。

美国桂冠诗人兰斯顿·休斯会看相，他曾说过："两个关在监狱里的人通过栏杆看外面，一个看到的是泥土，另一个看到的是繁星。"看到繁星的人，目光朝上，希望有所作为，是个正面的人；看到泥土的人，目光朝下，自暴自弃，是个负面的人。

很多时候，我们所有的苦难与烦恼都是依靠自己过去生活中所得到的经验做出的错误判断，这时，我们不妨跳出来，将麻烦看成机会，将挫折看成挑战，将对手看成朋友，将多事佬看成热心人，将苦难看成老师，将煎熬看成磨炼，将深夜看成黎明，将挣扎看成拼搏……换一个视角，你就会发现一个新天地。

生生之意，天地之心

【原典再现】

草木才零落，便露萌颖①于根底；时序虽凝寒②，终回阳气于飞灰。肃杀之中，生生之意常为之主，即是可以见天地之心。雨余观山色，景象便觉新妍；夜静听钟声，音响尤为清越③。登高使人心旷，临流使人意远。读书于雨雪之夜，使人神清；舒啸于丘阜④之巅，使人兴迈⑤。心旷，则万钟如瓦缶；心隘，则一发似车轮。

【重点注释】

①萌颖：苞芽。

②凝寒：极度寒冷。

③清越：清脆悠扬。

④阜：土山。

⑤迈：奋发、豪爽。

【白话翻译】

花草树木刚刚凋谢，可是新芽已经从根部长出；四季刚到了寒冬，温暖的阳春就行将到来。万物到了飘零枯萎的季节，却在暗中隐藏着绵延不绝的蓬勃生机。由此可以看出天地哺育万物的本性。雨后观赏山川景色，会觉得气象清新；夜深人静聆听庙院钟声，就会觉得音质特别清脆悠扬。登上高地可以使人心胸开阔，面对流水可以使人意境深远。在雨雪之夜读书，会使人神清气爽；在山巅上仰天长啸，会让人振奋无比。心胸开阔，巨大的财富就像瓦罐一样不值钱；心胸狭隘，一根头发也会看得像车轮一样沉重。

【深度解读】

心胸宽广，绝处逢生

在我们面临困顿、身陷人生低潮之时，如果惧怕、逃避，那只会令我们越陷越深，找不到方向。凡人毕竟不是圣贤，如果说逃避也是一种态度，那我们何不豁达一些，坦然接受。当面对挫折时，我们要坚信，人生要豁达。

如果不能改变风的方向，就要想办法调整风帆；如果不能改变事情的结果，就要改变自己的心态。微笑着面对生活，即使一文不名也能睡得香甜；微笑着面对人生，即使在黑暗中也能看到希望的曙光。当你能控制自己的情绪时，你就是优雅的；当你不再狭隘时，你就是成功的。

在《鲁滨孙漂流记》中，鲁滨孙孤独一人流落荒岛。那里没有人，没有衣物，没有住所，而鲁滨孙却坚强地活了下去，他亲手建起小屋，还在屋子旁种了粮食，最终得以回到祖国。

如果鲁滨孙坐在荒岛上怨天尤人，他必会死在荒岛上。可见，以豁达的心情面对生活，生活中将处处是阳光。当然，我们所说的心怀宽广并不是无原则的迁就，而是要在道德规范的基础之上相互谅解和支持。面对违反原则的言行，不姑息纵容。

总之，我们应该学会心胸宽广、宽以待人、宽以容人，不要所有的事都"往心里去"。如果我们能够拥有宽广、豁达的心境，遇事能做到想得开、拿得起、放得下，就能驱散忧虑、恐惧、烦恼、苦闷等萦绕心头的乌云，使精神轻松而愉快。

 ## 以我转物，非物役我

【原典再现】

无风月花柳，不成造化；无情欲嗜好，不成心体。只以我转物，不以物役我，则嗜欲莫非天机，尘情即是理境矣。就一身了一身者，方能以万物付①万物；还天下于天下者，方能出世间于世间。人生太闲则别念②窃生，太忙则真性不现。故士君子不可不抱身心之忧，亦不可不耽③风月之趣。人心多从动处失真，若一念不生，澄然静坐，云兴而悠然共逝，雨滴而冷然俱清，鸟啼而欣然有会，花落而潇然④自得。何地非真境，何物无真机？

【重点注释】

①付：托付。
②别念：杂念。
③耽：沉溺，爱好而沉浸其中。
④潇然：豁达开朗，无拘无束。

【白话翻译】

没有清风明月、鲜花树木，大自然就不完美；没有喜怒哀乐、好恶爱憎，就不是真正的人。只由我主宰万物，而不让万物来驱使于我，那么这些嗜好、情欲无不是自然的机趣，尘世俗情也就成为包含天理的境界。能了解自我的人，才可根据自然法则使万物按照本性去发展而各尽其用；能够将天下交还给天下的人，才能身处尘世而心灵超越到尘世之外。整天游手好闲，杂念就会悄然而生；反之整天奔波劳碌不堪，又会使人丧失纯真的本意。所以但凡一个有才德的君子，既不愿使身心过度疲劳，也不愿整天沉迷在声色犬马的享乐中。心灵往往是因为浮动才失去纯真的本性。假如没有一点杂念，只是自己静坐凝思，那一切念头都会随着天际白云消失，随着雨点的滴落心灵也会有被洗净的感觉，听到鸟语呢喃就像有一种喜悦的意境，看到花朵的飘落就会有一种开朗的心得。可见任何地方都有真正的妙界，任何事物都有真正的玄机。

【深度解读】

做自己的主人

人活在世上，谁不希望自己生命如歌，每一天都欢乐常在，笑语盈耳，花团锦簇，春意盎然？谁不希望自己的人生有意义，生命有价值，生活有活力，心灵充满健康和快乐？谁不希望自己的生活激情飞扬，轰轰烈烈，一路高歌，春风得意？

但在这个忙碌的世界上，生活的焦虑，工作的压力，家庭的担忧，常

常让我们感到苦恼和烦闷。与其说纷扰的外界环境让我们的生活少了一份安宁，不如说是我们的内心少了一份淡定，迷失了自己。只有找回自己，做自己的主人，才能体悟到人生的真谛。

我们难道不是自己的主人吗？我们自己挣钱，自己走路，自己吃饭，自己工作。其实，很多人都不是自己的主人，他们不认识自己，不知道自己是谁，自己要的是什么，所以常常很盲目地跟随潮流走，人家说什么他就做什么，自然会感到无奈。

过分模仿别人，只会失去自我，"邯郸学步"就是一个很好的例子。你有你的个性张扬，他有他的才华横溢，各有精彩，所以不要妄自菲薄。只要我们能在这些限定的先天和后天条件下，做到最好的自己，相信自己就是世界上独一无二的，就是本质意义上的成功。

在这个世界上，比我们有能力的人有很多，"临渊羡鱼，不如退而结网"，你可以见贤思齐，把他们的优点、成功经验总结起来，用于学习，就有可能像他们一样成功。走自己的路，让别人说去吧，因为你就是独一无二的。

电影《如果·爱》中有一句台词："记住，对你最好的人永远是你自己。"求人不如求己，关键时刻还是要靠自己，这个浅显的道理大概每个人都懂，但并不是每个人都能这样认真地去做。我们要切记，自己的快乐要自己寻找，自己的幸福更要靠自己追求。

一个哲人曾说过："当一个人自己都认为自己不行的时候，宇宙中就再也找不到什么神秘的力量可以帮助他了。"的确，生活是充满艰难险阻的恶浪险滩，我们无时无刻不面对着生活中的各种考验。在生活的大风大浪中，唯一能救我们的，不是别人，而是我们自己。只有相信自己，才能做自己的英雄。

所以，不管身居何方、环境优劣、职位高低、能力大小、从事何种工作，我们都要记住：不靠天，不靠地，我们靠自己！每个人都绝不平庸，都有很多优点，相信自己是有用之才，做事尽心尽力、尽职尽责，发挥自己最大的潜能，就能登上成功的巅峰。

顺逆一视，欣戚两忘

【原典再现】

子生而母危，镪①积而盗窥，何喜非忧也？贫可以节用，病可以保身，何忧非喜也？故达人当顺逆一视，而欣戚②两忘。耳根似飙谷③投响，过而不留，则是非俱谢；心境如月池浸色④，空而不著，则物我两忘。世人为荣利缠缚，动曰："尘世苦海。"不知云白山青，川行石立，花迎鸟笑，谷答樵讴⑤，世亦不尘，海亦不苦，彼自尘苦其心尔。花看半开，酒饮微醉，此中大有佳趣。若至烂漫酕醄⑥，便成恶境矣。履盈满者宜思之。

【重点注释】

①镪：钱贯，即古代穿钱的绳子，这里指金银。

②戚：忧愁、悲伤。

③飙谷：飙，暴风。飙谷指大风吹过山谷。

④月池浸色：月亮在水中印出倒影。

⑤谷答樵讴：指樵夫一边砍柴一边唱歌。谷答是山谷中的回音。

⑥酕醄：形容大醉的样子。

【白话翻译】

生孩子对母亲来说是一件很危险的事，积蓄金钱则容易引起盗匪的觊觎，可见任何一种值得高兴的事都附带有危险。贫穷虽然很可悲，但是如果勤俭也能过得去；疾病固然很痛苦，但是由于疾病可学会保养身体的方法；可见任何值得忧虑的事也都伴随着欢乐，所以豁达的人对于逆顺应一视同仁，对于欣喜和悲戚要同时忘却。耳根假如能像大风吹过山谷一般，一阵呼啸之后什么也不留，这样所有流言蜚语就都不起作用；心境如果像月光照映在水中，空空如也不着痕迹，那么就能做到把自我和万物都忘却。人被虚荣心和利禄心所困扰，所以总说红尘世间就像苦海。然而他们却不知道白云逍遥山色青翠，流水不断山石林立，鲜花伴着鸟儿啁啾，山谷回响着樵夫的歌声，都是人间景色，人世并非是凡俗之地，人生也不是那么痛苦，那些说人生是苦海的人不过是自己落入凡俗罢了。赏花卉以含苞待放时为最美，喝酒以喝得略带醉意为适宜。这种花半开和酒半醉，含有极高妙的意趣。反之花已盛开、酒已烂醉，那不但大煞风景而且也活受罪。所以事业已经到巅峰阶段的人，最好能深思一下这两句话的真义。

【深度解读】

做人要豁达

在生活当中，人人都在用心追求豁达大度的意境，但很少有人能真正地成为一个豁达的人。其实，一个人的快乐并非因为他拥有的多，而在于他计较的少。

曾经听到这样的一个故事：一个富人丢了很多的金银珠宝，朋友劝他不要难过，他却笑着说，我为什么要难过呢？我很高兴。高兴的是窃贼只窃走了我的财宝，而没有连我的性命一起带走。这是真正的豁达。

既然吃亏有时是无法避免的，那何必要去计较不休、自我折磨呢？事实上，人与人之间总是有所不同的。别人的境遇如果比你好，那无论怎样抱怨也无济于事。最明智的态度就是避免提及别人，避免与人比较。你应该将注意力放在自己身上，以这种宽容的姿态去看待所谓的"不公平"，就会有一种好的心境。好心境也是生产力，是创造未来的一个重要保证。

吃亏是福。有时候，遇事换个角度想一想，不要在枝节问题上纠缠不休，一切就都迎刃而解了。对于一些无关紧要的小事，你真的不必太过计较。人生苦短，多留些快乐的日子给自己吧！

"岁寒，然后知松柏之后凋也。"磨难是最好的试金石。人生的磨难能赋予豁达的人更加成熟的魅力。豁达又是一种自信的体现。豁达的人不会因为自己的一次失败而一蹶不振，因为他们相信天生我才必有用，失败只是他们成功之路上的铺路石而已。

苏东坡在《定风波》中写道："试问岭南应不好？却道，此心安处是吾乡。"拥有一颗豁达的平常之心和对未来的希望之心，在面对逆境、对待挫折面前，不骄不躁，不放弃，每天都给自己一个希望，把每一天分成许多小目标，一一去为之努力，那么，你其实一直都是成功的。

做一个豁达的人，宁静淡泊，正视人生。从现在开始不较真，不纠结，愿自己开心；从现在开始不悲伤，不畏惧，不放弃，给别人快乐。

体任自然，不染世法

【原典再现】

山肴不受世间灌溉，野禽不受世间豢①养，其味皆香而且冽。吾人能不为世法所点染，其臭味不迥然别乎！栽花种竹，玩鹤观鱼，亦要有段自得处。若徒留连光景，玩弄物华，亦吾儒之口耳，释氏之顽空而已，有何佳趣？山林之士，清苦而逸趣自饶；农野之人，鄙略而天真浑具。若一失身市井驵侩②，不若转死沟壑神骨犹清。非分之福，无故之获，非造物之钓饵，即人世之机阱③。此处著眼不高，鲜不堕彼术中矣。

【重点注释】

①豢：饲养。

②驵侩：居中介绍买卖之人。

③阱：为防御或捕捉野兽和敌人而挖的坑。

菜根谭

全评

　　山间的野菜不需要人们去灌溉施肥，野外的动物也不需要人们饲养照顾，可是它们的味道却甘美可口。同理，假如我们不受功名利禄所污染，品德心性自然显得分外纯真，跟那些充满铜臭味的人有明显区别。种一些花竹树木，养一些小动物，能够调剂生活。但只是沉迷眼前的快乐，玩赏表面的景色，也只是儒家所说的口耳学问，佛家所说的冥顽不灵，有什么乐趣可言呢？隐居山林的人，生活虽然很清贫，但却很充实；种地的农民，虽然没什么学问，却朴实存真。如果成为市井中污染的买卖商人，还不如死在荒谷保全精神肉体的纯洁。不是自己份内享有的福气，无缘无故地意外收获，如果不是上天有意的安排，就是他人故意设下的陷阱。在这种时候如果没有远大的目光，很少有人能不落入这些圈套之中的。

【深度解读】

莫为名利争得头破血流

　　在《梅花草堂笔谈》中，记载了这样一个故事：

　　有一个书生因为像晋人车胤那样借萤火虫夜读，在乡里出了名，乡里的人都十分敬仰他的所作所为。一天早晨，有一人去拜访他，想向他请教。可是这位书生的家人告诉来访者，说书生已经出门了，不在家。来访者感到很奇怪，就问道："哪里有夜里借萤火读书，学一个通宵，而清晨这么美好的时光不用来读书却去干其他事的道理？"家人如实地回答说："没有其他原因，主要是因为要捕萤，所以一大早出去了，到了黄昏的时候就会回来了。"

　　这个故事读来让人啼笑皆非，车胤夜读是真用功、真求知，而这个虚伪的书生空有一个好学的虚名，却将白天的学习时光花在一件荒唐可笑的事情上。"名"是有了，但时间一长肯定会露出马脚。靠一时的投机哗众取宠，这样的"名"往往很短暂，如过眼云烟，很快会被世人遗忘。

　　在生活中，很多人一生都在追求名利，在汲汲营营中过完了忙碌的一生，到头来却发现自己被这些身外之物压得透不过气来。而放空了名利心，就放下了各种烦恼，就能收获一份轻松。

利欲之心人固有之，甚至生亦我所欲，所欲有甚于生者，这当然也是正常的。问题在于要能进行自控，不把一切看得太重，到了接近极限的时候，要能把握得准，跳得出这个圈子，不为利欲之争而舍弃一切。其实生命的乐趣很多，何必那么关注功名利禄这些身外之物呢？

得到了荣誉、宠禄不必狂喜狂欢，失去了也不必耿耿于怀、忧愁哀伤，这里面有一个哲理，即得失界限不会永远不变。一切功名利禄都不过是过眼烟云，得而失之、失而复得这种情况都是经常发生的，意识到一切都可能因时空转换而发生变化，就能够把功名利禄看淡看轻看开些，做到"荣辱毁誉不上心"。

只要放下名利物欲之心，你就能"不以物喜，不以己悲"，从而成为自己心灵的主宰，去自由自在地塑造你的心境。当人外无所求、内无所羡之时，自然而然就会到达"至足"的境界，并且感到非常快乐。而此中之乐绝非得所欲求之乐，而是不羡求功名利禄，不挂怀死生祸福、利害得失之精神至足之乐。

人赤条条来，又将赤条条去，这么短暂的人生，何必为世间物所累？既然如此，我们来到这个世上，不妨做做主人，且要做一回大度的主人，不必计较得失而设计最美的行程。这样，即使将来归于尘土，也坦然自若。

根蒂在手，不受提掇

【原典再现】

人生原是一傀儡①，只要根蒂在手，一线不乱，卷舒自由，行止在我，一毫不受他人提掇②，便超出此场中矣！一事起则一害生，故天下常以无事为福。读前人③诗云："劝君莫话封侯事，一将功成万骨枯。"又云："天下常令万事平，匣中不惜千年死。"虽有雄心猛气，不觉化为冰霰④矣。淫奔之妇矫⑤而为尼，热中之人⑥激而入道，清净之门，常为淫邪之渊薮⑦也如此。波浪兼天⑧，舟中不知惧，而舟外者寒心；猖狂骂坐，席上不知警，而席外者咋舌。故君子身虽在事中，心要超事外也。

【重点注释】

①傀儡：木偶戏中的木偶人。

②提掇：上下牵引。

③前人：唐代诗人曹松。

④霰：小雪珠，多在下雪前降下。

⑤矫：假装。

⑥热中之人：沉迷于功名利禄的人。

⑦渊薮：指聚集之处。

⑧兼天：滔天。

【白话翻译】

人生本来就像一场木偶戏，只要你能把控制木偶活动的线掌握好，你的一生就会进退自如，不受他人的牵制和左右，那么便可以超脱这场游戏了。凡是有事情发生，就会有弊病跟着出现，因此人们都以无事为福。曹松诗说："奉劝大家不要再谈授官封爵的事，一个将军的功勋需要千万士兵的牺牲才能换来。"古人说："如果天下能常保太平，就是把宝剑放在匣中一千年也在所不惜。"看了这样的诗句，即使怀抱万丈雄心，也不知不觉地像冰雪消融一样消失。不守节操的妇女，伪装成要到庙里去做尼姑，沉迷于权势名位的人，因为意气用事而入寺出家，那么本应清静的佛门圣地，却往往成为藏污纳垢之地。当天气不好波浪滔天时，坐在船中的人并不知道害怕，反而把船外的人吓得胆破心寒；当酒宴中有人酒醉而怒骂时，同席的人并不知道警惕，反而把站在席外的人吓得目瞪口呆。所以有德行的君子即使身陷杂事中，也要将心灵超然于事情之外，这样才能保持头脑清醒。

把握好自己

在每个人的心里，始终都住着一个魔鬼。它并不是能够取人性命的恶魔或者吸血鬼，也不是面目狰狞的撒旦，而是存在于每个人心中的自私、虚伪、愤怒、骄躁、焦虑、不信任和不真诚的化身。当情绪失控时，魔鬼就会出现，它可以毁掉一切美好的东西。

人生充满各种各样的诱惑，会影响我们的命运。我们常说，人生要经得起诱惑。但是结果往往是不敌诱惑。要战胜诱惑，就必须逆流而上，看看诱惑是建立在什么基础上。当面对某种诱惑时，你会动心，产生强烈的渴望，迫不及待地想得到它。有什么样的需要，就会产生什么样的欲望；有什么样的欲望，就会产生什么样的动机和追求。在强烈的动机和追求的牵引下，面对外界投其所好的诱惑，我们往往会极其敏感而冲动。

想要抵御外界的诱惑，加固内部防御力量很重要，也就是控制内心的欲望，比如贪欲、权欲、色欲。正当的需要，在法律允许的范围内，可以去满足它；而不正当的需要，就要去抑制它、约束它，把它管住了，外界诱惑力再大，也是无济于事的。这样，即便是外部环境不好，歪风邪气盛行，也会出污泥而不染。

在生命的长河中，我们不宜随波逐流。如果水流向哪里就漂到哪里，在漩涡旁打个转儿，在岩石上磕到伤痕累累，最终会搁浅在沙滩上。如果失去个性，就如同一滴滴入河中的水，瞬间消失得无影无踪。所以，要想获得真正属于自己的幸福，我们必须要有主见，要有独立的思想和人格，知道自己最爱的是什么，最想做的是什么。为自己的梦想活，为自己的快乐活，幸福便会常伴左右。

在这个世界上，有许多事情是我们所难以预料的。我们不能控制机遇，却可以掌握自己；我们无法预知未来，却可以把握现在；我们不知道自己的生命到底有多长，但我们却可以安排好现在的生活。每天给自己一个希望，让自己的心情放飞，把握好自己，就能飞。

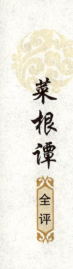

 减省一分，超脱一分

【原典再现】

人生减省一分，便超脱一分。如交游减，便免纷扰；言语减，便寡衍尤[1]；思虑减，则精神不耗；聪明减，则混沌可完。彼不求日减而求日增者，真桎梏[2]此生哉！天运之寒暑易避，人生之炎凉难除；人世之炎凉易除，吾心之冰炭[3]难去。去得此中之冰炭，则满腔皆和气，自随地有春风矣。

【重点注释】

①衍尤：过失、怨恨。

②桎梏：古代刑具，此指束缚。

③冰炭：此指斗争。

【白话翻译】

人生在世减少一些麻烦，就多一分超脱世俗的乐趣。例如交际应酬减少，就能免除很多不必要的纠纷困扰；闲言乱语减少，就能避免很多错误和懊悔；思考忧虑减少，就能避免精神的消耗；聪明睿智减少，就可保持纯真本性。假如不设法慢慢减少以上这些不必要的麻烦，反而千方百计去增加这方面的活动，那就等于是用枷锁把自己的手脚锁住一生。天地运行所形成的寒冷和暑热容易躲避，而人世间的人情冷暖、世态炎凉却难以消除；即使人世间的人情冷暖、世态炎凉容易消除，而我们心中水火不容的杂念却难以消除。如果能够去除心中水火不相容的私欲，那么心中就会充满祥和之气，随时随地都会有春风扑面的感受。

【深度解读】

减负前行

人的一生中，诱惑实在太多，金钱、名誉、地位、权力、美女、爱情、理想、名车、豪宅……有些是我们必需的，而有些却是非必需的。那些非必需的东西，除了满足我们的虚荣心外，最大的可能，就是成为一种负担，以致身心疲惫，脚步蹒跚。

如果不给心灵减轻负担，迟早会把自己累垮。我们要不时停下匆忙的脚步，用心检点自己的行装，这样才能更加洒脱地到达自己想去的地方。

一个人空手来到这个世上，总想捞到些什么；离开时，还得把这些东西留下来，让新来的人再接着去捞。与其如此，不如活着的时候，减少一些"捞"的心思。减少了物欲，可以省去许多麻烦。

人生不如意事十之八九，年深日久，那大大小小的不如意的事，便会形成一种越来越大的心理压力，给生命带来越来越沉重的负担。因此我们必须要不断地、自觉地给生命减负。

《红楼梦》有两句充满禅意的话："纵有千道铁门槛，终须一个土馒头。"如果能看淡人生，把功名富贵看成过眼烟云，将生命的重负随走随卸，我们就会心如止水，活得轻松自如。这样，当我们憩息在生命的某个驿站时，从容回顾，便有了满目的灿烂、幸福的暖意、恬淡的舒心。

生命如旅行，若蜗牛负重，何以轻松上阵？唯有抛却肩头重负，才能走得步履轻松。过最简单的生活，享最悠闲的人生。所以懂得放下是一种智慧，人若肯把浮名换作浅吟低唱，便可摆脱一切烦赘，使人生得以升华。现在，你不妨学着适当放下，学会华丽转身，潜心去生活。

随遇而安，无入不得

【原典再现】

茶不求精而壶亦不燥，酒不求冽而樽亦不空。素琴无弦而常调，短笛无腔而自适。纵难超越羲皇①，亦可匹俦②嵇阮③。释氏随缘，吾儒素位，四字是渡海的浮囊。盖世路茫茫④，一念求全，则万绪纷起；随遇而安，则无入不得矣。

【重点注释】

①羲皇：上古皇帝伏羲氏。

②匹俦：匹敌。

③嵇阮：指嵇康、阮籍。

④茫茫：指遥远。

【白话翻译】

喝茶不一定要喝名茶，但必须维持壶底不干，喝酒不一定要求甘冽，但必须保持酒壶不空；无弦之琴虽然弹不出旋律来，然而却足可调剂我的身心，无孔的横笛虽然吹不出音调来，却可使我精神舒畅。一个人假如能做到这种境界，虽然还不能算超越伏羲氏那种清静无为，但是起码也可与竹林七贤中的嵇康和阮籍那种性淡逍遥的生活媲美了。佛家讲求随顺因缘，而儒家主张谨守自己的本分，"随缘素位"这四个字是人生苦海的救命船。因为人生之路茫茫无边，只要有一个求全求美的念头，那么各种纷乱的头绪就会不断袭来。能够安然于顺其自然，无论在哪里都可以怡然自得。

没有完美，顺其自然

有一个人很幸运地得到了一颗硕大而美丽的珍珠，但珍珠上面有一个小小的斑点。这个人非常遗憾，他想，如果除去这个斑点，它该是多么完美呀！于是，他刮去了珍珠的一部分表层，但斑点还在。他又狠心刮去一层，但斑点依旧存在。于是，他不断地刮下去。最后，斑点没有了，而珍珠也不复存在了。

一颗美丽的珍珠就这样毁在了他的手里，这个人因此一病不起。临终前，他无比悔恨地对家人说："当时我若不去计较那个小斑点，现在我手里还会攥着一颗硕大美丽的珍珠啊！"其实，我们每个人的脚边都有彩贝，手里都有珍珠，只是我们不懂得珍惜，不善于享用，因而错过了许多好运，辜负了许多美丽。

俗话说"金无足赤，人无完人"，现实就是这样残酷。若过于执着且不肯变通，必然陷入完美主义的心理误区。欲除掉珍珠斑点的那个人一定是最痛苦的人。因为在他的眼中，看到的多是不完美，因而一次次与机遇擦肩而过，与成功遥遥相望，最终只落得两手空空。

无意间看到这样一句话："如果你没有姣好的容貌，那么你会有一个高贵的气质；如果你没有一个高贵的气质，那么你会有一个聪明的头脑；如果你没有聪明的头脑，没关系，天使总爱笨女孩。"的确，上帝是不公平的，于是人间就有了美与丑、富与穷、善与恶……虽然世界上任何事物都不可能十全十美，但任何人都是独一无二的，有着自己的精彩。

人生确实有很多的不完美，但我们可以选择走出不完美的心境，而不是在"不完美"里哀叹，多些自信，多些自爱，才会拥有一个充满笑声的美好生活，才会绽放出你与众不同的韵味。无论是生活中还是事业上，有很多"完美"并非是追求就能得到的。其实，沉迷于"完美"的人，本身也是不完美的。因为"完美"是抽象的、相对的，不像生活那么具体、五彩缤纷。

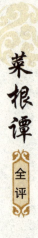

在生活中，我们不要以为只要自己尽心尽力去做事，就一定会达到完美，要淡定一些，活出自己的特色、风格与精彩，不要太在意别人的言论。完美是虚幻而不存在的，只有问心无愧的努力才能得到最踏实的收获。毕竟，不完美的才是人生，苏轼在《水调歌头》里早已说过："人有悲欢离合，月有阴晴圆缺，此事古难全。"我们可以像苏轼一样用豁达的胸襟面对人生的不完美。

这个世界里根本不存在完美，没有完美的结果，也没有完美的过程和路途。人生总会有很多的缺憾，当你在面对这些的时候，别急着说别无选择，别以为所有的事情只有对与错，要记着，事情的答案远不止一个。有点缺憾，人生照样精彩；正视缺憾，它或许能将我们带入另一片风景。